Christine Erkens

Natur-Stallapotheke

Für alle Haus- und Nutztiere

READ GLOBAL BUY LOCAL

MIX
Papier | Fördert gute Waldnutzung
FSC® C118234
FSC www.fsc.org

ISBN 978-3-99025-371-7

2. Auflage

Layout: freya_art, Christina Diwold
Lektorat: Siegrid Hirsch, Dorothea Forster

Fotos:
Corinna Kopsch (www.corinna-jasmin-kopsch.de)
www.sonnenmoor.at (S. 89)
Illustrationen:
Sabine Erkens (S. 16, 187)

weitere Credits siehe Seite 256

printed by GPS-Print

Anmerkung: Für die in diesem Buch beschriebenen Pflanzen, Rezepte und Heilanwendungen übernehmen Autorin und Verlag keine Haftung. Weder Autorin noch Verlag haften für Schäden, die aus der Anwendung der im Buch vorgestellten Hinweise und Ratschläge entstehen könnten. Bei gesundheitlichen Störungen sprechen Sie mit Ihrem Arzt oder Ihrer Ärztin. Die vorgestellten Methoden bieten keinen Ersatz für eine therapeutische oder medizinische Behandlung.

Christine Erkens

Natur-Stallapotheke

Für alle Haus- und Nutztiere

freya

Inhalt

Vorwort ... 10

Heilmethoden der Natur-Stallapotheke ... 13

Akupressur ... 14
Ätherische Öle ... 21
Bach-Blüten ... 30
Basenpulver ... 40
Effektive Mikroorganismen ... 44
Egel (Blutegel) ... 49
Grapefruitkern-Extrakt ... 54
Heilerde ... 57
Heilkräuter ... 65
Heilmoor ... 88
Heilpilze ... 90
Heilsteine ... 95
Homöopathie ... 99
Honig ... 110
Hydrolate ... 113
Kieselgur ... 115
Knospenmittel ... 118
Kokos als Kokosfett, Kokosöl oder Kokosflocken ... 124
Kolloidales Silberwasser ... 127
Kolostrum ... 130
Propolis ... 133
Schüssler-Salze ... 137
Spagyrik ... 146
Wassertherapie ... 150
Wickel und Packung ... 154

Zusätzliche Methoden 161
MSM, Glucosamine und Co. *162*
Pflanzenöle *165*
Flohsamen, Leinsamen *169*
Aura Soma *173*
Handauflegen *175*
Symbole und Zeichen *179*
Farben *184*
Austesten (Rute, Pendel, Tensor, Muskeltest) *189*
Systemische Tieraufstellungen *192*

Vitalfunktionen beim Tier 199
Atmung *200*
Temperatur (rektal gemessen) *200*
Puls *201*

Erkrankungen 203
Abmagerung *205*
Abszess *206*
Analbeutel-Erkrankung *208*
Arthrose *209*
Bindehautentzündung *210*
Blähungen *212*
Blasenentzündung *212*
Bluterguss *213*
Bronchitis *214*
Darmparasiten *215*
Darmreinigung und Aufbau der Darmflora *218*
Durchfall *219*

Ekzem *220*
Entzündung *221*
Erbrechen *223*
Erkältung *223*
Fieber *224*
Gebärmutterentzündung *225*
Gehirnerschütterung *226*
Gelenkentzündung *227*
Hautpilz *228*
Herz und Kreislauf *228*
Hitzschlag/Sonnenstich *229*
Insektenstich *230*
Knochenbruch *231*
Kolik *232*
Kollaps *233*
Lebererkrankung *234*
Lymphknoten- und Lymphgefäßentzündung *235*
Magen- und Darmschleimhautentzündung *236*
Nasenbluten *237*
Nervenschmerzen *238*
Nierenerkrankung *239*
Ohrenentzündung *240*
Parasiten *241*
Scheinträchtigkeit *242*
Schnupfen *243*
Sehnen- und Sehnenscheidenentzündung *244*
Verbrennung *245*
Verstauchung *246*
Verstopfung *247*
Zecken *248*

Literaturverzeichnis 249
Index 251

Zeichenerklärung

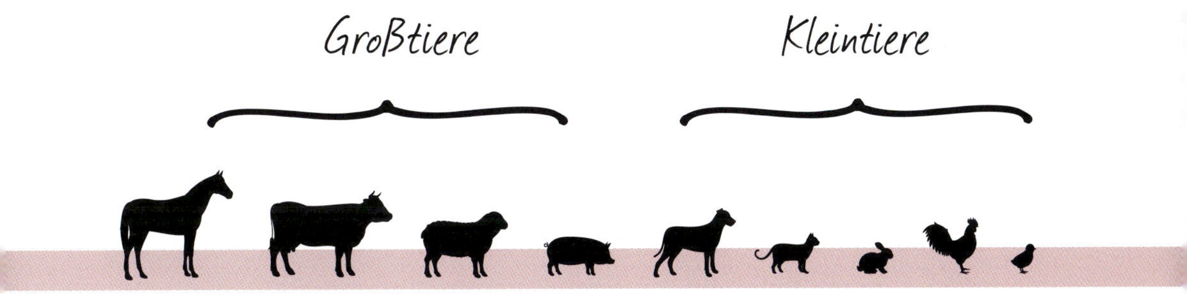

Bei jeder Heilmethode im Buch finden Sie eine Symbolleiste, die Ihnen zeigt, für welche Tiere die Methode geeignet ist.

Natur Stallapotheke

Vorwort

Die Vielfalt unserer Haustiere ist ebenso groß wie die Vielfalt an Fragen zur Haltung und Fütterung, zu Krankheiten und Problemen im Leben mit den Tieren. Erkrankungen sind Alltag für Tierhalter und Tierbesitzer und stellen uns jeden Tag vor neue Herausforderungen.

Wir haben dem eine Fülle von Naturheilverfahren und Hausmitteln entgegenzuhalten, die wir uns selbst und unseren Haustieren, egal welcher Art, ob Kuh, Pferd, Schaf, Hund oder Katze, Hase, Huhn oder Meerschweinchen, zugutekommen lassen.

Am besten nutzen wir diese Heilkräfte der Natur nicht erst im Krankheitsfall oder im Verlauf einer langwierigen Erkrankung, wenn gewohnte, konventionelle Therapien nicht greifen, sondern vorbeugend, bevor wir sichtbare Anzeichen eines gesundheitlichen Problems haben. Wenn wir erahnen und fühlen, dass bei dem Tier etwas im Argen und aus dem Gleichgewicht ist.

Die Naturapotheke bietet unter anderem die Möglichkeit einer Frühjahrs- oder Herbstkur oder einer Kur nach einer großen Belastungsphase, die dann wieder stärkt und kräftigt und einer Erkrankung die Grundlage nimmt.

Viele Naturheilverfahren erscheinen einfach. Oft sind sie schon unerkannter oder unbeachteter Bestandteil des Haushalts oder der Hausapotheke.

Sie entdecken mit diesem Buch alte Weisheiten der Tierheilkunde und erfahren Neues und Erstaunliches aus dem großen Gebiet der Naturheilkunde.

Der Vorteil sind Unabhängigkeit und Freiheit, innere Sicherheit und Gelassenheit im Alltag mit den Tieren, denn gegen ein Zipperlein ist ein Kraut gewachsen und ein Problem hat eine oder mehrere Lösungen. Und diese hat man sofort zur Hand, wenn man sie braucht, und nicht erst nach Zeitverzögerung oder gar nicht. Der Schwerpunkt liegt auf der Vorbeugung, der Prophylaxe von Erkrankungen, auf der Gesunderhaltung der Tiere. Unsere Blickrichtung schwenkt auf gesunde, lebhafte, fröhliche und energiegeladene Tiere. Wir vermeiden das ständige Befürchten von Problemen und Krankheiten, Unglücksfällen und Verletzungen, sondern üben uns in Zuversicht und Vertrauen auf die Natur und ihre Weisheit.

Die Grundlagen der Anwendung von Naturheilverfahren bei Mensch und Tier sind ähnlich, ebenso ob diese bei einem Huhn, Hund oder Pferd erfolgen. Wo Unterschiede bei den Tieren aufgrund der Körpergröße und der anatomischen und physiologischen Eigenarten bestehen, zum Beispiel bei der Dosierung oder Verabreichung von Heilmitteln, ordnet man mit Logik und gesundem Menschenverstand diese Besonderheiten ein.

Die Möglichkeiten einer naturheilkundlichen Stallapotheke reichen von A bis Z und es kommen immer neue Dinge hinzu, die den bunten Strauß der Methoden und Heilmittel erweitern. Von A wie Akupressur über H wie Honig bis Z wie Heilen mit Zeichen oder Symbolen ist alles möglich.

Bei unklaren und schweren Erkrankungen suchen Sie die Hilfe und Unterstützung eines erfahrenen Therapeuten, eines Tierarztes oder Tierheilpraktikers.

Viele der beschriebenen Therapien werden von der Schulmedizin nicht anerkannt und wissenschaftlich angezweifelt. Die Naturheilverfahren im Allgemeinen sollen und können nicht die Schulmedizin ersetzen. Sie ergänzen sie aber wunderbar, runden ein Behandlungspaket ab und stellen die wichtige Ganzheitlichkeit in der Therapie her. Viele kleine Gesundheitsprobleme und die Gesundheitserhaltung unserer Haustiere sind oftmals mit Naturheilkunde ohne Schulmedizin möglich und diese ist von den Tierbesitzern, die nah an ihren Vierbeinern (oder Zweibeinern, dem Geflügel) leben, zu erlernen und dann in die Tat umzusetzen.

Wichtig: Haben Sie Pferde und nehmen Sie damit an Turnieren teil? Dann informieren Sie sich über die aktuellen Bestimmungen zum Einsatz von Homöopathie und Phytotherapie sowie von Futterzusätzen.

Heilmethoden der Natur Stallapotheke

geeignet für: 

Akupressur

Die Akupressur gehört zur Traditionellen Chinesischen Medizin, kurz **TCM** genannt, und ist eine Abwandlung der **Akupunktur**, die mit Nadelstechen und Räuchern, der Moxibustion, therapiert. In unserer Stallapotheke helfen einige Punkte in Notsituationen und zur Unterstützung anderer Naturheilverfahren. Die praktische Anleitung eines Therapeuten ist anfangs ratsam, um die Punkte für den Haus- bzw. Stallgebrauch sicher zu finden.

Der Name *Akupressur* setzt sich aus dem lateinischen Wort *acus* für Nadel und *pressus* für Druck zusammen. Bei der Akupunktur steht das Wort *pungere* für stechen.

Beide Therapien beeinflussen den Energiefluss des Körpers durch die Reizung klar definierter Hautareale mit Nadeln, Hitze oder Druck.

Gesundheit wird definiert als ein Gleichgewicht im Organismus. Die Energie fließt in ihrem Kreislauf ungehindert und harmonisch durch den Körper. Wird diese Balance gestört, kommt es zu einer Erkrankung.

Qi ist die gesamte Lebensenergie zur Regelung der Körperbalance. Sie kommt über Futter und die Atmung von außen in den Körper und wird durch spezielle Organe in eine absorbierbare Form gewandelt. Andere Organe speichern und verteilen die Energie. Bei einer Erkrankung wird das Qi gestört und aus dem Gleichgewicht gebracht. Organe werden geschwächt und entwickeln „Leere“ oder bekommen zu viel Energie und *Fülle*.

Wichtig: *Ein Organismus mit einer stabilen Konstitution und gesunden Veranlagung gleicht eine Störung von alleine aus. Durch Stress, mangelhafte Lebensbedingungen oder Störfelder wird er langfristig geschwächt und Organe erkranken.*

Meridiane sind Bahnen, in denen das Qi und das Blut zirkulieren und die alle Organe verbinden. Die Organe werden aufgrund von Funktion und Struktur in sechs Yin-Organe und sechs Yang-Organe unterteilt. Die Yin-Organe oder Speicherorgane (Milz/Pankreas, Herz, Lunge, Leber, Niere, Herzbeutel) verarbeiten und speichern die Nährstoffe, während die Yang-

Organe oder Hohlorgane (Magen, Dünndarm, Dickdarm, Gallenblase, Harnblase, Dreifacher Erwärmer) die Nährstoffe aufnehmen und Abfallstoffe ausscheiden.

Das Meridiansystem hat 12 Hauptmeridiane, von denen jeder mit einem der Yin- oder Yang-Organe verbunden ist und die paarig sind, das heißt, auf beiden Körperseiten symmetrisch verlaufen.

Es gibt acht außerordentliche, unpaarige Gefäße, dann das Lenkergefäß und Konzeptionsgefäß, die über die Rücken- bzw. Bauchlinie verlaufen.

Viele Akupunktur- und Akupressurpunkte liegen entlang der Meridiane und jeder hat eine beschriebene Wirkung. Durch ihre Behandlung werden Störungen im Energiefluss behoben und Erkrankungen geheilt.

Die Akupunktur mit Nadeln ist ein Gebiet ausgebildeter Therapeuten, die Akupressur kann in vereinfachter Form auch der Tierhalter ausüben. Die Punkte werden mit einer stumpfen Nadel oder einem Stäbchen behandelt oder es wird mit speziellen Handgriffen, mit der ganzen Hand oder einem Finger gearbeitet. Ein großes Tier erfordert mehr Kraft und den Einsatz der Hand oder eines Stäbchens, ein kleines und zartes Tier wird mit der Kraft eines Fingers akupressiert. Sie behandeln diese Stellen etwa eine Minute, lassen zwischendurch den Druck nach und bei beidseitig liegenden Punkten wechseln Sie die Seiten ab.

Wichtig: Bei trächtigen Tieren verzichten Sie vorsichtshalber auf die Akupressur oder fragen Ihren Therapeuten.

Einige Akupressurpunkte für den Notfall und bei Erkrankungen:

<u>**Beruhigungs-Kombi:**</u> **Lenkergefäß 26 (LG 26)**, ein „Notfallpunkt", der auf der Oberlippe zwischen den Nasenlöchern liegt, dann **Lenkergefäß 20 (LG 20)** an der höchsten Stelle des Kopfes und **Konzeptionsgefäß 24 (KG 24)** in der Mitte der Unterlippe. Sie behandeln die drei Punkte nacheinander und wiederholen diese Kombination.

Ein Beruhigungspunkt ist **Herz 7 (He 7)**, der außen am Vorderbein liegt und Herzbeschwerden und Herzrasen lindert.

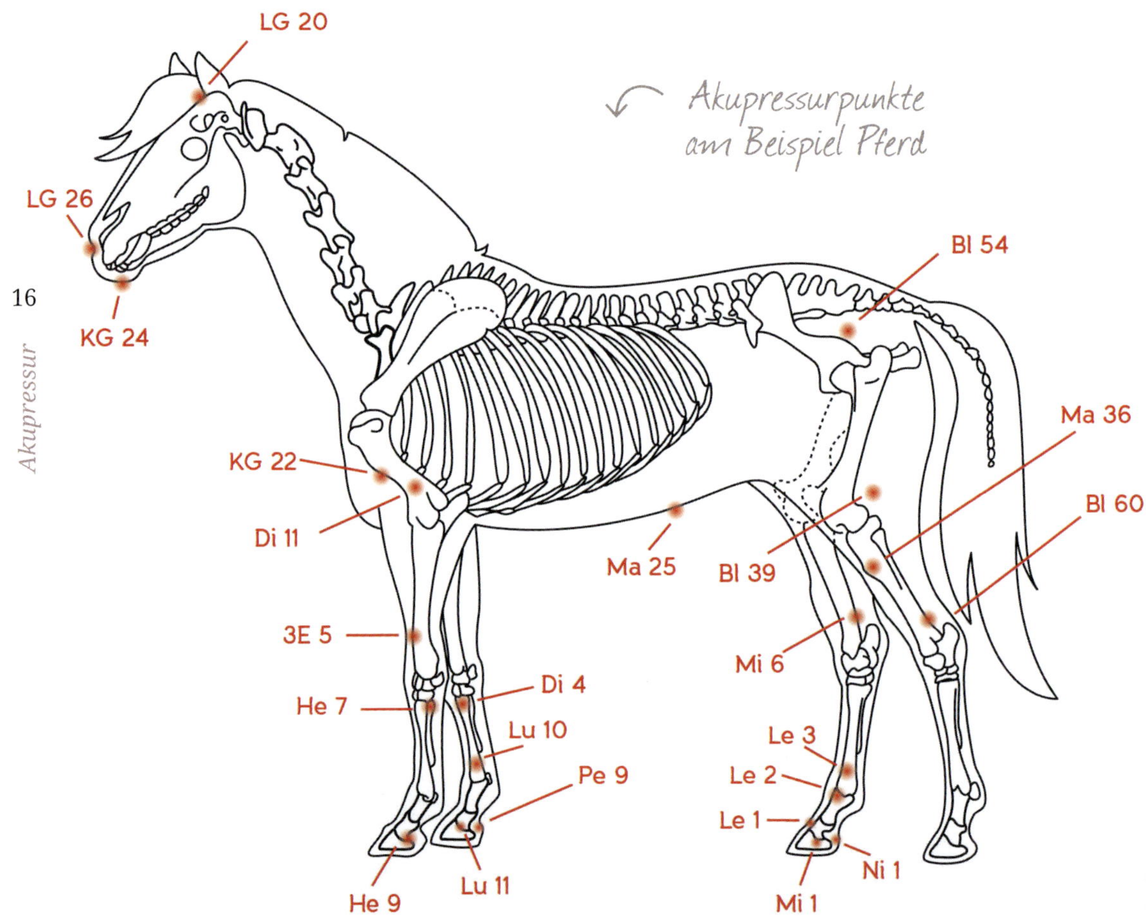

Bild © Sabine Erkens

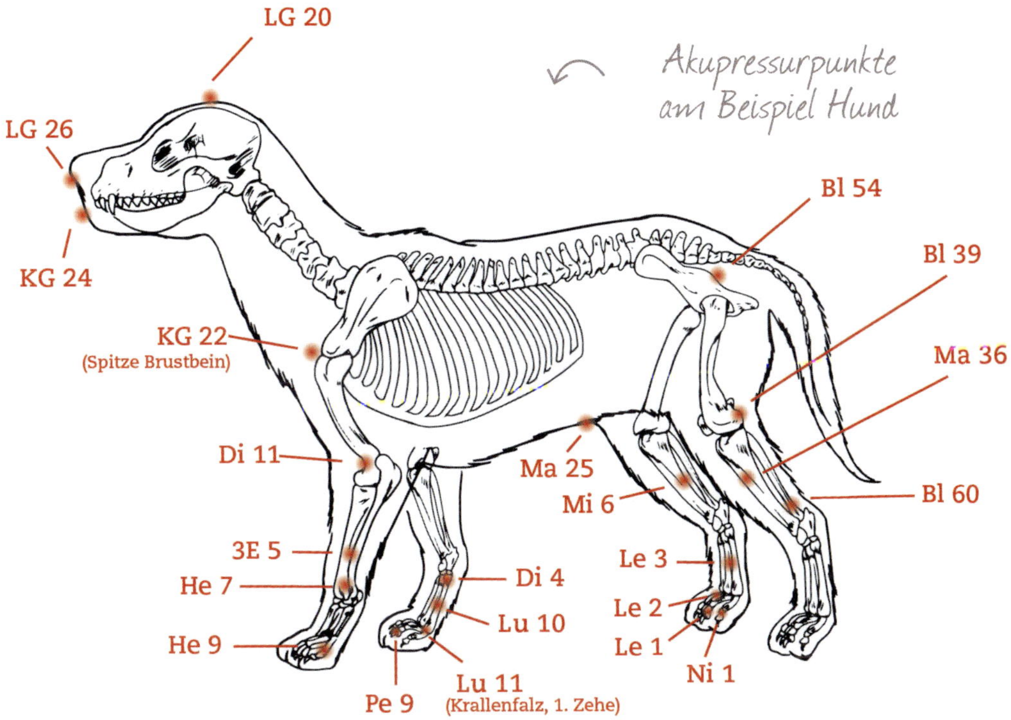

Schmerzen: Dickdarm 4 (Di 4), der „Aspirinpunkt" und Meisterpunkt für Kopf und Maul. Er findet sich an der Innenseite des Vorderbeines und hilft bei Kopfverletzungen, Augenerkrankungen, Schwellungen im Gesichtsbereich, Zahnschmerzen, Bauchschmerzen und Kolik.

Dickdarm 11 (Di 11) liegt am Vorderbein in Höhe des Ellenbogens und unterstützt bei Darmerkrankungen, offensichtlichen Schmerzen im Bewegungsapparat und Hauterkrankungen.

Blase 54 (Bl 54) findet sich im Bereich des Beckens. Er gilt als Meisterpunkt für **Hüftgelenksdysplasie (HD)** und wird bei Problemen in der Hüfte und Lendenwirbelsäule behandelt.

Blase 60 (Bl 60) liegt an der Außenseite des Hinterbeins im Bereich der Achillessehne. Er ist ein Schmerzpunkt für orthopädische Probleme der Wirbelsäule und des hinteren Körperbereichs. Er hilft bei Spondylose, Lähmungen und Schwierigkeiten während der Geburt und mit der Nachgeburt.

Leber 1 (Le 1) liegt am inneren Hinterbein am Huf bzw. der Pfote und hilft bei akuten Schmerzen im Unterbauch, Bewusstlosigkeit und Epilepsie.

Leber 2 (Le 2) und **Leber 3 (Le 3)** liegen über Le 1 und sind Punkte bei Krämpfen, Koliken und Leberproblemen. »

Magen 36 (Ma 36) und **Milz 6 (Mi 6)**, evtl. zusammen mit **Dickdarm 4 (Di 4)** helfen bei allgemeinen Schmerzen. **Magen 36 (Ma 36)** ist kräftigend, hilft bei Verdauungsproblemen und chronischen Erkrankungen. Er liegt am Hinterbein an der Außenseite des Unterschenkels.

Milz 6 (Mi 6), als Meisterpunkt für den hinteren Bauchbereich, die Blase und Geschlechtsorgane, liegt am Hinterbein an der Rückseite des Unterschenkels und hilft bei Harnwegserkrankungen. Der Punkt stärkt Milz, Magen und Nieren.

Lenkergefäß 20 (LG 20) als Punkt der Bewegung und Beruhigungspunkt kommt bei Krampfanfall und Schock zum Einsatz.

Dreifacher Erwärmer 5 (3E 5) ist der Meisterpunkt für rheumatische Erkrankungen und hilft bei Fieber, Ohrenentzündung und allen Schmerzen seitlich am Körper. Er liegt an der Vorderseite des Vorderbeins.

Schock: **Herz 9 (He 9)** wird zur Wiederbelebung gedrückt, bei Fieber, einem Panikanfall und Blutungen. Er liegt an der Außenseite des Vorderhufes bzw. der Vorderpfote.

Lenkergefäß 26 (LG 26), der beste Schockpunkt, unterstützt die Atmung und Herztätigkeit und hilft bei Koma, Atemnot, Schnupfen, lokalen Ödemen, Nasenbluten und Lumbago. Bei größeren Tieren kneift man ihn.

Lenkergefäß 20 (LG 20) ist der Beruhigungspunkt und hilft bei Gehirnerschütterung, Schock, Unfall oder Epilepsie.

Lunge 11 (Lu 11), ein Notfallpunkt und Meisterpunkt der Halskrankheiten, wird zur Wiederbelebung, bei Koma, Kollaps und Atemnot gedrückt. Er liegt an der Innenseite von Vorderhuf bzw. Vordepfote.

Niere 1 (Ni 1) finden wir am hinteren Huf bzw. Pfote an der hinteren Innenseite und drücken ihn bei Bewusstlosigkeit, Schock, Krämpfen, Atemnot der Neugeborenen oder Entzündungen im Halsbereich.

Perikard 9 (Pe 9) ist der „Energieimpuls für die Mitte" und Notfallpunkt bei plötzlicher Schwäche, Ohnmacht, Schwindel, großer Erschöpfung und Übelkeit. Dieser Punkt liegt an Vorderhuf bzw. Vorderpfote.

Insektenstich: **Lenkergefäß 26 (LG 26)** wird bei Insektenstich, Lippenödem und Kieferklemme gedrückt.

Rekonvaleszenz: **Dickdarm 4 (Di 4)** hilft bei Verletzungen und Schmerzen. Zusammen mit dem anregenden und aufbauenden **Magen 36 (Ma 36)**, der allgemein bei chronischen Erkrankungen hilft, und **Niere 1 (Ni 1)** bei allgemeiner Erschöpfung.

Magen-Darm-Probleme: Hier helfen **Magen 25 (Ma 25)** in Nabelhöhe und **Magen 36 (Ma 36)** am Hinterbein.

Milz 1 (Mi 1) ist ein Notfallpunkt, der bei Tympanie (Meerschweinchen) hilft, bei Durchfall und Erschöpfung. Er liegt in der Mitte des Hinterhufes bzw. der hinteren Pfote.

Atemwegsprobleme: Lunge 10 (Lu 10) finden wir an der Innenseite der Vordergliedmaße, er hilft bei Lungenerkrankungen, Laryngitis (Kehlkopfentzündung), Atemnot oder Fieber.

Konzeptionsgefäß 22 (KG 22) ist ein Punkt bei chronischem Husten und Asthma. Er liegt an der Spitze des Brustbeins. **Dickdarm 4 (Di 4)** zur Unterstützung drücken.

Blasen-Probleme: Blase 39 (Bl 39) hilft bei Erkrankungen der Harnblase. Dieser Punkt liegt in der Nähe des Kniegelenkes.

Fieber: Dickdarm 4 (Di 4) und **Dickdarm 11 (Di 11)**, **Dreifacher Erwärmer 5 (3E 5)**, **Herz 9 (He 9)**.

Kurz und knapp: *Die* **Akupressur** *ist eine hilfreiche Notmaßnahme, denn die Hände hat man immer dabei. Wenn man sich die wichtigsten Punkte aufschreibt plus ihrer Lage am Tier, diesen Zettel in der Stallapotheke oder in der Futterkiste aufbewahrt, kann man im Fall der Fälle direkt helfen und etwas Sinnvolles unternehmen. Wichtige Notfallpunkte hat man nach ein wenig Üben im Kopf und kann sie zu jeder Zeit anwenden.*

Die Akupunktur hilft bei Schmerzen, Lahmheit und Stoffwechselproblemen und ein Therapeut erreicht mit dem Setzen der Akupunkturnadeln und der TCM viel im Bereich der Tiergesundheit.

geeignet für: 

Ätherische Öle

Die wohltuende Wirkung der natürlichen ätherischen Öle unterstützt Tier und Mensch auf der körperlichen und seelischen Ebene.

Wichtig: *Beim Kauf der Öle achten Sie auf die Naturreinheit des Öls, auf die Herkunft, wie zum Beispiel kontrollierten biologischen Anbau oder Wildsammlung, und ebenso auf die genaue Bezeichnung. Thmyian gibt es beispielsweise in verschiedenen Varianten, d.h. Chemotypen (CT), die unterschiedlich und nicht alle für Tiere geeignet sind. Empfehlenswert ist Thymian CT Linalool oder CT Geraniol.*

Da die duftenden Öle hochkonzentriert und sehr kraftvoll sind und oft 1 Tropfen ausreicht, ist der Preis Nebensache. Sie benötigen nur kleinste Mengen.

Es gibt Heilpflanzen und deren Öle, die sich zur Reinigung und Desinfektion, als Schutz vor Infektionen und Parasiten, zum Lindern von Schmerzen, zum Fördern der Heilung, Verdauung und Atmung eignen. Andere Öle sorgen für das seelische Wohlbefinden mit Entspannung, Gelassenheit, Lebensfreude.

Ätherische Öle wirken auf körperlicher Ebene (auf der Haut, im Futter oder Wasser bzw. als Zusatz von Wickel und Packungen) und werden nach medizinischen Indikationen wie Ekzem, Durchfall, Verletzung oder Entzündung eingesetzt. Durch ihren Geruch wirken sie ebenso auf seelischer Ebene und kommen bei Verhaltensauffälligkeiten, Ängstlichkeit, Nervosität, zur Aufarbeitung erlebter Verletzungen und begleitend bei Transport, Umzug oder anderen stressreichen Ereignissen zum Einsatz.

Die Öle werden einzeln oder in Mischungen verwendet. Man merkt den Tieren an, ob sie den Geruch und die Energie des Öls lieben, ob es ihnen guttut oder ob sie es ablehnen und nicht benötigen. Hier sind genaue Beobachtung und Einfühlen in das Tier angebracht.

Wichtig: *Ätherische Öle wirken über Maul, Nase und Haut und gelangen über Blut und Lymphe an ihre Zielorgane. Bei der inneren Anwendung sollten Sie überaus vorsichtig vorgehen und auf jeden Fall die Beratung eines Therapeuten nutzen. Die Haltbarkeit dieser Öle ist begrenzt und liegt zwischen sechs Monaten und maximal zwei Jahren, wenn sie kühl, dunkel und möglichst in einem vollgefüllten und luftdichten Glasfläschchen lagern.*

Die Öle werden nicht in oder nahe an den Augen aufgebracht. An den Ohren behandelt man nur am äußeren Ohr.

Trächtige Tiere bekommen auf keinen Fall das ätherische Öl von Thymian, Salbei, Rosmarin oder Fenchel.

Pflanzenfresser wie **Schaf**, **Pony** und **Hühner** lieben ätherische Öle und kennen sie, wenn auch in geringer Dosierung, aus ihrem Grundfutter.

Probieren und riechen Sie zur Sicherheit zuerst selbst an jedem Öl, bevor Sie es dem Tier anbieten oder es verwenden.

Wann passt welches Öl?

Allergie: Manuka (bei allergischem Schnupfen), Waldkiefer.
Atmung: Cajeput, Copaiva, Eukalyptus, Fenchel, Ingwer, Latschenkiefer, Lavendel, Lorbeer, Majoran, Neroli, Niaouli, Oregano, Palmarosa, Pfefferminze, Rose, Rosmarin, Teebaum, Thymian, Wacholder, Weihrauch, Zitrone, Zypresse.
Beruhigung: Anis, Baldrian, Copaiva, Kamille blau, Kamille römisch, Lavendel (niedrige Dosierung), Lorbeer, Majoran, Mandarine, Manuka, Melisse, Neroli, Patchouli, Rose, Schafgarbe, Teebaum, Zitrone.
Herz und Kreislauf: Lavendel, Neroli, Pfefferminze, Rose, Rosmarin, Thymian.
Immunsystem: Latschenkiefer, Melisse, Myrte, Oregano, Patchouli, Teebaum, Thymian, Weihrauch, Zitrone.
Knochen und Gelenke: Citronella, Copaiva, Immortelle, Ingwer, Kamille römisch, Latschenkiefer, Lavendel, Lorbeer, Mandarine, Pfefferminze, Rosmarin, Thymian, Wacholder, Waldkiefer, Weihrauch.
Muskeln: Cajeput, Ingwer, Latschenkiefer, Lavendel, Lorbeer, Pfefferminze, Rosmarin, Thymian, Wacholder, Waldkiefer.
Reinigung und Desinfektion: Citronella, Eukalyptus, Lavendel, Niaouli, Rosmarin, Teebaum, Thymian, Zitrone.
Schmerzen: Immortelle, Ingwer, Melisse, Oregano, Pfefferminze, Schafgarbe, Thymian.

Verdauung: Anis, Baldrian (nervöse Verdauungsstörung), Fenchel, Ingwer, Kamille blau, Kamille römisch, Mandarine, Neroli, Oregano, Patchouli, Pfefferminze, Wacholder, Zitrone, Zitronengras, Zypresse.

Verletzung/Entzündung: Cistrose, Citronella, Copaiva, Immortelle, Kamille blau, Kamille römisch, Lavendel, Manuka, Melisse, Neroli, Niaouli, Oregano, Patchouli, Rose, Rosengeranie, Schafgarbe, Teebaum, Thymian, Weihrauch.

Wichtig: Lavendel, Teebaum und Schafgarbe – in bester und frischer Qualität, sind Öle, die Sie pur auf Haut und Wunde geben. Alle anderen Öle werden immer mit einem Trägeröl Ihrer Wahl gemischt.

Rezepte für die Stallapotheke

Für ein UNGEZIEFER-SPRAY zum Aufsprühen nehmen Sie 2 Esslöffel Pflanzenöl als Träger, dazu je 1 Tropfen Lavendel, Grapefruit (bei Katzen besser Zedernholz), Eukalyptus, Zitronengras, Teebaum und Geranie (oder auch Oregano), geben alles in eine 30-ml-Glasflasche mit Zerstäuber und füllen mit Wasser auf.

Eine ANTI-FLIEGEN/FLOH-MISCHUNG besteht aus einer ähnlichen Basis plus Citronella, Eukalyptus, Lavendel, Lemongras, Patchouli, Pfefferminze, Rosengeranie, Teebaum, Zitrone oder Nelkenöl (Syzygium aromaticum).

Ein ANGST-SPRAY zur Beruhigung alleingelassener Tiere, der im Raum und am Schlafplatz des Tieres versprüht wird, besteht aus je 3 Tropfen Lavendel, Vetiver und Weihrauch in etwa 50 ml Wasser.

Zur OHR-REINIGUNG mischen Sie einige Öle aus der Rubrik Reinigung und Desinfektion, geben 2–3 Tropfen Pfefferminze dazu (für Katzen ohne Zitronen-Öle) und davon einige Tropfen in ein Pflanzenöl. Je nach Größe des Tieres und Häufigkeit der Verwendung setzen Sie 50 oder

100 ml dieses Reinigungsöls an. Bei einer Ohr-Entzündung massieren Sie zusätzlich zur Reinigung am äußeren Ohrgrund ein wenig Lavendel und Weihrauch in ein Trägeröl verdünnt ein.

Eine **Pflege-Creme** wird aus 4 EL Kokosfett/Kokosöl mit je 2 Tropfen Baldrian, Copaiva, Lavendel, Weihrauch, Rose oder Rosengeranie und Teebaum gemischt. Diese Zusammensetzung hilft bei Schuppen, Krusten und trockener Haut. 2 Mal täglich wird die Creme auf betroffene Stellen aufgetragen und sanft einmassiert.

Eine **Wundheilsalbe *extra*** stellen Sie mit 50 g Heilsalbe aus der Apotheke her. Dazu kommen 15 Tropfen Lavendel, 5 Tropfen Kamille blau, 5 Tropfen Cistrose und je 2 Tropfen Teebaum und Rosengeranie.

Einige Tropfen Anis und Fenchel im Futter sowie Schwarzkümmelöl können die **Milchproduktion** von Kühen und Mutterschafen u.Ä. anregen.

Öle zur Förderung des Hufwachstums sind Eukalyptus und Lorbeer, die Sie ins Huffett oder in ein Pflanzenöl rühren und damit den Huf, hier vor allem den Kronrand, einreiben.

Zur **Narben-Pflege** eignen sich Lavendel, Neroli, Patchouli, Rose, Rosengeranie, Schafgarbe und Weihrauch.

Ein **Gute-Luft-Spray** in Haus und Stall setzt sich aus Cajeput, Citronella, Eukalyptus, Kiefer, Latschenkiefer, Teebaum, Waldkiefer und Zitrone zusammen.

Als **Geburtshilfe** setzen Sie Anis, Fenchel, Palmarosa oder Rose ein, die Sie in der Umgebung des Tieres zerstäuben, es daran riechen oder lecken lassen.

Bei **Trauer** nehmen Sie Neroli, Orange, Rose, Rosengeranie, Weihrauch, Zeder als Bedufter der Luft um das trauernde Tier oder massieren es sanft ins Fell ein.

Dicke Beine sind ein Thema im Pferdestall, wenn die Tiere zu lange ohne ausreichende Bewegung sind. Hier helfen die Öle von Immortelle, Latschenkiefer, Lorbeer, Patchouli, Rosmarin und Zitrone in einem Trägeröl zum Einmassieren.

Alleskönner Lavendel: In keiner Haus- und Stallapotheke darf ein Fläschchen mit Lavendelöl fehlen. Dieses Öl ist vielseitig und Erste Hilfe für alles und jeden. Es wirkt entzündungshemmend, gegen Bakterien, Viren und Pilze, cs fördert die Wundheilung und hilft gegen Juckreiz. Ein Öl bei Entzündungen der Nerven und Gelenke, bei Verbrennungen, als Pflege von Narben, Ekzemen und Hautgeschwüren. Die Blüte des Sommers und des Südens für das Wohlbefinden von Mensch und Tier. Ein Ausnahmeöl, das unverdünnt sparsam verwendet wird.

Thymian, das Kraut der Berge: CT Linalool oder CT Geraniol ist ein wunderbares ätherisches Öl für die Winter- und Erkältungszeit. Beide Öle stärken das Immunsystem, helfen bei einer Futterumstellung, sie beleben und vitalisieren und lindern Schmerzen. Wichtig ist es auf die genaue Bezeichnung des Öls zu achten.

Thymian CT Thymol ist roter Thymian und sehr stark und hautreizend und sollte nicht verwendet werden.

Manukaöl kommt aus Neuseeland, hat viel mehr Inhaltsstoffe und ist hautfreundlicher als das australische Teebaumöl. Beide Öle wirken sehr stark gegen Keime, auch die multiresistenten.

Bei **Warzen** probieren Sie die Kombination von Teebaumöl mit Thymianöl und tragen diese beiden mehrmals täglich für einige Wochen im Wechsel pur auf.

Extra-Tipp für Katzen: *Bevor Sie ätherische Öle bei Ihrer Katze anwenden, holen Sie sich den Rat eines erfahrenen Therapeuten, denn Katzen vertragen einige Öle überhaupt nicht und Sie würden mehr Schaden anrichten als der Gesundheit dienen. Verträgliche Öle werden besonders für unsere Stubentiger sehr stark verdünnt, bevor sie verwendet werden. Hydrolate stellen hier eine sehr gute Alternative dar (siehe Seite 113).*

Dosierung: Die Dosierung richtet sich außer nach den oben genannten Grundsätzen nach der Größe des Tieres. Zu Beginn einer Therapie starten Sie mit einem zarten Hauch des Öls und Duftes. Kleineren Tieren reicht am Anfang 1 Tropfen Öl, verdünnt mit 100 ml Wasser oder reinem Pflanzenöl. Hier können Sie Kokosöl oder Olivenöl nehmen. Von dieser Mischung geben Sie ½ Tropfen ins Futter oder tunken ein Holzstäbchen in das Öl und rühren damit das Futter um. Bei größeren Tieren nehmen Sie 3 Tropfen und verdünnen diese in 100 ml Trägerflüssigkeit. Starke Öle sind am Anfang zu meiden und bei **Kaninchen** und **Hasen** generell nicht angebracht. Große Tiere wie **Pferde** und **Rinder** bekommen eine Mischung mit 10 Tropfen Öl in 100 ml Flüssigkeit. Geben Sie anfangs ein wenig ins Futter und tasten sich dann an eine höhere Menge heran.

Neben der Verabreichung des Öls über das Futter oder Trinkwasser können Sie es mit einem Aroma-Diffuser vernebeln, über die Haut einstreichen, einmassieren oder einkraulen oder in flüssiger Form aufsprühen, was bei **Vögeln** praktisch ist.

Ein MASSAGEÖL stellen Sie mit 250 ml Pflanzenöl (Mandelöl, Jojobaöl, Sesamöl, Macadamianussöl o.Ä.) und 15–30 Tropfen ätherischen Ölen her. Das Öl reiben Sie bei **Hunden** praktischerweise auf die Unterseite der Pfoten ein.

Eine SPRÜHFLÜSSIGKEIT stellt man mit derselben Menge Wasser statt Öl und einer Sprühflasche her. Kein Weichplastik verwenden, das vom ätherischen Öl angegriffen wird. Wenn Sie Tiere waschen, fügen Sie dem Waschwasser einige Tropfen Öl bei.

Kompressen oder Auflagen mit ätherischen Ölen können Sie je nach Bedarf mit kaltem oder warmen Wasser machen. Rühren Sie zwei Tropfen des Öls in etwas Sahne zum Emulgieren ein und tauchen in diese Flüssigkeit den Stoff.

Extra-Tipp: *Statt Wasser Hydrolate einsetzen. Lesen Sie hierzu im entsprechenden Kapitel mehr (siehe Seite 113).*

Liste der deutschen und botanischen Namen der Öle (wichtig bei der Bestellung):

Anis » *Pimpinella anisum* (bei trächtigen und jungen Tieren sehr stark verdünnen, nicht bei Allergie und Entzündung)
Baldrian » *Valeriana officinalis*
Cajeput » *Melaleuca leucadendra var. Cajeputi*
Cistrose » *Cistus ladaniferus*
Citronella » *Cymbopogon nardus*
Copaiva » *Copaifera officinalis*
Eukalyptus » *Eucalyptus globulus* oder *radiata* (mildere Sorte)
Fenchel » *Foeniculum vulgare var. dulce* (nicht bei trächtigen Tieren)
Immortelle » *Helichrysum italicum*
Ingwer » *Zingiber officinale*
Kamille blau (deutsche Kamille) » *Chamomilla recutita*
Kamille römisch (englische Kamille) » *Anthemis nobile (Chamaemelum nobilis)*
Latschenkiefer (Legföhre) » *Pinus mugo*
Lavendel (Berg-Lavendel, wilder Lavendel) » *Lavandula angustifolia (officinalis, vera)*
Lemongras » *Cymbogon flexuosus*
Lorbeer » *Laurus nobilis* (Vorsicht bei trächtigen Tieren & immer verdünnen)
Majoran » *Origanum majorana* (Vorsicht bei trächtigen Tieren)
Mandarine » *Citrus reticulata*
Manuka (Neuseeländischer Teebaum) » *Leptospermum scoparius*
Melisse » *Melissa officinalis*
Myrte » *Myrtus communis*
Neroli (Orangenblüte) » *Citrus aurantium ssp. aurantium*
Niaouli (Goménol) » *Melaleuca (quinquenervia) viridiflora*
Oregano » *Origanum vulgare* (Verdünnung beachten!)
Palmarosa (indische, türkische Geranie) » *Cymbogon martinii var. motia*
Patchouli » *Pogostemon cablin/patchouli*
Pfefferminze » *Mentha piperita*
Rose (Rose otto (englisch)) » *Rosa damascena*
Rosengeranie (Geranie, Duftgeranie) » *Pelargonium graveolens*
Rosmarin » *Rosmarinus officinalis (CT 1,8 Lineol bevorzugen)* (nicht bei trächtigen Tieren und Jungtieren)
Schafgarbe » *Achillea millefolium* (nicht bei trächtigen Tieren und Jungtieren)
Teebaum » *Melaleuca alternifolia* (mit Vorsicht anzuwenden)
Thymian » *Thymus vulgaris (CT Linalool bzw. Geraniol)* (für Hühner bei Atemproblemen)
Wacholder » *Juniperus communis* (nicht in der Trächtigkeit)
Waldkiefer (Föhre) » *Pinus sylvestris*
Weihrauch (Olibanum (arabisch)) » *Boswellia sacra, Boswellia carteri*
Zitrone » *Citrus limonum* (nicht bei Hühnern)
Zitronengras » *Cymbopogon flexuosus*
Zypresse » *Cupressus sempervivens*

Mein Tipp: Kaufen Sie zum Einstieg in das Thema der ätherischen Öle ein gutes Pfefferminz-, Teebaum- und Lavendelöl und machen Sie sich mit dem Einsatz dieser Basisöle vertraut.

Ein Fläschen Lavendelöl passt in jede Jackentasche und in die Putzkiste beim Pferd, Sie haben damit eine prima Erste Hilfe zur Hand und etwas Gutes zum Schnuppern zwischendurch.

Eine erweiterte Grundausstattung kann aus Eukalyptus, Neroli, Rosmarin, Schafgarbe bestehen. Damit haben Sie schon einige vielseitig einsetzbare Öle zur Hand.

Kurz und knapp: Ätherische Öle sind praktische kleine Helfer im Alltag mit den Tieren und können innerlich und äußerlich eingesetzt werden. Stellen Sie sich je nach Bedarf eine Mischung gegen Insekten, zur Heilung, für die Verdauung oder zur Beruhigung zusammen, stecken Sie das Fläschchen in die Jackentasche und Sie sind für viele Fälle gewappnet.

Rosmarin

Thymianöl

Alleskönner
Lavendel

geeignet für:

Bach-Blüten

Heilpflanzen wirken durch ihre Inhaltsstoffe sowie durch ihre Energie und Ausstrahlung. Diese Pflanzenenergie wirkt besonders in der Blüten-Therapie. Sie haben damit eine sanfte Möglichkeit, Ihren Tieren im psychischen Bereich mit einer nebenwirkungsfreien Behandlung zu helfen.

Probleme im Hinblick auf die Gesundheit oder das Verhalten des Tieres können durch den Schock eines Unfalls, eines stressigen Umzugs in ein neues Zuhause oder einen neuen Stall, eine lange und schwere, schmerzhafte Krankheit, Trauer, eine große Operation oder Verletzung verursacht werden. In diesem Fall unterstützen die passenden Blüten die Heilung der seelischen Wunden und den Weg zurück zu Gesundheit und Wohlbefinden des Tieres.

Der Begründer einer Blüten-Therapie-Variante war Dr. Bach, daher die Bezeichnung Bach-Blüten-Therapie. Er betonte die Eigenverantwortung jedes Einzelnen für sich (und seine Kinder und Tiere) und schenkte uns mit den Blütenessenzen diese selbstverantwortliche Behandlungsmöglichkeit und einen wertvollen Bestandteil unserer Stallapotheke.

Kommt es im Alltag zu einer stressigen Situation, haben Sie eine Erste Hilfe zur Hand. Bei der Betreuung traumatisierter Tiere aus schlechter Haltung oder einer Auffangstation im Ausland finden Sie in den Blüten eine unkomplizierte und für jedermann anwendbare Therapiemöglichkeit.

Es gibt eine Vielzahl von Blüten-Therapien, nicht nur die Bach-Blüten-Therapie, sondern kalifornische oder australische Blüten, hawaiianische oder brasilianische, holländische, schweizerische oder deutsche Blüten.

Die **Bach-Blüten-Therapie** ist eine von vielen Blütentherapien und weder besser noch schlechter als andere. Ich bevorzuge einheimische Heilpflanzen, da diese *näher* an uns und unseren Tieren sind als Pflanzen von der anderen Seite der Erdkugel. Heilmittel wachsen dort,

wie man sagt, wo sie gebraucht werden, und wir haben hier in Europa viele zur Verfügung und müssen nicht unbedingt auf Exoten zurückgreifen.
Dr. Bach betonte die praktikable Anwendung für jedermann und unsere Haustiere. Die Blüten setzen Sie zur Behandlung von Gemütssymptomen ein, bei Verhaltensauffälligkeiten, Stress und Ängsten und vorbeugend oder unterstützend vor Transporten oder Umstellungen im Leben und Alltag, damit erst gar nicht Krankheiten entstehen.

Im Fall der Behandlung von **Haustieren** meint Dr. Bach, dass wir Anteil an der Erkrankung unserer Tiere haben, wissen, wie wir sie heilen können, und die Tiere dieses Wissen ebenso in sich haben.

Die Bach-Blüten im kurzen Überblick:

Nr. 1 Agrimony: Kleiner Odermennig, *Ehrlichkeitsblüte*. Die Tiere erscheinen gesellig und friedlich. Sie wollen es uns immer recht machen, sind harmoniebedürftig und empfindsam. Agrimony fördert Offenheit, Fröhlichkeit, Harmonie und Frieden mit sich selbst. Es unterstützt die Entgiftung und zeigt das wahre Wesen und die Krankheit auf.

Nr. 2 Aspen: Espe oder Zitterpappel, *Ahnungsblüte*. Es zeigen sich unerklärliche, vage Ängstlichkeit und Schreckhaftigkeit. Die sensiblen Tiere erscheinen dünnhäutig und entwickeln eine Angst im Dunkeln, bei Alleinsein sowie Stoffwechselprobleme. Aspen nimmt die Furcht und gibt Vertrauen.

Nr. 3 Beech: Rotbuche, *Toleranzblüte*. Die Tiere sind intolerant und aggressiv gegenüber allem und jedem oder auf der anderen Seite extrem angepasst. Es entwickeln sich Probleme in der Herde oder mit Menschen. Beech entwickelt mehr Toleranz und Einfühlungsvermögen und die Tiere können Tadel und Kritik besser annehmen. Eine Blüte bei Allergien, wie Sommerekzem, oder zu viel Mutterschutzverhalten.

Nr. 4 Centaury: Tausendgüldenkraut, *Blüte des Dienens*. Diese braven Tiere haben wenig eigenen Willen und reagieren übermäßig auf Wünsche anderer. Sie dienen und ordnen sich in jedem Fall unter. Es kann zu vermehrten Infektionen, Parasitenbefall oder Verletzungen kommen. Diese Blüte stärkt das Tier im Inneren, es kann sich integrieren und bleibt sich dabei selbst treu. Eine Blüte gegen Entzündungen (wie Holly).

Nr. 5 Cerato: chinesische Bleiwurz oder Hornkraut, *Intuitionsblüte*. Die auffallend unsicheren Tiere haben kaum eigene Instinkte und keine innere Stimme. Sie gehorchen jedem und ordnen sich unter. Eine Blüte für Jungtiere, die zu früh von ihrer Mutter getrennt wurden oder aus dem Nest gefallen sind. Cerato weckt Instinkte und macht das Tier in sich ruhend und vertrauend.

Nr. 6 Cherry Plum: Kirschpflaume, *Gelassenheitsblüte*. Die Tiere neigen zu Kurzschlusshandlungen und unbeherrschten Temperamentsausbrüchen, wobei sie sich selbst verletzen können. Das Verhalten ist sprunghaft und zwanghaft, es gibt *Angstbeißer* oder *Angsttreter*. Cherry Plum gibt Mut, Kraft und Gelassenheit und die Tiere gehen besser mit ihren Gefühlen um. Selten als Einzelblüte verabreicht, meist in Mischungen und in den Notfalltropfen.

Nr. 7 Chesnut Bud: Knospe der Rosskastanie, *Lernblüte*. Die Tiere machen immer die gleichen Fehler, zeigen keine Lernfortschritte und passen nicht auf. Es kann zu periodisch auftretenden Erkrankungen kommen. Ein Mittel für junge Tiere in der Ausbildung, denn es erleichtert das Lernen und erhöht das Interesse.

Nr. 8 Chicory: Wegwarte, *Mütterlichkeitsblüte*. Diese Tiere haben eine hohe Machtposition in der Herde, wirken übertrieben mütterlich oder bewachen streng das eigene Territorium. Bei Verletzung oder Erkrankung ist die Reaktion darauf extrem wehleidig. Chicory weckt innere Kraft, Ruhe und eine *gesunde Mütterlichkeit*. Chicory wirkt auch auf die Leber.

Nr. 9 Clematis: Weiße Waldrebe, *Realitätsblüte*. Dieses Tier hat wenig Interesse für seine Umwelt. Es erscheint ungeschickt und schläfrig und möchte bei Krankheit nicht gesund werden. Clematis holt es zurück in die Realität, macht es wach für alles. Es stärkt das Immunsystem und fördert die Entgiftung.

Nr. 10 Crab apple: Holzapfel, *Reinigungsblüte*. Das Tier putzt sich ständig. Diese Blüte fördert die Entgiftung und stärkt das Immunsystem, hilft bei Parasitenbefall und Hauterkrankung und rückt den Ordnungssinn in normale Bahnen. Zur Nachbehandlung einer Vergiftung, denn es unterstützt die Entgiftung.

Nr. 11 Elm: Ulme, *Verantwortungsblüte*. Das Tier hat wenig Selbstvertrauen. Es kommt zu plötzlicher Schwäche nach Leistung, zu Nervosität und Konzentrationsstörung. Eine Blüte zur Geburtsvorbereitung und bei Tieren mit mangelndem Mutterinstinkt. Elm schafft Vertrauen und Verantwortungsbewusstsein, auch für sich selbst. Vorsicht: Überprüfen Sie, ob das Tier nicht zusätzlich körperlich erkrankt ist.

Nr. 12 Gentian: Bitterer Enzian, *Glaubensblüte*. Diese Blüte ist empfehlenswert bei langwierigen Erkrankungen, schlechter Wundheilung und baut Zuversicht, Vertrauen und Lebensmut auf. Eine Blüte bei häufigem Besitzer-, Stall- oder Artgenossenwechsel.

Nr. 13 Gorse: Stechginster, *Hoffnungsblüte*. Wir haben einen dem Tod nahen Patienten vor uns. Die lange Erkrankung lässt das Tier apathisch werden, ohne Appetit und in schlechtem Allgemeinzustand. Gorse bringt die Hoffnung zurück, Lebensfreude und Optimismus und hilft bei chronischen Erkrankungen und langer Leidensgeschichte. Selten als einzelne Blüte verabreicht, gut in Kombination mit Gentian, Hornbeam, Olive oder Wild Rose.

Nr. 14 Heather: Heidekraut, *Identitätsblüte*. Das Tier braucht ständige Ansprache, ist aufdringlich, kann nicht alleine sein und erscheint extrovertiert. Eine Blüte für Klein- und Schoßhunde. Heather ermöglicht Zuwendung und Einfühlen in andere und eine innere Ruhe und Geborgenheit.

Nr. 15 Holly: Stechpalme, *Herzöffnungsblüte*. Hier haben wir Ärger, Wut und Eifersucht. Die Tiere sind aggressiv, bissig und gefährlich und dies nicht wahllos, sondern auf ein *Ziel* gerichtet. Holly öffnet wieder das Herz, lässt Gemeinschaft zu und Verbundenheit. Holly wirkt entzündungshemmend (wie Centaury).

Nr. 16 Honeysuckle: Geißblatt oder Jelängerjelieber, *Vergangenheitsblüte*. Sie kann nach einer schweren Misshandlung, einem Trauma oder Verlust des Besitzers, eines Familienmitglieds oder des Zuhauses, im Alter und bei chronischen Erkrankungen nötig sein. Honeysuckle führt in die Gegenwart, lässt Lernerfahrung aus der Vergangenheit zu und schließt Frieden damit, was war.

Nr. 17 Hornbeam: Hain oder Weißbuche, *Spannkraftblüte*. Die Tiere erscheinen motivationslos, wirken alt und schwach. Eine Blüte in der Erholungsphase nach einer Erkrankung oder großer Belastung, für alte, schwache und überlastete Tiere. Sie gibt neue Spannkraft im Geist, neue Lebendigkeit und Lebensfreude. Hornbeam stärkt das Bindegewebe und kann bei Bindehautentzündung helfen.

Nr. 18 Impatiens: Drüsentragendes Springkraut, *Zeitblüte*. Hier herrscht die Ungeduld vor, die Tiere sind leicht gereizt, nervös und agieren überschießend. Impatiens ermöglicht eine angemessene Reaktion und Auffassungsgabe.

Nr. 19 Larch: Lärche, *Selbstvertrauensblüte*. Tiere mit einem Mangel an Selbstvertrauen sind oft rangniedrig, neigen zu einem schwachen Immunsystem, wiederkehrenden Infekten oder langwierigen Erkrankungen. Larch rückt das Tier in die richtige Position.

Nr. 20 Mimulus: Gefleckte Gauklerblume, *Tapferkeitsblüte*. Furchtsame, scheue Tiere, die genau wissen, wovor sie sich ängstigen. Die Tiere wollen alleine sein, schrecken vor Neuem zurück, werden krank vor lauter Angst. Mimulus gibt Mut und Zuversicht und lässt die eigenen Grenzen erkennen.

Nr. 21 Mustard: Ackersenf, *Lichtblüte*. Tiere erleben Perioden tiefer Melancholie, die kommen und gehen, ohne dass sie eine für uns erkennbare Ursache haben. Die Tiere wirken antriebslos und niedergeschlagen. Jetzt gibt Mustard wieder Vertrauen ins Leben, besänftigt und erhellt die Gefühle. Wichtig ist die Ursachenfindung für diese Melancholie. Gute Kombination mit Star of Bethlehem.

Nr. 22 Oak: Eiche, *Ausdauerblüte*. Das Tier erscheint wie ein niedergeschlagener, erschöpfter Kämpfer. Es kommt oft aus dem Leistungssport, hat eine große Umstellung hinter sich oder eine chronische Erkrankung. Eine Blüte für Sporttiere oder im therapeutischen Einsatz wie Blindenhunde oder Therapiepferde.

Nr. 23 Olive: Olive, *Regenerationsblüte.* Hier haben wir viele chronische Erkrankungen oder eine Überanstrengung, eine hohe Infektanfälligkeit und den Tieren ist alles zu viel. Sie wirken erschöpft und ausgelaugt und wollen nur Ruhe. Olive fördert die Genesung auf allen Ebenen. Ein wichtiges Mittel für alte Tiere und in der Erholungsphase.

Nr. 24 Pine: Kiefer, *Blüte der Selbstakzeptanz.* Diese Tiere sind absolut rangniedrig und unterwürfig. Pine erhöht das Selbstbewusstsein.

Nr. 25 Red Chesnut: Rote Kastanie, *Abnabelungsblüte.* Die Blüte hilft bei Problemen, die beim Umstallen oder Absetzen der Jungtiere oder bei Todesfällen in der Herde auftreten. Diese Blüte lässt das Tier mehr bei sich bleiben, es grenzt sich von den anderen im positiven Sinne ab. Die Blüte für überbesorgte Tiermütter oder bei Scheinträchtigkeit.

Nr. 26 Rock Rose: Gelbes Sonnenröschen, *Eskalationsblüte.* Hier haben wir Tiere mit akuten Angstzuständen und Panik. Es kann zu Durchfall, Schwitzen, Kollaps oder plötzlichen Unfällen kommen. Eine Hilfe nach großen Schrecken, Operation, Kolik, Unfall und bei Sonnenstich.

Nr. 27 Rock Water: Wasser aus heilkräftigen Quellen. Tiere, die starr und hart erscheinen, passen zu Rock Water. Sie kommen nicht mit Veränderungen zurecht und haben feste Gewohnheiten. Dieses Mittel macht weicher und beweglicher. Diese Tiere können Probleme mit der Fruchtbarkeit, Verstopfung, Krämpfe, Arthrose und der Beweglichkeit haben.

Nr. 28 Scleranthus: Einjähriges Knäuel, *Balanceblüte.* Die Tiere zeigen wenig Ausdauer. Sie finden keinen Platz in der Gemeinschaft und entwickeln wechselnde Symptome, sind wetterfühlig, leiden unter Reiseübelkeit oder einseitig ausgeprägten Erkrankungen. Diese Blüte fördert das innere Gleichgewicht.

Nr. 29 Star of Bethlehem: Doldiger Milchstern, *Trostblüte.* Eine wichtige Blüte für alle Nachwirkungen eines körperlichen, seelischen oder geistigen Schocks, die in fast jede erste Mischung gehört. Der Milchstern steht für Anpassung.

Nr. 30 Sweet Chesnut: Ess- oder Edelkastanie, *Erlösungsblüte.* Das Tier steckt in tiefster Verzweiflung, da es unter einer langwierigen, chronischen Erkrankung oder schlechter Haltung leidet oder gelitten hat. Die Blüte holt das Tier aus der Krise und gibt ihm Gelassenheit und Stärke.

Nr. 31 Vervain: Eisenkraut, *Begeisterungsblüte.* Das Tier ist wie ein Workaholic, ist reizbar und impulsiv. Die Blüte fügt wieder alles in die rechte Ordnung, gibt Gelassenheit und Toleranz. Geeignet bei

Sporttieren, die hyperaktiv und übertrieben erscheinen.

Nr. 32 Vine: Weinrebe, *Autoritätsblüte*. Hier haben wir einen *kleinen Tyrannen*, der dominieren möchte. Das ist das Leittier, das sich nicht unterordnet, das durch Vine wieder Rücksicht walten lässt, einen gesunden Eifer zeigt und im Miteinander lebt. Eine Kombination mit Heather oder Holly ist oftmals angeraten. Hilft bei chronischen Erkrankungen.

Nr. 33 Walnut: Walnuss, *Geburtshelferin*. Eine wichtige Essenz bei Geburt und Sterbeprozessen, bei Beginn der Trächtigkeit, bei Zahn- oder Fellwechsel und zur Narbenbehandlung.

Nr. 34 Water Violet: Sumpfwasserfeder, *Kommunikationsblüte*. Das Tier hebt sich durch Zurückhaltung ab. Es ist ein stolzer, unnahbarer Einzelgänger und Außenseiter, der mit dieser Blüte wieder Anteil nehmen kann und Nähe erlaubt. Es kann sich um ein vernachlässigtes und einsames Tier handeln.

Nr. 35 White Chesnut: Rosskastanie oder Weiße Kastanie, *Gedankenblüte*. Das Tier findet keine Ruhe. Die Kastanie macht klarer und ruhiger.

Nr. 36 Wild Oat: Waldtrespe, *Berufungsblüte*. Das Tier wirkt unzufrieden. Es ist begabt und gelangweilt, folgt nur eine kurze Zeit einem neuen Reiz. Ein Jungtiermittel zur Orientierung. Mögliche Blüte bei Neigung zu Ersatzhandlungen und bei Zerstörungstrieb, auch an sich selbst. Oft als Einzelblüte, wenn alle Blüten passen könnten und nichts hilft.

Nr. 37 Wild Rose: Hundsrose oder Heckenrose, *Blüte der Lebenslust*. Hier fallen Teilnahmslosigkeit und Resignation auf, die aufgrund einer chronischen Erkrankung, schweren Misshandlung oder schlechten Haltung bestehen. Wichtig ist hier Ursachenforschung! Mit dieser Blüte überprüft man den Lebenswillen und kann bei chronischen Erkrankungen helfen.

Nr. 38 Willow: Gelbe Weide, *Schicksalsblüte*. Die Tiere sind angefüllt mit Groll. Ihre schlechten Erfahrungen machen sie misstrauisch, übel gelaunt und aggressiv. Ein Mittel für misshandelte und vernachlässigte Tiere.

Die Anwendung der Bach-Blüten:

Jede Bach-Blüte können Sie einzeln oder im Sortiment als kleine Vorratsflasche oder Stock bottle in der Apotheke kaufen oder selber herstellen. Aus dem Fläschchen nehmen Sie mit der Pipette einige Tropfen und verabreichen diese dem Tier verdünnt mit Wasser. Sie können sich ein Fläschchen mit einer Einnahmemischung mischen, die aus einigen Tropfen der Blüte in einem Gemisch von ¾ Wasser und einem Viertel Obstessig (alternativ kolloidales Silberwasser) zur Konservierung besteht. Man rechnet mit etwa 1 Tropfen Blütenessenz auf 10 ml Flüssigkeit. Wenn Sie auf einen Konservierungsschutz verzichten wollen, wird die Mischung nicht so lange haltbar sein. Die Kombination einiger Blüten macht durchaus Sinn. Sie wählen 5–6 Blüten aus, es können auch nur 2–4 sein, und geben diese Mischung.

Dosierung: Die Dosierung ist in Abhängigkeit von der Größe des Patienten zu wählen. Bei kleinen reichen 2–3 Tropfen der Mischung und bei Großtieren nimmt man etwa 10 Tropfen. Da es eine energetische Therapie ist, ist die exakte Menge nicht von großer Bedeutung.

In akuten Situationen wie Unfall oder Schock kann die Verabreichung alle paar Minuten erfolgen, bis sich der Zustand verbessert. Hier helfen die NOTFALLTROPFEN, eine fertige Mischung aus Star of Bethlehem, Rock Rose, Impatiens, Cherry Plum und Clematis. Das Notfallmittel wird vor und nach Operationen gegeben, bei Unfällen, Verdacht auf eine Vergiftung (plus Crab apple), Angst während des Autofahrens sowie während des Geburtsprozesses dem Muttertier und nach der Geburt den Jungtieren. Als Sterbehilfe ist es in der Kombination mit Walnut möglich.

Ansonsten bekommt das Tier mehrmals täglich einige Tropfen ins Maul oder Sie geben die Blüten mit in den Wasserbehälter.

Hier sind feste Angaben sinnlos, da jedes Tier anders ist und man intuitiv arbeiten soll. In der Regel ist eine Verabreichung 4 Mal am Tag passend.

Sie geben die Blüten so lange, bis Sie den Eindruck haben, dass es Ihrem Tier wieder gut geht. Möglich ist dann eine abgewandelte, der neuen Situation angepasste Mischung, die wieder für einige Zeit gegeben wird.

Die **äußerliche Anwendung** der Essenzen über die Haut ist ebenso möglich. Geben Sie die Blüten direkt auf die betroffene Region, da wo es weh tut, oder auf die entsprechenden Reflexzonen und Akupunkturpunkte. Eine andere Variante sind Umschläge oder Einreibungen mit Blütenölen oder Blütencremes (selbst hergestellt) oder mit der Notfall-Salbe. Die Notfall-Salbe ist bei körperlichen Verletzungen oder Hautausschlägen eine Erste Hilfe.

Generell können Blütenessenzen außerdem inhaliert oder verdampft werden.

Wichtig: *In vielen Fällen ist es sinnvoll und notwendig, nicht nur das Tier, sondern den Besitzer mit zu behandeln. Zwischen beiden besteht ein enger energetischer Zusammenhang und beide werden zum Spiegelbild des anderen. Eine Therapie nur eines Partners ist in manchen Fällen wirkungslos, es erfordert den Blick und die Erfassung des gesamten Umfeldes. Hier suchen Sie die Hilfe eines erfahrenen Therapeuten, da Sie selbst zu nahe dran sind und die Problematik nicht erkennen. Die systemische Tieraufstellung kann mit in Betracht gezogen werden (siehe Seite 192).*

Es gibt Blütenessenzen in Form von Globulis, praktisch für **Katzen**, **Hühner** und **Kleintiere**. Die Variante aus Milchzucker ist Saccharose/Zucker oder Saccharin/Süßstoff. Bei der flüssigen Form gibt es alkoholfreie Tropfen.

Im Handel gibt es Mischungen, zum Beispiel für Probleme mit dem Alleinsein, bei Turnieren oder Ausstellungen, bei Rangordnungsschwierigkeiten, für mehr Lebensfreude oder Selbstbewusstsein.

Die Kombination mit anderen Naturheilverfahren ist wunderbar, denn man hat mit den Blüten den seelischen Bereich abgedeckt und kann stofflich zum Beispiel mit Heilpflanzen oder Mineralstoffen die anderen Ebenen therapieren.

Wer sich in der Auswahl der richtigen Essenzen, trotz Studiums der Fachliteratur oder der zahlreichen Infos im Internet, unschlüssig ist, bittet einen Therapeuten zu Hilfe. Sie machen mit den Blüten nichts falsch, sie sind nie schädlich oder unverträglich.

Praxis-Tipp: Ein Fläschchen mit den Bach-Notfall-Tropfen ist oft der Einstieg in die Blüten-Therapie. Hier haben Sie eine Kombination von Seelentröstern in der Hand, die bei allen Schock- und Schrecksituationen für Tiere hilfreich ist. Diese Mischung sollte in keiner Haus- und Stallapotheke fehlen und findet bei Unternehmungen, Wanderungen, Ausritten, Besuch des Tierarztes oder Ähnlichem Platz in der Jackentasche.

Kurz und knapp: Blütenessenzen sind Seelentröster, für uns und unsere Tiere, und in einer der Situation angepassten Mischung eine wunderbare Unterstützung der Gesunderhaltung und Heilung innerer Wunden.

geeignet für: 

Basenpulver

Die viel diskutierte Übersäuerung ist ein aktuelles Gesundheitsprobleme für die Haustiere. Viele Erkrankungen werden durch eine Übersäuerung hervorgerufen und verstärken die Schieflage im Stoffwechsel.

Basenpulver sind eine Kombination natürlicher Mineralien, die wir in unterschiedlichen Zusammensetzungen im Haushalt und in der Küche haben oder sie in der Apotheke oder im Fachhandel kaufen. Sie werden innerlich und äußerlich angewendet, ähnlich wie die Heilerden.

Viele kennen *Kaiser Natron*, einen vielseitigen Küchenhelfer, oder *Bullrich Salz*. Beides besteht aus Natriumhydrogencarbonat (Achtung: nicht Natriumcarbonat oder Soda!), man sagt dazu auch Speisesoda, Backsoda oder Speisenatron. Das ist der basische Bruder von unserem Kochsalz, dem Natriumchlorid. Hydrogencarbonat kommt im Magen als Schleimhautschutz und im Blut als Säurepuffer vor und ist nicht im Futter enthalten, sondern wird vom Organismus selbst hergestellt.

Es gibt verschiedene Hersteller und Marken, wie zum Beispiel *Alkala N* von Sanum-Kehlbeck als Kombination von Natrium- und Kaliumhydrogencarbonat und Natriumcitrat. *Basica* bietet Pulver mit Calciumlactat, Natriumcitrat, Kaliumcitrat, Magnesiumcitrat, Zinkcitrat und Spurenelementen an und *Dr. Jacobs Basenpulver* besteht aus Kaliumcitrat, Calciumcitrat, Magnesiumcitrat, Magnesiumcarbonat, Kieselsäure und Zinkcitrat.

Für Tiere gibt es Produkte in größeren Gebinden und entsprechend preiswerter, zum Beispiel *Alka Top* oder *Alka Top Q* der Firma Prodoca, die aus Natriumbicarbonat, Calciumcitrat, Kaliumchlorid, Natriumsulfat und Natriumchlorid bestehen. Für **Hunde** und **Katzen** gibt es im Fachhandel tierartspezifische Pulver.

Die Pulver werden innerlich mit dem Futter verabreicht oder äußerlich als Waschungen, Kompressen oder Auflagen eingesetzt.

Wichtig: *Es gibt Basenpulver aus Citraten und Pulver aus Carbonaten. Citrate sind die Salze und Ester der Citronensäure, dagegen*

Carbonat die der Kohlensäure. Citrate wirken nicht wie Carbonate im Magen- und Darmbereich, sondern in den Zellen und das macht den Unterschied aus.

Alle Entzündungen vertragen eine kurmäßige Gabe von Basenpulver, egal ob es sich um eine Hautentzündung oder Gelenkentzündung handelt. Hier geben Sie in erste Linie das Citratbasenpräparat.

Bei einem Tier mit einem stark übersäuerten Magen setzen Sie zuerst auf Basenpulver auf Hydrogencarbonat-Basis, um den Körper zu entsäuern. Dabei entsteht Kohlensäure und um diese rauszulassen, muss das Tier rülpsen und hat Blähungen. Carbonate neutralisieren die Magensäure, wobei der Mageninhalt in seiner Funktion sauer sein soll, und das ist ein Nachteil der Carbonatpulver.

Bitte wägen Sie ab (Rücksprache mit Therapeuten), wo die Übersäuerung am stärksten ist und passen Sie die Auswahl des Basenpulvers an den jeweiligen tierischen Fall an.

Also: Sie geben das Pulver, um die Übersäuerung des Magen-Darmbereichs ***oder*** *des Organismus abzupuffern, je nachdem ob Sie mehr Carbonate* ***oder*** *Citrate im Basenpulver haben.*

Sie wenden es äußerlich zur Entsäuerung an, indem Sie Waschungen und Umschläge mit Basenpulver machen.

Hauterkrankungen wie Ekzeme, Hautpilze, Schuppen weisen auf eine Übersäuerung hin und werden am besten gleichzeitig innerlich und äußerlich behandelt.

Achten Sie auf natürliche Inhaltsstoffe in Ihrem Basenpulver und setzen Sie diese kurmäßig ein, nicht als Dauermedikation.

Dosierung: Kleintiere bekommen etwa 1 g pro 10 kg Körpergewicht am Tag. Größere Tiere mit etwa 50 kg Gewicht erhalten 5 g und dem Pferd oder Pony geben Sie ½–2 Esslöffel pro Tag, je nach Gewicht.

Zusatzinfo: Bei einer Übersäuerung des Blutes beginnt die sogenannte Geldrollenbildung der Blutkörperchen, die ihre Transportaufgabe nur noch schlecht ausüben können. Das Tier erscheint müde und schlapp. Es isst viel, doch der Körper hungert dabei. Die Geldrollenbildung wird im Verlauf stärker, denn Eiweiß und Kohlenhydrate aus dem Futter sind auch sauer. Dadurch wird der Körper anfällig für Krankheitserreger. Bei einem sauren pH-Wert binden die Blutkörperchen zudem weniger Sauerstoff und es kommt zu einem Mangel in tieferen Gewebebereichen. Kohlenstoffdioxid wird nicht mehr ausreichend transportiert, lagert sich an und führt im Gewebe zum Zelltod. Es kommt zur Bildung von freien Radikalen. In Blut und Knochen sinkt der Gehalt an Calcium und Magnesium. Fehlt es auf der Zellebene an Sauerstoff, wird er durch die Zucker-Fermentierung ersetzt, der pH-Wert steigt weiter, wir haben eine mögliche Ursache von Krebserkrankungen vorliegen.

Unsere Tiere leiden aufgrund der oft nicht artgerechten und zu guten, überreichen Fütterung, von Mineralstoffmangel und zu wenig Bewegung oft an einer Übersäuerung, die Darm und Verdauung und das Immunsystem schädigt, eine Alterung beschleunigt und Krankheiten forciert.

Das Beispiel vieler **Pferde und Ponys** zeigt diese Problematik, denn wir bieten ihnen meist kein qualitativ hochwertiges, vollwertiges Futter an, haben zu viel Eiweiß in der Ration, einen Mangel oder unausgewogene Mineralstoffgehalte, zu wenig Bewegung und dafür eine breite Palette an *Säurekrankheiten*. Wir kennen das Sommerekzem – nicht nur der Islandpferde, *Mauke* und *Raspe* als Hauterkrankung an den Pferdebeinen, den *Kreuzverschlag* (paralytische Myoglobinurie), chronischen Husten, dazu allgemeine Leistungsschwäche und viele Kolikfälle. Die Azidose kann Auslöser von chronischen Krankheiten aller Art sein.

Die Hauptursachen für eine Übersäuerung sind der Mangel an Basen und Basenbildnern sowie ein Überschuss an Säurebildnern im Futter. Dazu kommen ursächlich oder später als Folge Verdauungsstörungen und Magen-Darm-Probleme durch die schlechte Nährstoffaufnahme und gestörte Ausscheidung. Hier sind die Durchfälle ein bekanntes Symptom. Sie entstehen unter anderem durch einen Basenmangel wie auch durch Durchfälle erst ein Basenmangel entstehen kann und fertig ist der Teufelskreis! Bei infektiösen Durchfällen wird die Durchfallbereitschaft durch ein saures Milieu erhöht und die Lebensbedingungen für die Keime günstiger.

Entzündungen stellen in vielen Fällen die Antwort des Körpers auf eine Übersäuerung dar. Da ist es zweitrangig, wo die Entzündung sitzt, ob im Darm, der Fesselbeuge oder Sattellage oder im Euter von Kuh oder Schaf.

Wichtig: Allgemein muss ein Pflanzenfresser, wie das Pferd, Schaf oder Kaninchen, artgerecht mit Pflanzen ernährt werden. Die gesunde Basis ihrer Fütterung stellt gutes (!) Heu und eine gute (!) Weide dar, dazu viel Bewegung, ergänzt durch Mineralstoffe und Vitamine. Alles, was nicht der Art entspricht – und hier muss auch zwischen Pony und Vollblutpferd unterschieden werden –, kann zur Übersäuerung und zu Krankheitszeichen führen.

Ähnliches gilt für den Fleischfresser Katze, die von Trockenfutter krank werden kann und die eine natürliche, artgerechte Fütterung à la Maus haben muss.

Es gibt nicht DAS Futter für alle Tiere, das „basisch" ist. Die Fütterung muss dem Tier entsprechen und hier fragen Sie bei Problemen und Unklarheiten einen Fachmann/Fachfrau zur Fütterung des jeweiligen Tieres.

Was ist der pH-Wert? Die Buchstaben pH stehen für Potentia hydrogenii, für die Potenz der Wasserstoffionen-Konzentration, und hat die Skala von 0 bis 14. Niedrige Werte sind sauer, hier ist weniger Potential für die Aufnahme von Wasserstoffionen. Höhere Werte sind basisch und bieten mehr Potential zur Aufnahme von Wasserstoffionen. Neutral ist der pH bei 7.

Der pH regelt die Geschwindigkeit biochemischer Prozesse, der elektrischen Signale und der Enzymaktivität. Das normale Zellinnere weist mit einem pH von 7,4 einen leicht basischen Wert auf.

Kurz und knapp:
Basenpulver gehörte früher in jede Küche und ist ein praktischer und vielseitiger Bestandteil Ihrer Stallapotheke, egal ob es sich um ein Verdauungsproblem oder eine Hauterkrankung handelt.

geeignet für: 

Effektive Mikroorganismen

Die Mischung effektiver Mikroorganismen, kurz EM genannt, entwickelt von Teruo Higa, einem Professor in Japan, ist überaus vielseitig einsetzbar: im Haushalt, Garten und auf der Weide, im Alltag mit den Tieren und im Stall. EM unterstützt bei der *gesunden* Reinigung im Tierhaushalt und im Stall, bei der Fütterung erkrankter Tiere und bei Hautproblemen, innerlich und äußerlich.

Was denkt man bei dem Wort Bakterien? Zuerst an Krankheit, Infektion, Fieber, Seuchen, Tod und Verderben. Später kommen Gedanken in Richtung Sauerkraut, Joghurt, Wein- und Bierherstellung, Brotbacken, Gartenboden oder Verdauung auf. Der Ruf der Bakterien ist allgemein schlecht, sie gelten als gefährlich und krankmachend, werden bekämpft und ausgerottet. Aber sie bilden die Grundlage und Voraussetzung für das Leben und helfen uns in der heutigen Zeit von übergroßer Sauberkeit und Hygiene wieder zu einem natürlichen Gleichgewicht und Gesundheit.

Die nützlichen EM-Helferlein sind eine bunte Mischung aus mehreren Milchsäurebakterien, aus Hefen und Pilzen, Aktinomyceten und Photosynthese-Bakterien, fermentiert in Melasse und Wasser. Sie haben unterschiedliche Fähigkeiten, Aufgaben und Besonderheiten und wie oft im Leben, ist dies in der Zusammenarbeit wirkungsvoller als in Einzelarbeit.

EM wird in mehreren Stufen hergestellt und kann von den diversen Herstellern in einer recht haltbaren Form erworben werden. Die braune Farbe der Flüssigkeit entsteht durch die Zuckerrohrmelasse, die den Bakterien als Nahrungsgrundlage dient. Diese Ausgangskultur wird EM1 oder EM Urlösung genannt und ist als Bodenhilfsstoff zugelassen.

Neben EM in flüssiger Form gibt es eine Vielzahl anderer Produkte, die EM-*Technologie*. Wir haben EM-Keramik als einen mit EM verkneteten und gebrannten Ton, den man als Röhrchen, Ringe oder Pulver sowie als Ton in Form von Geschirr nutzt. EM-Keramik setzen wir im Frischwasserbereich ein, legen oder hängen sie in die Wasserbehälter der Tiere und verbessern damit Qualität und den Geschmack des Wassers. Man rechnet hier mit 3–10 EM-Röhrchen pro Liter.

Als Pulver streuen Sie die Keramik fein über die Einstreu im Stall, die dann auf dem Umweg über den Misthaufen wieder auf die Wiese kommt. Keramik-Pulver ist nicht zur Fütterung geeignet.

Bokashi ist ein fermentiertes organisches Material, Garten- oder Küchenabfall, der zu hochwertigem Dünger verwandelt wird oder Futter bzw. Kräuter mit EM fermentiert. Dieser Prozess läuft unter Luftabschluss ab, wobei die Energie und die Nährstoffe des Ausgangsmaterials erhalten werden und die Stoffwechselprodukte der Mikroorganismen dazukommen. Die Herstellung von Sauerkraut ist ähnlich, das Endprodukt hat einen sauren Charakter und riecht angenehm säuerlich.

In der Umwelt herrschen wachsendes Ungleichgewicht und Einseitigkeit, wir haben viele Giftstoffe im Boden, Wasser und in der Luft. Die Mikroorganismen bereichern mit ihrer Besiedelung jedes Milieu, in das sie gebracht werden, und leben mit den schon vorhandenen Organismen friedlich zusammen, stimmen sie um und *überreden* sie förmlich zu einer *guten* Koexistenz. Dadurch harmonisieren sich alle Stoffwechselprozesse, Materie wird umgesetzt, Energie wird dazugewonnen, Krankheiten lösen sich auf und alles wird harmonischer, energievoller und lebendiger.

Keiner weiß genau, wie die Mikroorganismen dies vollbringen, es ist ihr wohlgehütetes Geheimnis, aber es funktioniert. Wichtig ist eine ausreichende Menge an EM, nicht in *homöopathischen Dosen*, sondern größere Mengen, um das Milieu umzustimmen. Tritt nicht die gewünschte Wirkung ein, erhöhen Sie die Menge, bis eine Reaktion erkennbar wird.

Wichtig: *Die EM-Mikroorganismen sind Lebewesen und der gleichzeitige Einsatz bakterienhemmender Produkte ist unsinnig, denn diese töten auch die guten Organismen ab. EM lebt bei Temperaturen zwischen 8 und 18 °C, daher nicht in den Kühlschrank stellen, besser in den Keller oder Vorratsraum. Ist die EM-Flasche einmal geöffnet, tritt Luft ein und die Hefen werden aktiviert und nehmen mit der Zeit überhand. Man soll auf möglichst wenig Luft im Behälter achten und nach der Entnahme von Flüssigkeit eine kleinere Flasche für den Rest wählen. Je größer die Schwankungen der Temperatur bei der Aufbewahrung sind und je öfter man den Behälter öffnet, umso schneller verdirbt das EM. Elektromagneti-*

sche Strahlungen und direkte Sonne sind nichts für die EM-Flasche bzw. ihren lebenden Inhalt. Der normale pH-Wert der EM-Flüssigkeit liegt bei etwa 3,5 und damit im sauren Bereich, was die Haltbarkeit gewährleistet.

Meist wird EM verdünnt angewendet, eine Ausnahme ist die innerliche Einnahme und beispielsweise die Behandlung von schimmelnden Wänden, wo man zusätzliche Feuchtigkeit vermeidet.

Für den täglichen Gebrauch vermehren Sie das relativ teure EM1 selbst, dies geht ähnlich wie Joghurt herstellen. Das wird EMa genannt und bedeutet vermehrte EM. Man gibt dem EM1 dazu für eine gute Woche Wärme, Nahrung und möglichst wenig Luft. Aus 1 Liter der Urlösung stellt man 33 Liter EMa her, was dann zusätzlich die Mikroben aus der jeweiligen Umwelt enthält, deswegen nicht mehr so gut haltbar ist wie EM1 (etwa 2 Wochen) und in dem Umfeld, in dem sie hergestellt wurde, eingesetzt werden soll. Diese Flüssigkeit ist nicht mehr dieselbe wie EM1, sie ist eine angepasste und individuelle Mikrobenmischung. EMa kann nicht weiter vermehrt werden, dies ist nur mit EM1 möglich. Behälter, Apparaturen für die Gewährleistung der erforderlichen gleichmäßigen Wärme und detaillierte Anleitungen für die EM-Vermehrung gibt es bei den Herstellern und im Internet.

Die Anwendung ist einfach und vielseitig: Wir mischen EM unter das Futter oder besprühen es mit ein wenig verdünntem EM. Alternativ kaufen Sie sich im Handel eine EM-Futtervariante und bauen diese in die Ration ein. Kleinere Verletzungen und Insektenstiche versorgen Sie mit EM, Sie können die Tiere damit waschen oder besprühen. Bei Hautproblemen wie Überempfindlichkeit und Allergieneigung, Ekzem, Schuppen, Juckreiz, bei Anfälligkeit für Ektoparasiten, bei allgemein schlechtem Haarkleid versorgen Sie die betroffenen Tiere im Rahmen einer ganzheitlichen Behandlung innerlich und äußerlich mit EM. Bei allen Verdauungsproblemen und schwachem Immunsystem ist eine EM-Zugabe unterstützend. Im Stall sprühen Sie EM auf die Einstreu, reinigen damit die Käfige, Liegeplätze, Futterbehälter oder Zubehör umweltfreundlich und nachhaltig. Bei der Kompostierung oder auf dem Misthaufen unterstützt EM den Umbau der organischen Masse.

Wichtig: Das EM nicht pur ins Maul geben, da es nicht gut schmeckt und aufgrund der Säure den Zähnen schadet.

Dosierung: Sie beginnen mit einer kleinen EM-Menge im Futter oder Wasser und steigern allmählich bis zur anvisierten Dosis. Diese geben Sie längere Zeit, um die gewünschte Verbesserung zu erzielen. Setzen Sie eine ausreichende Menge an EM ein, besonders wenn widrige Umstände herrschen und diese gewandelt werden sollen. Größere Tiere brauchen in langsam ansteigenden Gaben bis 50 ml EM in ihrem Futter. Bei kleineren reichen anfangs einige Tropfen im Futter, die man dann auf die Menge eines Teelöffels erhöht.

Vögel sprühen Sie mit EM ein und die Tiere nehmen das EM dann mit der Gefiederpflege auf. Zusätzlich geben Sie ein wenig EM ins Trink- und Badewasser und besprühen das Vogelfutter mit EM.

Bienen lieben EM im Trinkwasser, als Besprühung des Bienenstockes oder Beigabe im Winterfutter.

Mit einer Sprühflasche befeuchten Sie Heu und Stroh oder die Stallräume und den Boden mit EM. Neben der Hauptanwendung in flüssiger Form gibt es im Handel Ergänzungsfuttermittel mit EM und Pflegemittel für die verschiedensten Bereiche und Tierarten. Eine vielseitige und lebendige Flüssigkeit, im Geruch nicht jedermanns Sache, aber hilfreich und gesund.

Aus der Praxis:

Im Sommerhalbjahr setze ich regelmäßig für den Eigengebrauch, für Garten und Tiere EM an. Mit einem fix und fertig gekauften System kann ich so ohne Umstände einige Liter herstellen. Den Behälter mit integrierter Heizung setze ich in eine Kühltransportkiste, da sind die Wärmeverluste gering und es ist angenehm ruhig und dunkel für die kleinen Tierchen.

Kurz und knapp:

EM ist der Helfer bei der Reinigung und Harmonisierung von Ställen, eine Futter-Ergänzung, Unterstützung bei der Haut- und Fellpflege und Wundheilung. Darüber hinaus ein „Wundermittel" für den Garten, die Wiesen, den Kompost und Misthaufen.

geeignet für: 

Egel (Blutegel)

Man muss die Egel ja nicht schön und niedlich finden, das muss man auch bei Regenwurm und Kellerassel nicht. Aber sie sind hilfreiche Tierchen, die uns ihre Heilkraft geben, um danach (in der Regel) entsorgt zu werden.

Ein wenig Überwindung hat es bei mir gebraucht, um mit den Egeln zu arbeiten, aber ich habe mich daran gewöhnt. Wenn man einige Heilerfolge und verbessertes Befinden, weniger Schmerzen oder eine gute Ausheilung einer Verletzung bewundert, nachdem Egel gesaugt haben, ist es keine Frage mehr, dass man sie *mag*.

Egel sind etwas Besonderes und die Blutegeltherapie gehört zu den ältesten Heilmethoden in der Medizingeschichte. Die Medizin in Indien und die Traditionelle Chinesische Medizin (TCM) verwenden die Blutegel zum Heilen von Krankheiten. In Europa waren sie seit der Antike bis ins 19. Jahrhundert ein wichtiger Bestandteil der ärztlichen Therapie und Volksmedizin.

Die Wirkung der Blutegel (Hirudo officinalis oder Hirudo medicinalis) besteht aus dem Bissreiz, den im Speichel enthaltenen Substanzen, die durch den Biss abgegeben werden, der Bakterienflora der Egel und dem Nachbluten der Bisswunde, einer Art Aderlass.

Egel zählen zu den Ringelwürmern und erreichen ausgewachsen eine Länge von 15 cm. Sie leben in Tümpeln und Teichen und ernähren sich vom Blut der Frösche, Kröten und Fische. Erwachsene und fortpflanzungsfähige Egel bevorzugen Blut von Säugetieren und Menschen.

Der Blutegel hat an beiden Körperenden Saugnäpfe. Mit dem hinteren Saugnapf klammert er sich am Wirt fest und im vorderen Saugnapf ist die Mundöffnung, mit der tastend nach einer geeigneten Bissstelle gesucht und zugebissen wird. Drei Kiefer mit etwa 80 winzigen Kalkzähnchen verhelfen zu dem kräftigen Biss in die oft dicke und feste Tierhaut. Das Opfer merkt weniger vom Biss, als man meint, denn in dem Egelspeichel sind Betäubungsstoffe, die diesen Hautbezirk auf unempfindlich schalten.

Zur Blutegel-Therapie sammelt man nicht die Tierchen aus dem Tümpel, sondern bestellt und erwirbt den Egel, der mittlerweile unter Naturschutz steht, weil er schon fast ausgestorben war, in der Apotheke oder direkt bei einer Egel-Zuchtfarm. Hier werden die Egelchen kultiviert und vermehrt und haben eine medizinische Qualität. Die Egel sind frei von Krankheiten, topfit und munter.

Was bringt aber der Einsatz von einem oder mehreren Egeln für das Tier? Der Egel praktiziert ein Ausleitungsverfahren, ähnlich wie der Aderlass oder das blutige Schröpfen, und regt die Ausscheidung eingelagerter Schlacken und anderer Schadstoffe über das Blut an. Das Besondere ist die Wirkung des Speichelsekrets der kleinen Egel, das während dem Saugakt in den Patienten übertritt. Wissenschaftler haben über 20 Inhaltsstoffe gefunden und intensiv wurden Eglin und Hirudin untersucht. Eglin blockiert entzündungsauslösende Enzyme und stillt Schmerzen. Hirudin hemmt die Blutgerinnung, indem es den Gerinnungsfaktor Thrombin drosselt, und das Blut besser fließt. Thrombosen lösen sich auf und entstehen erst gar nicht, es kommt weniger zu Embolien. Hirudin löst Gefäßkrämpfe und Stauungen und fördert die Bildung der weißen Blutkörperchen (Leukozyten) und deren Aktivität. Dadurch wird das Immunsystem gestärkt. Durch die gleichzeitige Anregung des Lymphsystems wird die Entgiftung über diesen Stoffwechselweg gefördert.

Wichtig: Die Blutegel sind hilfreich bei allen Erkrankungen mit Durchblutungsstörung oder Entzündung, bei Venenerkrankungen und Herz-Kreislauf-Erkrankungen, Gelenkerkrankungen oder Leberstau, Lymphstau/Lymphödem und Blutergüssen.

KONTRAINDIKATION

Die gleichzeitige Einnahme eines Blutverdünners (Acetylsalicylsäure oder Marcumar) oder eine allergische Reaktion auf Hirudin. Tiere mit überschießender Narbenbildung, geringer Abwehrkraft oder Blutarmut sind keine Kunden für den Egel und ebenso trächtige oder sehr junge Tiere.

Schwierigkeiten bereiten manchmal der Umgang und Einsatz der Egel, weil diese Tierchen empfindlich und zartfühlend sind. Also keinen Stress, schön ruhig bleiben und die Umgebungstemperatur angenehm warm halten. Das ist im Winterhalbjahr und bei *Draußen-Tieren* schwierig und mit einigen wärmenden Maßnahmen verbunden, um die Egel zum Beißen zu bewegen. Neben Ruhe und Temperatur haben die Egel eine *feine Nase* und wehe die Hautpartie, an der Egelchen saugen soll, riecht und schmeckt nach irgendetwas anderem als purer Haut. Dann bewegt man ihn nicht zum Anbeißen, er windet sich immer wieder fort und sucht eine andere Stelle oder mag gar nicht mehr. Deshalb den geplanten Egel-Hautbezirk nicht mit Salben oder riechenden Stoffen vorbehandeln, nur mit warmem Wasser waschen.

Setzen Sie den Egel oder mehrere Egel in dem Bereich an, der erkrankt ist, Probleme und Schmerzen bereitet, an das arthrotische Gelenk oder die Entzündungsstelle.

Vermeiden Sie den Biss direkt über einer Vene oder an oder in der Entzündung, da es sonst zu anhaltenden Nachblutungen kommen kann. Schlecht durchblutete und empfindliche Stellen sind weniger ideal. In der Regel werden in Abhängigkeit von der Größe des Tieres 2–6 Egel eingesetzt.

Der Blutegel wird entweder mit der Hand in einem Plastikhandschuh (mit neutralem Geruch!) oder im Inneren einer abgeschnittenen Plastikspritze aufgesetzt. Sie halten ihn mit der Hand in diesem Bereich und lassen ihn ein wenig suchen und krabbeln oder schränken ihn in einem umgestülpten Glas (oder der Spritze) in seiner Bewegungsfreude ein. Hat der Egel DIE Stelle gefunden, wird ein Aufatmen hörbar. Er bohrt mit seinen Zähnchen durch die mehr oder weniger dicke Haut des Tieres, gibt den heilsamen Speichel ab und trinkt Blut. Oftmals hängt er sich bogenförmig auf und füllt sich mit bis zu 15 ml Blut bzw. dem 5-Fachen des Eigengewichts. Er wird zunehmend fülliger und pulsiert im Takt des Saugens, ein faszinierender Anblick. Ist er dann satt und vollgesogen, was zwischen einer halben bis anderthalb Stunden dauert, fällt er ab und man sollte schauen, dass man ihn findet und in einen gesonderten Behälter mit Wasser zum Erholen und Verdauen packt.

Vorsicht: *Nie mit Gewalt den Egel abnehmen, weil dann ein Teil des Egels in der Haut bleiben kann und der Egel durch den Stress Bakterien ausspuckt, die zu einer Infektion führen.*

Ist es einmal unbedingt notwendig, den Egel vor der Beendigung seiner Mahlzeit abzunehmen, kann man dies mit Zigarettenrauch oder kaltem Wasser tun, er lässt dann mehr oder weniger freiwillig los.

Nach dem Egeleinsatz blutet die Wunde nach und hier sind die Unterschiede groß und jedes Tier reagiert anders. Bitte bringen Sie Zeit mit, planen Sie einen Aufenthalt möglichst im Freien oder halten Sie für den Fall des Drinnenseins genug saugfähige Unterlagen bereit.

Niemals fest verbinden, nur locker, denn es soll nachbluten. Diese Nachblutzeit kann bis zu 12 Stunden andauern. Die kleine Wunde durch den Egelbiss verheilt innerhalb der nächsten Wochen, selten bleibt eine Narbe zurück.

Der Egel, dick und rund und vollgesogen, ist jetzt träge und braucht die nächsten Monate keine Mahlzeit mehr. Sie können ihn zum Eigengebrauch am selben Tier nochmal einsetzen, wenn er wieder hungrig geworden ist. In der Zwischenzeit wohnt er in seinem Egel-Glas und verdaut in Ruhe und kann, wenn es sein muss, bis zu 2 Jahren enthaltsam ausharren.

Tipp: *Egel wohnen in einem Egel-Gefäß, sie werden dort, wie der Fachmann sagt, gehältert, nicht gehalten. Das Wichtigste ist, dass dieses Gefäß fest schließt und keine Löcher und Ritzen hat, denn die Egel machen sich unvorstellbar dünn und sind dann, einmal ausgebüchst, verschwunden. Es gibt professionelle Egelaugen oder Egeltöpfe, ich bevorzuge ein normales großes Einmachglas oder Schraubglas zur Hälfte gefüllt mit frischem, kühlem Wasser.*

Einige scharfkantige Steine aus dem Garten oder der Mineraliensammlung müssen sein, nicht nur als Deko, sondern die Egel brauchen die Ecken und Kanten, um ihre alte Haut daran abzustreifen und sich zu häuten. Deswegen hat man im Egelwasser nicht nur die zeitweisen Trübungen wie Blut vom Stoffwechsel und der Verdauung, sondern die Hautfetzen wie Schlieren schweben. Die Luft im halbgefüllten und großen Glas reicht normalerweise aus und man stellt das Glas dunkel und ruhig, nicht zu warm und nicht zu kalt, etwa in den Vorratsraum oder Keller. Sie können den Egeln natürlich ein Aquarium mit Sand und Kies am Boden und Wasserpflanzen anbieten, hier wird die Reinigung etwas komplizierter, aber es sieht schön aus und ist wunderbar für die Egel.

Wichtig: *Man darf die Egel nicht in die freie Wildbahn aussetzen, sondern behält sie für den Eigengebrauch oder friert sie ein. Das hört sich brutal an, aber kommt einem natürlichen Tod im Winter nahe.*

Blutegel sind dem Arzneimittelgesetz nach Fertigarzneimittel. Man kauft die Egel in der Apotheke oder, wie der Therapeut, direkt von einer Blutegelfarm. Es ist sinnvoll, sich als Tierhalter bei einem Seminar oder durch die Anleitung seines Therapeuten, der sich mit den Egeln auskennt, schlau zu machen und mal in der Praxis zu üben.

Ohne Risiken ist der Blutegeleinsatz nicht und im Fall von Nach- und Nebenwirkungen oder bei Problemen ist es beruhigend und sinnvoll, einen Fachmann zur Seite zu haben.

Der Spezialfall: Hirudopunktur, das heißt Blutegeln auf den Akupunkturpunkten. Oft erreicht man hier eine Verbesserung der Gesundheit auf diesem vermeintlichen Umweg, vor allem bei Stoffwechselstörungen und chronischen Erkrankungen des Nervensystems oder innerer Organe, da die Wirkung der Blutegel mit der der Akupunktur kombiniert wird.

Indikationen für den Einsatz der Blutegel:

Abszess, Arthritis, Arthrose, Ataxie, Blutohr, Bänderzerrung, Bluterguss/Hämatom, Dackellähme, Diskopathie (Bandscheibenvorfall), Ekzem/Hot spot/Juckreiz, Euterentzündung, Gelenkentzündung, Gelenksdysplasie, Gelenksgalle, Entzündung, Furunkel, Hufrollenentzündung, Hufrehe/Klauenrehe, Kreuzbandverletzung, Kreuzverschlag, Lumbago/Ischialgie, Leckekzem, lymphatische Stauung, Mauke/Raspe, Myogelose/Myopathie, Narbenbildung, Nervenentzündung, Ödem, Ohrekzem, OP-Nachsorge, Patellaluxation, Rheuma, Spondylose, Tendinitis, Tendovaginitis, venöse Stauung, Wundheilung, Zeckenbiss.

> Kurz und knapp: *Der Blutegel sitzt außen und wirkt im Inneren seines Opfers. Seine Heilwirkung verteilt sich von der Bissstelle mit dem Blut im ganzen Körper und reicht von Abszess bis Zeckenbiss.*

geeignet für: 

Grapefruitkern-Extrakt

Er ist ein natürliches Antibiotikum, ähnlich wie kolloidales Silberwasser, aus dem Reich der Pflanzen. Der Entdecker dieser wundersamen Kraft der Grapefruitkerne war der Mediziner Dr. Jacob Harich aus Florida. Ihm fiel auf, dass sich diese Kerne auf seinem Komposthaufen nicht gut abbauten, im Vergleich zum anderen Abfall. Er stellte fest, dass sie ein geniales Mittel gegen schädliche Keime, Bakterien, Viren, Pilze, Parasiten und Würmer sind.

Mit diesem Wissen arbeiteten nun auch andere Ärzte und Wissenschaftler und alle machten gute Erfahrungen. Sie stellten keine unerwünschten Nebenwirkungen fest und auch in Deutschland prüfte man den Grapefruitkern-Extrakt und befand ihn für gut. Jetzt dauerte es aber noch, bis sich der Grapefruitkern-Extrakt, GK-Extrakt genannt, durchsetzte. Heute wird er bei uns als Nahrungsergänzungsmittel vertrieben und man bekommt ihn in der Apotheke oder im Internet.

Die Grapefruitkerne haben viel Vitamin C und Bioflavonoide, die wirksam gegen Mikroorganismen sind und sie *verhungern* lassen.

Der Vorteil des GK-Extraktes ist seine Unbedenklichkeit, sogar in Überdosierung und bei längerer Anwendung.

Vorsicht: Aufpassen soll man bei einer Allergie gegen Zitrusfrüchte und bei der gleichzeitigen Einnahme von Medikamenten. Hier erst Rücksprache mit dem Tierarzt halten.

Bei welchen Problemen können Sie an die Flasche mit dem GK-Extrakt denken? Bei allen Magen- und Darmerkrankungen, die durch Viren, Bakterien, Salmonellen oder Kolibakterien verursacht werden. Nach einer unumgänglichen Antibiotikagabe hilft es dem Tier, wieder schneller sein natürliches Darmgleichgewicht herzustellen. Zusätzlich stärken die Inhaltsstoffe das Immunsystem. Dann wirkt es bei vielen Infektionskrankheiten, Entzündungen und bei Darmpilzen.

Äußerlich setzt man es in verdünnter Form bei allen Infektionen im Maul- und Rachenbereich ein, bei Hautpilz (mindestens in der Verdün-

nung 1:20) oder Schuppen und allgemeinem Juckreiz (einige Tropfen des Extraktes mit in das Tiershampoo oder zur Seife geben).
Die Kombination der äußerlichen mit der innerlichen Anwendung ist sinnvoll.

Außerdem eignet sich der Extrakt genial und umweltschonend zum Reinigen und Desinfizieren. Hier reichen 20–50 Tropfen im Eimer Putzwasser.

Wichtig ist beim Einkauf die hohe Qualität und Reinheit des Mittels. Schauen Sie bevorzugt bei renommierten Herstellern (Firma Sanitas oder Firma GSE Vertrieb).

Der GK-Extrakt ist ein Konzentrat, das verdünnt angewendet wird. Bei der innerlichen Verabreichung ist ähnlich wie beim kolloidalen Silber zu bedenken, dass die Erreger abgetötet und vom Tier abgebaut werden. Beginnen Sie in Abhängigkeit von der Empfindlichkeit und dem Gesundheitszustand, also der aktuellen Situation des Tieres, mit einer sanften Dosis, die dann gesteigert wird.

Dosierung: Sie verabreichen anfangs je nach Größe des Tieres einige Tropfen in einer Spritze mit Wasser verdünnt und steigern die Tropfenmenge auf 15–30 Tropfen 1–3 Mal täglich.

Man rechnet mit der Faustregel von 1 Tropfen pro Kilogramm Körpergewicht als Tagesdosis, bei großen Tieren wie Pferde und Rindern aber ein angemessenes Maß einhalten.

Der bittere Geschmack ist meiner Erfahrung nach kein Hindernis für die Akzeptanz. Viele Tiere lieben es mit dieser Geschmacksrichtung und bei kleinen Haustieren ist die Menge gering, so dass es keine Probleme mit der Grapefruit-Therapie gibt. Geben Sie dem Tränkwasser einige Tropfen bei, es ist damit sauber und gesund.

Die Tropfen sind in Braunglasflaschen erhältlich und werden gut verschlossen, kühl und dunkel gelagert. Größere Gebinde sind für uns Tierhalter kostengünstiger als kleine Portionen und lohnen sich in jedem Fall.

Praxistipp: Ich gebe meinen Tieren, u. a. auch Vögeln und Hühnern, als Frühjahrs- und Herbstkur einige Zeit den Grapefruitkern-Extrakt mit ins Wasser oder ins Futter. Das ist praktisch und eine vorbeu-

gende Maßnahme zur Zeit des Fellwechsels und der Umstellung auf Sommer oder Winter. Mein Katerchen bekommt alle paar Monate mal einige wenige Tropfen mit ins Futter und hat damit eine Antiparasitenkur, ohne es zu bemerken. Ein befreundeter Geflügelhalter setzt den Extrakt begeistert bei seinen Hühnern ein, vor allem in der Mauserzeit, und im Krankheitsfall hat er ein praktisches Mittel zur Hand, das ohne Schwierigkeiten mit dem Futter und Wasser gegeben werden kann.

Kurz und knapp: *Grapefruitkern-Extrakt ist ein natürliches Antibiotikum, das vorbeugend und im Krankheitsfall eingesetzt werden kann und alle Krankheitserreger schachmatt setzt. Einige Tropfen im Futter oder Wasser helfen wunderbar und bei allen Tieren.*

Heilerde

Als meine Ponys an einer Stelle ihrer Weide oder unterwegs im Wald anfingen, Erde zu essen, beschäftigte ich mich mit dem Thema der Heilerden. Tiere wissen meist, was ihnen guttut und suchen sich das, was ihnen fehlt, in der Natur. Das ist der Idealfall, aber haben die Tiere zum Beispiel immer die *richtige* Erde zur Verfügung?

Heil- und Tonerde hat heute noch ihren festen Platz in der Naturheilkunde. Für die moderne Alternativmedizin entdeckte Adolf Just (1859–1936), ein Schüler vom allseits bekannten Pfarrer Kneipp, die Heilerde wieder und behandelte die unterschiedlichsten Erkrankungen damit. Aber nicht jede Erde ist Heilerde, die Erde muss eine spezielle Zusammensetzung haben, bei der LUVOS Heilerde als einem Beispiel ist dies ein spezieller eiszeitlicher Löss. Diese Erde wird dann zu einem sehr feinen Pulver gemahlen und innerlich und äußerlich eingesetzt.

Wichtig: Alle Erden entstanden in der letzten Eiszeit und bestehen aus unterschiedlichen Ausgangsmaterialien, die unter hohem Druck zu Löss zusammengepresst wurden.

Sie bestehen aus winzigen Körnern, teilweise nur mit der Größe von einem Tausendstel Millimeter, und ergeben eine riesige Oberfläche. So hat 1 Teelöffel Heilerde eine Oberfläche von etwa 100 Quadratmetern, was man sich kaum vorstellen kann. Dies bedeutet eine große kapillare Saugkraft, denn je feinkörniger die Erde, desto mehr Flüssigkeit wird aufgesaugt und desto weniger durchgelassen.

Sie haben mit der Heilerde ein reines Naturprodukt aus einer Mischung von Mineralien und Spurenelementen, das in der letzten Eiszeit mit den Gletschern, dem Wind und Wasser zu Löss wurde, der dann von dem Hersteller abgebaut und aufbereitet wird.

Wir haben hier Silikat (Quarz), Kalkspat, Dreischichttonminerale, Feldspat und Dolomit. Schlüsseln wir diese Erde weiter auf, kommen wir auf Sauerstoff, Silizium, Calcium, Aluminium, Eisen, Kalium, Magnesium, Natrium, Titan und Phosphor. Außerdem enthält sie Spurenelemente wie z. B. Kupfer, Mangan, Nickel, Selen und Zink. Die Elemente sind in den Mineralien gebunden und werden teilweise durch die Magensäure herausgelöst. Dies trifft z. B. auf Calcium, Kalium und Magnesium zu. Nur die Erden von der Firma Luvos sind aufgrund des Arzneimittelgesetzes Heilerde, andere Erden sind als Nahrungsergänzungsmittel oder Kosmetikum aufgeführt und dürfen eigentlich nicht innerlich angewendet werden.

Der unterschiedliche Feinheitsgrad in der Vermahlung legt den therapeutischen Einsatz fest. Heilerde bindet überschüssige Säure, und das ohne Nebenwirkungen. Sie ist wie ein Schwamm und absorbiert mit ihrer großen Oberfläche andere Stoffe, Bakterien und ihre Stoffwechselprodukte und Gifte. Sie wirkt wie ein Radikalenfänger und schützt den Organismus vor oxidativem Stress.

Heilerde hat keine Nebenwirkungen, ist gefahrlos einzusetzen, selbst bei trächtigen oder säugenden Tieren und über eine längere Zeit. Es ist wichtig, nicht zu hoch zu dosieren und die Ursache der Erkrankung zu ermitteln und abzustellen und nicht nur Heilerde gegen die Symptome zu geben.

Die ultrafeine und feine Mischung ist die Erde für und gegen Sodbrennen, bei säurebedingten Magenproblemen und Durchfall. Vorsicht bei Durchfall, denn die Erde bindet Flüssigkeit im Verdauungsapparat und trocknet den flüssigen Darminhalt ein. Eine Überdosierung bei leerem Magen ist kontraproduktiv.

Die magenfeine Erde hilft bei Reizdarm und Reizmagen und die mikrofeine Erde bindet Cholesterin und Fette aus dem Futter, unterstützt die Darmsanierung und hilft bei allen Magen-Darm-Beschwerden.

Imutox Heilerde ist eine Möglichkeit der ganzheitlichen Entgiftung. Sie ist ein Schutz vor freien Radikalen und bindet freigesetzte Schadstoffe zur Ausleitung.

Das Pulver oder Granulat wird bei der **innerlichen Anwendung** unter das feuchte Futter gerührt.

Die hautfeine Erde ist die für den **äußerlichen Einsatz** und bei allen Hautproblemen, bei Muskel- und Gelenkerkrankungen oder Entzündungen eine gute Wahl. Hier wirkt die Erde physikalisch über ihre große Oberfläche und die bei der Trocknung entstehende Saugwirkung von innen nach außen. Fett und Talg, Wundsekrete und andere Flüssigkeiten sowie darin gelöste und ungelöste Stoffe und Bakterien werden von ihr aufgenommen und gebunden. Die Nervenfunktionen, Kreislauf und Stoffwechsel (Versorgung des Gewebes mit Sauerstoff und Nährstoffen, Abtransport von Stoffwechselschlacken) werden angeregt.

Diese Erde gibt es als Pulver zum Anrühren und als gebrauchsfertige Paste. Das Erdpulver wird trocken oder feucht als Auflage, Umschlag, Verband und Packung oder in Waschungen und Bädern eingesetzt. Die äußerliche Anwendung unterscheidet sich in warm oder kalt. Das Pulver wird hier in jedem Fall mit Wasser oder einem Teeaufguss zu einem dicken Brei angerührt und direkt auf die betroffene Körperstelle des Tieres aufgetragen. Alternativ bestreichen Sie mit dem Brei ein feuchtes Tuch, geben dies wie einen Wickel auf die betreffende Stelle und umhüllen alles mit einem trockenen Tuch.

Warme Auflagen steigern die Durchblutung und entspannen die Muskulatur. Sie sind bei Verhärtungen und chronischen Erkrankungen sinnvoll und wenn das Tier die kalte oder kühle Variante ablehnt.

Kalte Anwendungen sind gut bei Entzündungen im Bereich des Bewegungsapparates, rheumatischen Beschwerden, Quetschungen, Prellungen oder Arthrose. Bei Abszessen oder eitrigen Hautentzündungen wird kalt als angenehm empfunden, ebenso bei kleinen Verbrennungen, bei Insektenstichen und Entzündungen der Lymphgefäße. Der anfangs kalte Erdbrei wird durch die Körpertemperatur erwärmt und es entsteht ein Effekt einer Kaltwasseranwendung: Durch die Kälte werden die oberflächlichen Hautgefäße zusammengezogen, von tieferen Schichten wird Blut herangeführt, und das bewirkt eine verstärkte Durchblutung, lindert Schmerzen, die Schwellung und die Entzündung.

Für eine **Heilerde-Auflage** pinseln Sie konzentriertes Heilerdewasser oder einen sehr dünnflüssigen Brei auf die erkrankte Hautstelle und decken diese nicht ab. Die Heilerdepartikel ziehen ein, nehmen Sekrete und Stoffwechselgifte aus dem Gewebe und binden Säuren (Entzündung bedeutet Übersäuerung des Gewebes). Die Heilerde soll auf der Haut vollständig austrocknen. Es kommt zu einer Flüssigkeitsbewegung von innen nach außen, wodurch eitrige Wunden gereinigt werden und Schwellungen abklingen sowie die Durchblutung verbessert wird.

Das **trockene Aufpudern** von Heilerde-Pulver wird bei blutenden oder Sekret fördernden Wunden angewandt. Durch die große Oberfläche der Heilerde wird die Blutung rasch gestillt und Sekrete werden aufgesaugt. Nässende Wunden trocknen leichter ab, die Wundheilung wird gefördert. Nachteilig sind die Krustenbildung der Heilerde mit der Feuchtigkeit und die austrocknende Wirkung.

Heilerden der übrigen Hersteller (neben Luvos) haben durch ihr jeweiliges Abbaugebiet eine andere Zusammensetzung und Farbe. Es gibt Schindele's Mineralien, Anliker oder Argiletz Lehm oder Bullrich's Heilerde, die Vielfalt ist groß.

Ebenso stehen Kapseln zum Einnehmen der Heilerde, Seife mit Heilerde oder Cremes zur Verfügung. Sie bekommen die Heilerden in der Apotheke, in Drogerien und im Internet.

Vorsicht: *Falsch angewendete, falsch dosierte oder vom Tier falsch verwertete Heilerde kann Verstopfungen verursachen. Wenn akute Verdauungsprobleme fehlinterpretiert werden und etwa bei einem Darmverschluss oder einer starken Verstopfung zusätzlich Heilerde gefüttert wird, kann dadurch das Krankheitsbild verschlimmert werden. Und Heilerde kann im Magen und Darm die Wirkstoffe von Medikamenten binden und damit unwirksam machen.*

Es gibt neben dieser Heilerde auch die **Vulkanmineralien** mit dem Namen Klinoptilolith-Zeolith. Ihre Geschichte beginnt Ende der 80er-Jahre mit dem Forscher und Erfinder Lelas, der für einen Schweinemastbetrieb mit Geruchsproblemen mit Zeolith arbeitete und damit zusätzlich große Erfolge im Bereich Tiergesundheit erzielte. Neugierig geworden forschte er an Tier und Mensch weiter und seine Ergebnisse bestätigten sich.

Zeolith mit dem wirksamen Hauptbestandteil Klinoptilolith ist der *Entgiftungsexperte* unter den Vulkanmineralien. Durch den einzigartigen wabenähnlichen Kristallgitteraufbau besitzt es eine hohe spezifische und selektive Ionenaustauschfähigkeit. Deshalb hat Klinoptilolith-Zeolith neben vielen anderen positiven Eigenschaften in erster Linie eine entgiftende, ausleitende Funktion und ist DAS Vulkangestein für die Gesundheit. Bei schweren Erkrankungen kann es zusätzlich in den Therapieplan eingebaut werden, beispielsweise bei Autoimmunerkrankungen, Schmerzen aller Art, Infektionen. Es ist ein Mineral zur Entgiftung des gesamten Organismus, zur Darmsanierung und Blutreinigung, zur Anregung des Immunsystems, zur Entsäuerung, als

Schutz und Behandlung vor Infektionen. Es verbessert die Mineralisierung und das Wachstum der Knochen, ist gut für die Gelenke, Huf und Horn, Haut, Fell und Federn, reguliert Zellaufbau und Zellabbau.

Äußerlich können Sie es bei Verletzungen, Entzündungen oder Insektenstichen verwenden und in Breiform direkt auf die betreffende Stelle auftragen oder einen Umschlag damit machen.

Dann haben wir die Tonerden, zu denen die Illite zählen. Dies sind Ablagerungs-Tonerden, die vom Wind zusammengetragen wurden. Wir kennen die Kaolinite aus zersetztem Feldspat, die rot, grün (grüne Tonerde oder Mineralerde, grüner Lehm von Argiletz) oder weiß (Bolus Alba oder Kaolin) sind, und die Montmorillonite aus zerfallenem Eruptivgestein.

Bentonit bzw. Montmorillonit-Bentonit hat als Tonmineral einen schichtartigen Aufbau und besitzt eine hohe Quellfähigkeit und Wasseraufnahmekapazität. Die selektierende Ionenaufnahme ist nicht so ausgeprägt wie beim Zeolith. Beim *Auflösen* in Wasser quillt es stark auf und bildet ein Gel, das sich wie ein Schutzfilm über die Schleimhäute des Verdauungstraktes legt und damit schützend, neutralisierend (entsäuernd) und beruhigend wirkt. Daher wird Bentonit als der sanft-schonende Entgifter bezeichnet und eignet sich besonders für einen Einstieg in die Entgiftung oder bei Magen-Darm-Problemen.

Zeolith-Bentonit-Mix ist das Allroundtalent, die Mischung beider Vulkanminerale, die sich in ihren positiven Eigenschaften ergänzen und verstärken und ihre Wirkung in Bezug auf Entgiftung und Schutz der Schleimhäute entfalten. Man kann auch Zeolith mit Flohsamen kombinieren, um Entgiftung und Schleimhautschutz abzudecken.

Zeolith und Bentonit eignen sich zur inneren und auch äußeren Anwendung.

Sie wirken vorbeugend, regulierend, stabilisierend und mobilisieren die Selbstheilungs- und Abwehrkräfte. Beide können über längere Zeiträume ohne unerwünschte Nebenwirkungen angewendet werden.

Zur äußerlichen Anwendung wird das Pulver wie die Heilerde mit warmem Wasser zu einer geschmeidigen Paste angerührt, auf die Haut aufgetragen und, möglichst mit einer Folie vor dem Trocknen geschützt, abgedeckt und einige Zeit einwirken gelassen.

Man kann es aber auch gut in Cremes, in Seifen und Shampoos oder als Waschung und Umschlag verwenden.

Natur-Klinoptilolith-Zeolith und Montmorillonit-Bentonit werden seit Langem als Nahrungsergänzung bzw. Futterzusatz für Haus- und Nutztiere eingesetzt. Die Pulver sind hier nicht so sehr fein vermahlen, haben aber trotzdem ihre positiven Wirkungen. Sie dienen der Entgiftung, Regulierung, Stabilisierung und Förderung des Wohlbefindens.

Praxistipp: Bentonit kann sehr gut zur Behandlung von Durchfallerkrankungen eingesetzt werden. Es wirkt wie Heilerde und schützt die Schleimhaut des Darms.

Zeolith ist bei Tieren mit Ekzem und Allergien angesagt und hier natürlich auch äußerlich als eine Art Heilpaste auf den entzündeten Hautarealen aufzutragen.

Beide Minerale können einfach mit dem Futter zusammen gegeben werden. Das Bentonit sollten Sie vorher in warmem Wasser quellen lassen. Allgemein werden die Heilerden und Vulkanmineralien mit Feuchtigkeit zum Binden an die jeweiligen Futterbestandteile verfüttert, nicht trocken aus der Packung.

Dosierung: Die Dosierung liegt bei allen Erden bei großen Tieren bei 5 g je 100 kg Körpergewicht. Ein Pferd mit 500 kg bekommt etwa 25 g am Tag. Hunde bis 20 kg Gewicht erhalten 2–3 g am Tag und schwerere etwa 5 g. Für Katzen reicht eine Messerspitze und andere Kleintiere bekommen eine sehr kleine Messerspitze.

Wichtig: Die Mineralerden sollten Sie nicht zusammen, das heißt zeitgleich mit Medikamenten geben, da sie auch diese für schädlich halten, binden und aus dem Tier befördern. Also gute 2 Stunden Pause zwischen Erde und Medikation lassen!

Außerdem wichtig: Wie bei der Heilerde können Sie durch die verstärkte Wasserbindung die Symptome von Durchfall, weichem Kot und Kotwasser abmildern. Achten Sie darauf, dass die Tiere ausreichend trinken, um nicht eine Verstopfung oder in Folge Verdauungsprobleme oder Koliken zu bekommen! Hier ist eine langsam steigernde Dosierung entscheidend. Also gucken, ab welcher Menge der Kot fester wird, und dann nicht weitersteigern!

Kurz und knapp: Heilerden innerlich eingesetzt wirken absorbierend, antibakteriell, basisch, mineralstoffzuführend, ballaststoffreich und verdauungsanregend. Sie helfen bei Magen-Darm-Entzündungen (akut infektiös und chronisch), Blähungen und Durchfällen. Sie regeln das Säure-Basen-Verhältnis und binden überschüssige (!) Säure. Die Erden haben viele Mineralstoffe und Spurenelemente, massieren mit ihren winzigen Körnchen den Darm und wirken wie Ballaststoffe. Viel Trinken ist wichtig!

Äußerlich angewendet wirkt sie absorbierend, antiseptisch, antibakteriell, austrocknend, geweberegenerierend, kühlend, schmerzlindernd, abschwellend, entsäuernd, juckreizstillend und beruhigend. Sie helfen bei Abszessen und Furunkeln, Ekzemen, Hauterkrankungen, Eiterungen, Allergien, Gelenkerkrankungen und anderen Verletzungen, Rheuma, Gicht, Sehnenscheiden- und Schleimbeutelentzündung.

geeignet für: 

Heilkräuter

In das große Gebiet der Heilpflanzenkunde gehören für mich neben den Heilkräutern die ätherischen Öle der Aromatherapie, die Knospen der Gemmotherapie und Bach-Blüten ebenso wie Wickel und Packungen. In diesem Kapitel wenden wir uns der klassischen Heilkräutertherapie zu, dem Einsatz frischer und getrockneter Heilkräuter, von Tinkturen aus Heilpflanzen, von Salben und Auszugsölen für unsere Stallapotheke.

Die Heilkräuter der Phytotherapie, der Pflanzenheilkunde, finden sich in jedem Haushalt und jeder Küche. Schauen Sie in die Schublade mit den Teebeuteln oder Teedosen oder in die Reihe der Gewürzbehälter, überall haben Sie heilkräftige Pflanzen, die nicht nur beim Kochen oder Teebereiten zum Einsatz kommen und uns gesund halten, sondern auch die Tiere.

In der Not und wenn nichts anderes zur Hand ist, nehmen Sie bei Anzeichen einer tierischen Erkältung einen Teebeutel *Erkältungstee* oder *Hustentee* und brühen ihn auf, geben den Tee über das Futter oder mit ins Trinkwasser oder vorsichtig mit einer Spritze ein. Oder Sie nehmen eine Ingwerknolle, schneiden einige Scheiben herunter, übergießen diese mit heißem Wasser und fertig ist ein Ingwerwasser für Zwei- und Vierbeiner. Ingwer regt den Stoffwechsel und die Verdauung an, ist gut für das Immunsystem und wirkt gegen Entzündungen. Suchen Sie sich die *Kräuter der Provence* und geben Sie diese über das abendliche Futter. Die Mischung enthält Thymian, Rosmarin, Bohnenkraut, Lavendel, Oregano und Majoran. Alles Kräuter für die Verdauung, voller ätherischer Öle, duftende und vielseitige Heilkraft für den Einsatz in der Küche, also warum nicht als *Erste-Hilfe-Kräuter* fürs Meerschweinchen? Ein Kamillentee in einer Abwaschung tut der Haut des Tieres so gut wie Ihrer Haut. Ein Beruhigungs- oder Abendtee lässt alle sanft ruhen in der Nacht, für den Menschen in der Tasse gegeben und für das Tier im Abendfutter.

Neben diesen Möglichkeiten, sich auf die Schnelle zu helfen mit den Dingen, die man zu Hause hat, macht es Sinn, sich eine Grundausstattung an Heilkräutern für Tiere zuzulegen, auf die Sie im Krankheitsfall oder als vorbeugende Kur zurückgreifen können.

*Wichtig: Einige Kräuter können bei **trächtigen Tieren** Wehen oder eine Frühgeburt auslösen. Wenn Sie den Einsatz von Kräutern bei tragenden Tieren erwägen, bitte erst gründlich informieren, welche Pflanzen jetzt sinnvoll sind und welche zu vermeiden. Jetzt nicht füttern u. a. Himbeere, Salbei und Rosmarin, Thymian, Huflattich, Fenchel, Süßholzwurzel, Bärentraube und Beinwell.*

*Baldrianwurzel beruhigt, aber steht für **Turnierpferde** auf der Dopingliste, wie auch der Rosmarin.*

***Katzen** sind mit Vielem sehr empfindlich, deshalb bei den Heilkräutern kein Eukalyptus, Teebaumöl, Nelken, Zimt verwenden.*

Sie haben die Wahl zwischen den getrockneten Einzelkräutern oder Mischungen, zwischen Tinkturen und Auszügen in Alkohol oder Öl. Überlegen Sie in Abhängigkeit von den Tieren, die Sie haben, was am sinnvollsten und praktisch ist.

Beginnen wir mit der Frischware: Im Sommerhalbjahr sind frische Kräuter in der Futterration für alle Tiere das Gesündeste und dieser Reichtum wird vom zeitigen Frühjahr mit den ersten zarten Blättchen und Trieben bis in den späten Herbst mit letzten Löwenzahnblättern und Hagebutten genutzt. Im Sommer bieten Sie Ihren Tieren und natürlich besonders den Pflanzenfressern viele Möglichkeiten, sich diese selbst zu suchen, indem Sie mit den Tieren spazieren gehen, was **Ponys**, **Esel** und **Pferde** betrifft, oder die Weide so gestalten, dass das Futterangebot vielseitig wird. Die Anlage von *Futterhecken* ist möglich, ebenso eine von Kräuterbeeten oder die Nachsaat von *bunten* Wiesenmischungen. Sie können auch das Sammeln für Ihre Tiere übernehmen und füttern Kräuter und Grünzeug, das die Tiere auf der Weide oder im Auslauf nicht haben. Hier freuen sich sicher die Kleintiere wie **Kaninchen** und **Meerschweinchen** über eine Erweiterung des Grünangebotes *über Gras und Rasen hinaus.*

Ich lasse meine **Ponys** gerne auf Spaziergängen rechts und links naschen oder bleibe bewusst an manchen Ecken stehen und sie rupfen und pflücken, was sie an Hecken und Kräutern zuhause auf den Weiden nicht finden und auf was sie Heißhunger haben.

Wichtig: Natürlich soll man sich hier auskennen und wissen, was gut und gesund ist und was nicht. Hier gibt es mittlerweile viele gute und anschauliche Bücher mit Fotos und Zeichnungen auf dem Büchermarkt, die Begleiter und Ratgeber sind. Schauen Sie hier einmal in das Literaturverzeichnis und legen Sie sich einige Bücher zu.

Die Tiere wissen, was giftig und was gesund ist, aber immer wieder wird vor Heißhungerattacken und *mein Tier hat aber giftiges Grün gefressen* gewarnt. Ich bin der Ansicht, dass ein normal gefüttertes und nicht halb verhungertes Tier erkennt, was gesund und was unbekömmlich oder giftig ist. Tiere sollten artgerecht gefüttert werden, dass sie zufrieden und satt sind und ihre Instinkte ausleben können.

Eine Ausnahme ist der getrocknete Zustand mancher Giftpflanzen, die können im Heu vorkommen, aber nicht auf Spaziergängen oder Ausritten.

Den Überschuss an Gartenkräutern, an Hecken- oder Baumschnitt können Sie Ihren Tieren anbieten. Buchen, Eichen, Hagebutte, Birke, Haselnuss sind lecker, gesund und heilkräftig und gehören zum natürlichen Nahrungsangebot unserer Tiere, egal ob **Schaf** oder **Kaninchen**. Haben Sie zu viel Petersilie im Garten und wissen nicht wohin damit, gerne ernten und füttern. Das gilt für viele Pflanzen aus dem Kräuter- und Gemüsegarten, wo Sie auch ausprobieren können, wem was besonders gut schmeckt. Den Überschuss an Kräutern können Sie für den Wintervorrat trocknen.

Ich sammle und trockne jedes Jahr Teekräuter für uns. Für die Tiere geht das auch. Nicht ganz so feine und zarte Kräuter eignen sich für die Winterfütterung und eine große Stelle Brennnesseln auf der Weide oder im Garten gibt Tee für uns und eine ordentliche Portion Gesundheit für die Tiere. Oregano ist ein herrliches Küchengewürz und vermehrt sich üppig. Eine kleine Menge reicht für den Einsatz am Herd und alles andere wird getrocknet und hilft, die kalte und nasse Jahreszeit im Stall zu überstehen. Bei diesen Kräutern haben Sie einen gewissen Verlust an Inhaltsstoffen, was sich nicht vermeiden lässt. Wichtig ist es, auf eine schonende und gleichzeitig zügige Trocknung der frischen Pflanzen zu achten und diese dann nach der vollständigen Trocknung kühl, trocken und dunkel aufzubewahren. Im Sommer geerntete Kräuter werden im folgenden Winter verbraucht und nicht unnötig lang gelagert.

Die frischen oder getrockneten Kräutern, die Sie auch im Fachhandel einzeln oder in Mischungen kaufen können, geben Sie zerkleinert dem Futter bei oder kochen einen Tee oder Aufguss und geben diesen über das Futter oder mit ins Wasser.

Extra-Tipp: *Kräuter, auch wenn es sich nicht im engeren Sinne um Heilkräuter handelt, sind den fertigen Müsli- oder Knabbermischungen der Futtermittelindustrie vorzuziehen. Hier lohnt sich ein Zurückbesinnen auf das, was das Tier, egal ob Hase oder Pony, natürlicherweise frisst und in seinem natürlichen Umfeld vorfindet. Das Angebot an allen möglichen und unmöglichen Ergänzungen der Fütterung ist heute riesig und oft zu groß. Es orientiert sich eher am Umsatz der Industrie als am Bedürfnis der Tiere. Weniger ist oft mehr, eine naturnahe und tiergerechte Fütterung erfordert nicht eine Unmenge an Zusatzstoffen, Leckerchen, Knabberecken, Drops und Bonbons, die alle viele künstliche Inhaltsstoffe innehaben und nicht zu empfehlen sind. Das Besinnen auf die richtige Fütterung ist oft der erste Schritt in Richtung Gesundheit und Wohlbefinden und eine Prophylaxe aller Erkrankungen. Hier gibt es im Internet und in Fachbüchern viele Infos zu den verschiedenen Tierarten.*

Dann haben Sie die Möglichkeit, die Kräuter zu **Tinkturen** zu verarbeiten. Hier haben wir die geballte Kraft der Pflanze im Fläschchen, ähnlich wie bei den ätherischen Ölen, die uns das ganze Jahr über als Bestandteil der Stallapotheke zur Verfügung steht. Wir können die Tinkturen selbst ansetzen oder sie in der Apotheke kaufen. Vor dem Gebrauch werden sie verdünnt und bei empfindlichen Tieren lassen Sie die verdünnte Lösung ein wenig stehen, damit der Alkohol verdunstet.

Extra-Tipp: *Selber machen! Da wissen Sie, was Sie haben und in welcher Qualität. Da fließt Ihre Energie mit ein, Sie sparen Geld und sind unabhängig. Sie sollten sich aber für die Heilkräuter interessieren und an der Herstellung eigener Medizin Gefallen haben. Weiterführende und vertiefende Literatur finden Sie im Literaturverzeichnis.*

Hier eine kurze Einführung zum Interessewecken:

Die Heilpflanzen ernten Sie an gesunden und ausgewählten Sammelorten. Die allgemeinen Grundsätze, dass man nicht bei Regen sammelt, sondern bei gutem Wetter, die Pflanzen entsprechend ihrem jeweiligen Entwicklungsstadium auswählt und nur so viel pflückt, wie nötig, und dies auf den gesamten Pflanzenbestand verteilt, sind sicher logisch. Ebenso die innere Einstellung zu dem Vorhaben, eine gewisse positive Grundstimmung, ein Dank an die Natur und ein Gebet für das Gelingen. Frische Pflanzen haben eine stärkere Energie und weniger Verluste an Inhaltsstoffen als angewelkte oder getrocknete. Planen Sie die Zeit zum Sammeln und zum anschließenden Direktverarbeiten ein.

Tinktur ansetzen:

Die gesammelten und sauberen Pflanzen werden zerkleinert und auf einem Holzbrettchen klein geschnitten. Dann wird das Kleingeschnittene in einem Mörser feiner zerkleinert. Hier eignet sich ein Tonmörser mit einem Holzpistill. Das zerkleinerte Pflanzengut wird dann in ein Marmeladen- oder Einmach-Glas gegeben und mit Wasser und/oder Alkohol aufgefüllt. Das Wasser soll möglichst rein und wie Quellwasser sein. Der Alkohol ist Ethanolalkohol aus der Apotheke oder Sie nehmen einen Grappa oder Kartoffelschnaps. Biologisch hergestellte Produkte sind vorzuziehen. Der Alkohol dient der Konservierung und wird individuell hinzugefügt. Ein 20 %iger Alkoholzusatz ist notwendig, aber Sie können auch eine Tinktur nur mit Alkohol ansetzen und später vor Gebrauch verdünnen. Die Gläser bleiben mindestens 4–6 Wochen stehen. Die Diskussion, ob hell oder dunkel, entscheiden Sie für sich. Sie sollten nicht zu kalt stehen und zwischendurch schütteln und drehen Sie die Gläser zum besseren Durchmischen. Nach dem Abfiltrieren haben Sie eine Urtinktur, die in Braungläsern dunkel und kühl aufbewahrt wird, bis man sie einsetzt.

Wichtig: *Je nach dem verwendeten Alkoholgehalt extrahiert man unterschiedliche Bestandteile der Pflanze. Hier ist die parallele Herstellung von verschieden starken Tinkturen sinnvoll und man kann überlegen, ob man nicht verschiedene Pflanzenteile, zum Beispiel die Frühjahrs- und die Herbstwurzel und die oberirdischen Teile verwendet und später alles zu einer Gesamttinktur zusammenführt.*

Zum besseren Verständnis: Die Begriffe *Urtinktur* und *Tinktur* unterscheiden sich durch das Ausgangsmaterial, denn bei Urtinkturen wird die frische Pflanze verwendet und bei den Tinkturen die getrocknete. Die Urtinktur kann wie eine Tinktur verwendet werden. Die Wirkstoffe sind in der Urtinktur stärker gelöst und die Dosierung wird deswegen halbiert. Hier kann die Kombination einer Urtinktur und einer Tinktur die Bandbreite der Wirkung erhöhen und sinnvoll sein.

Frischpflanzen werden im Verhältnis ein Teil Pflanze zu drei Teilen Alkohol angesetzt. Die Trockenpflanze im Verhältnis ein Teil Pflanze zu fünf Teilen Alkohol. Aus dieser Tinktur stellen Sie sich Ihre eigenen homöopathischen Mittel her, indem Sie die Tinktur verdünnen und potenzieren und Rohglobuli damit befeuchten. Die Globuli brauchen einige Stunden zum Trocknen und sind dann fertig für Ihre eigene Apotheke.

Dosierung dieser Tinkturen: Aufgrund des Alkoholgehaltes ist Vorsicht geboten. Vor dem Einsatz können Sie einige Tropfen der Tinktur offen auf einem Löffelchen stehen lassen, um dem Alkohol die Möglichkeit zum Verdunsten zu geben. Kleintieren geben Sie etwa 1–2 Tropfen je 100 ml Wasser. Katzen und Hunde können Sie 3–4 Tropfen je 100 ml Wasser geben, wobei Sie bei den Katzen aufgrund des Eigengeschmacks mit Abneigung zu rechnen haben und eher eine andere, neutrale Therapie auswählen sollten (Homöopathie, Schüssler-Salze o. Ä.). Großtiere vertragen 10 Tropfen in 50 ml Wasser. Die verdünnte Tinktur geben Sie gut verrührt mit dem Futter in die Futterschüssel oder auch mit einem Stückchen trockenem Brot oder Leckerchen.

Was mache ich mit den frischen oder getrockneten Kräutern, wenn ich Tee möchte? Hier gibt es verschiedene Möglichkeiten, denn Tee ist nicht gleich Tee. Eine Überbrühung oder ein heißer Ausguss geht aus dem Überbrühen zerkleinerter Pflanzen mit kochendem bis heißem Wasser hervor. Legen Sie einen Deckel auf und lassen Sie alles 10 Minuten ziehen. Nehmen Sie dabei 1 Teelöffel der getrockneten oder 1 Esslöffel der frischen Pflanze auf etwa 200 ml Wasser. Je nach Tierart lassen Sie die Pflanze mit im Tee und füttern alles, also Flüssigkeit und Kraut.

Einen Auszug mit kaltem Wasser machen Sie mit schleimhaltigen Pflanzen wie Malve, Eibisch oder Wegerich. Hier legen Sie die Pflanzenteile in kaltes Wasser und lassen alles einige Stunden ziehen. Allerdings nur die jeweils verwendete Menge ansetzen, da sich in dem kalten Wasser Keime und Schimmel vermehren.

Eine Abkochung oder ein Dektot bereiten Sie aus Wurzeln und Rinden zu, da diese recht stabil sind und sich die Inhaltsstoffe schwerer lösen als aus Blättern oder Blüten. Wir setzen hier 1 Teelöffel der getrockneten Pflanze mit einer Tasse kaltem Wasser an und lassen alles bis zu einer halben Stunde kochen.

Die Herstellung von Salben ist ein eigenes Thema und eine schöne Möglichkeit, die Heilkraft der Pflanzen über pflegende Trägerstoffe zu bekommen, also zwei Fliegen mit einer Klappe zu schlagen. Verwenden Sie nur die besten Rohstoffe, bei Salben ein hochwertiges Oliven- oder Sonnenblumenöl, Bienenwachs und die speziellen Kräuter. In dem Öl erwärmen Sie die Heilkräuter, die ihre Inhaltsstoffe an das Öl abgegeben. Nach dem Abfiltrieren fügen Sie Bienenwachs zum Verfestigen zu. Alles wird gemischt und fertig ist die Salbe.

Cremes sind Verbindungen von Fett mit Wasser und benötigen einen Emulgator, der beide Teile verbindet. Der fette Anteil kann aus Öl, Bienenwachs, Kakaobutter, Sheabutter oder Lanolin bestehen, zu dem dann Wasser, ein Hydrolat, eine Tinktur oder Tee kommt und die mit einem Emulgator wie Lamecreme verbunden werden. Hier wird erst der fette Teil mit dem Emulgator erwärmt und der wässrige Anteil bei gleicher Temperatur zugefügt. Sie können sich auch in der Apotheke eine fertige Salbengrundlage kaufen und in diese erwärmte und verflüssigte Masse den Kräuteranteil einarbeiten. Auf 100 g dieser Salbengrundlage kommen etwa 20–30 ml der Tinktur oder 20–30 Tropfen des ätherischen Öls.

Ein **Auszugsöl** wird ähnlich wie eine Tinktur hergestellt. Hier lösen Sie die fettlöslichen Inhaltsstoffe der Heilpflanze im Öl. Greifen Sie dabei zu hochwertigen und kalt gepressten Ölen, das kann Olivenöl, Mandelöl, Sesamöl, Distel- oder Sonnenblumenöl sein. In das Öl geben Sie je 90 ml etwa 10 g der getrockneten oder die doppelte Menge der

frischen Pflanze und lassen dies einige Wochen hell und sonnig ausziehen. Schütteln Sie das Glas mit dem Kräuteröl öfters, damit es sich durchmischt. Später filtern Sie alles ab und bewahren Ihr Heil-Öl in einem dunklen Behälter kühl auf.

Mit Heilpflanzen können Sie bei Erkältungserkrankungen und Problemen mit den Atemwegen ein **Dampfbad** zum Inhalieren bereiten. Einige Esslöffel der Kräuter werden mit 1 Liter siedendem Wasser übergossen. Dann setzen Sie das Tier in die Nähe des Gefäßes, alles abgedeckt mit einem großen Tuch. Am besten bleiben Sie dabei, um die Sicherheit zu haben, dass es nicht zu heiß ist oder zu stark riecht. Hier sind die Tierarten unterschiedlich in ihrer Empfindlichkeit und Sie sollten umsichtig und vorsichtig vorgehen.

Auflagen, Kompressen und Wickel sind weitere Bestandteile der Heilpflanzentherapie und eine gute Kombination. Ein Beispiel ist hier die Heublumenauflage, bei der Heublumen aus der Apotheke oder dem eigenen Heu in einem *Sack* oder Kissen in Wasserdampf erhitzt und dann sehr warm aufgelegt werden. Vorsicht mit der Hitze, bitte erst selber ausprobieren, ob es nicht zu heiß ist! Über den Heusack kommt ein Wolltuch und alles bleibt ½ Stunde liegen. Der Heusack dient der örtlichen Wärmebehandlung. Er fördert die Durchblutung und den Stoffwechsel, entspannt und lindert Schmerzen. Eine schöne Sache bei Arthrose, Verspannungen, Bronchitis oder Bauchschmerzen.

Heublumen sind *keine* gute Idee bei akuten Entzündungen, offenen Verletzungen und Allergien.

Praxisbeispiele:

Wählen Sie für Ihre ersten Schritte in der Herstellung von Heilkräuterpräparaten, egal ob es eine Teemischung für den Winter oder eine Tinktur ist, die Pflanzen aus, die Sie 100 %ig kennen und in Ihrem Umfeld oder im Garten finden. Hier gibt es schon einiges zu entdecken und die Möglichkeiten der Erweiterung des eigenen Wissens und der Erfahrung im Bereich der Kräuterheilkunde sind vielfältig.

Hier eine Auswahl von Pflanzen, die häufig zu finden sind und Heil- und Gesunderhaltungsmittel für unsere Tiere darstellen:

Aloe Vera, die echte Aloe oder Wüstenlilie, ist keine heimische Heilpflanze, findet sich aber in vielen Haushalten und Hausapotheken in Form des Aloe-Vera-Gels. Dieses wird aus dem Wasserspeichergewebe der Blätter gewonnen, hat mehr als 200 Inhaltsstoffe und eine schleimartige und kühlende Konsistenz. Es ist entzündungshemmend, wundheilend und immunstimulierend. Wir setzen das Aloe-Vera-Gel bei Entzündungen im Magen-Darmbereich, der Haut und Mundschleimhaut ein, bei Erfrierungen und Sonnenbrand, bei allen Hauterkrankungen, wie Ekzemen, Dermatitis oder Schuppenflechte und Insektenstichen, bei Wunden, bei Arthrose, Arthritis und Gicht, Rheuma, Arteriosklerose.

Wichtig: Der Saft der Aloe (Latex oder Harz genannt) ist etwas anderes als das Gel, denn der Saft enthält viel gesundheitsschädliches Aloin. Deswegen zum Aloe-Vera-Gel greifen, egal ob in Form von Salben, Kapseln, Pulver oder Saft aus der Apotheke oder dem Naturwarenladen. Verdünntes Aloe-Vera-Gel wird fälschlicherweise oft als Saft bezeichnet. Das Gel wird dabei zunächst gepresst, dann wird ihm das Wasser entzogen und dem Trockenkonzentrat kann man später wieder Wasser zugeben und es als Saft ausgeben. Das Aloe-Vera-Gel wird äußerlich und innerlich verwendet. Bei der inneren Anwendung achten Sie unbedingt auf die Produktbeschreibung, denn nicht jedes Gel darf eingenommen werden. Lesen Sie das Kleingedruckte und überprüfen Sie die Zutatenliste des Gels. Haben Sie eine eigene Pflanze auf der Fensterbank, machen Sie sich Ihr eigenes Gel.

Augentrost (*Euphrasia*) ist in vielen Ecken des Gartens oder der Weide zu finden. Wir verwenden die blühende Pflanze. Neben dem Einsatz des frischen oder getrockneten Krauts als Tee oder Aufguss können Sie eine Tinktur für die Augen herstellen. Sie haben mit Euphrasia ein Augenmittel in Ihrer Stallapotheke, das sowohl bei Heuschnupfen und anderen Schleimhauterkrankungen als auch bei chronischer Gastritis oder Arthrose hilft.

Beinwell (*Symphytum officinale*) ist ein hartnäckiges Gewächs, hat man es einmal im Garten. Wir nutzen die Wurzel vor der Blüte oder im Herbst und setzen ihn vor allem äußerlich ein. In Salbenform, als Tinktur oder homöopathisch ist er ein *Knochenheiler* bei Brüchen, Überbeinen, Quetschungen und Verrenkungen. Er hilft bei schlechter Wundheilung, Narbenschmerzen, Geschwülsten und Entzündungen. Die Anwendung beschränkt sich aufgrund seiner Inhaltsstoffe auf die begrenzte Dauer einiger Wochen und ist nichts für trächtige, säugende oder sehr junge Tiere.

Die kleinen *gehörnten* Samen des **Bockshornklees** (*Trigonella foenum-graecum*), der am Mittelmeer und in Asien wächst, sind Gewürz und Heilmittel. Benediktinermönche machten sie in Mitteleuropa bekannt und Hildegard von Bingen und Pfarrer Kneipp setzen sie als Hausmittel bei vielen Krankheiten ein. Die Pflanze gehört zur Familie der Schmetterlingsblütler und ist verwandt mit dem Gewürz Schabzigerklee. Die wichtigsten Inhaltsstoffe sind die Schleimstoffe, wie in Floh- oder Leinsamen, dann Steroidsaponine, das heißt pflanzliche Hormone, Bitterstoffe, ätherische Öle, viele Mineralstoffe, Vitamine und Eiweiß. Sie verwenden die ganzen Samen, die geschroteten oder zu Pulver gemahlenen Samen, einen Extrakt und das Öl des Bockshornklees.

Innerlich verabreichen Sie den in Wasser eingeweichten Samen mit dem Futter bei Verdauungsproblemen, mangelndem Appetit, kränklichen, älteren oder gestressten Tieren, die nicht gut zunehmen, bei Muttertieren mit zu wenig Milch. Sie können statt der Samen auch das Pulver der Samen geben oder einen Aufguss zubereiten. Dazu weichen Sie für 2–3 Stunden 1 Esslöffel Samen im kalten Wasser ein, lassen alles kurz aufkochen und filtern die Flüssigkeit ab. Bei Verdauungsproblemen mischen Sie Bockshornklee mit Mariendistel und Ingwer. Für die

Milchbildung bietet sich eine Kombination mit Anis, Kümmel und Fenchel an, ähnlich wie der *Stilltee* der Firma Weleda. Bockshornklee fördert die Erholung nach der Geburt und die Funktion des Hormonsystems. Äußerlich hilft eine Kompresse aus geschrotetem Samen oder Pulver, mit Wasser zu einem Brei aufgekocht, bei Entzündungen, Wunden, Geschwüren, Ekzemen und Gelenkschmerzen. Ein Aufguss aus den Samen oder dem Pulver hilft als Waschungen bzw. Kompressen bei Hautproblemen und Hautentzündungen.

Wichtig: Vorsicht bei **Katzen**, die Bockshornklee nicht so gut vertragen, und nicht bei Tieren anwenden, die trächtig werden sollen oder es sind, da Bockshornklee abtreibend wirken kann.

Breitwegerich (*Plantago major*) wächst gerne auf den Wegen und Wiesen und hat den **Spitzwegerich** als Verwandten oft in seiner Nähe. Die Pflanze wird mit oder ohne Wurzel verwendet und mit Ethanol zu einer Tinktur verarbeitet, die bei Zahn-und Ohrenschmerzen hilft. Der verwandte Spitzwegerich wächst nicht gerne unter der Trittbelastung auf Wegen und Sie finden ihn auf den Wiesen entlang der Wege. Er hilft innerlich eingesetzt bei Erkrankungen der Atemwege, äußerlich bei Entzündungen des Maul- und Rachenraums. Bei kleineren Verletzungen haben wir hier eine *Erste Hilfe-Pflanze* für Insektenstiche, Sonnenbrand und Co. Frisch verfüttert ist sie ein gesundes Wildkraut für alle Tiere.

Einen Sirup stellen Sie mit frischen, klein geschnittenen Wegerichblättern und Rohrzucker oder Honig her, ein zwar süßes und mit den Nachteilen des Zuckers versehenes, aber wohldosiert ein leckeres Hustenmittel. Eine Frühjahrskur kann mit einigen Teelöffeln Wegerichsaft im Futter zusätzlich zu klein geschnittenen Blättern wahre Wunder bewirken.

Brennnessel (*Urtica urens*) findet sich wie der Löwenzahn direkt in unserem Umfeld und ist ebenso vielseitig. Sie wird nicht gerne gesehen und eher bekämpft als genutzt, was sich aber ändern lässt, wenn man einmal die Heilkraft und Bedeutung für viele Schmetterlinge verinnerlicht hat. Eine Pflanze für alle Entzündungen, bei Überempfindlichkeit der Haut, Muskeln und Gelenke, bei Erkrankungen wie Gicht oder Rheuma, und ein Mittel für die Niere und Harnwege. In diesen Fällen nehmen Sie das zerkleinerte Kraut, bereiten einen Tee oder Aufguss zu und verfüttern die Flüssigkeit mit dem Kraut. Äußerlich nimmt man die Tinktur bei neuralgischen, arthrotischen oder rheumatischen Schmerzen zum Einreiben. Der Tee aus Brennnesselwurzeln hilft bei gutartigen Vergrößerungen der Prostata. Ein milchbildender Tee besteht zu gleichen Teilen aus Brennnesselblättern, Anissamen, Fenchelsamen und Majoran. Diese Mischung mit heißem Wasser aufgießen, zehn Minuten ziehen lassen und mehrmals täglich dem Tier verabreichen. Ein blutbildender Tee besteht aus Brennnessel, Schafgarbe, Rosmarin und Melisse. Diese Mischung etwa 10 Minuten ziehen lassen und für einige Wochen 2–3 Mal täglich verabreichen.

Gänseblümchen (*Bellis perennis*) wächst überall. Sie verwenden die blühende Pflanze und die Wurzeln. Neben der Möglichkeit des Trocknens für den Wintervorrat können Sie eine Tinktur aus dem Blümchen herstellen. Falls Sie die Wurzel ansetzen, ernten Sie diese im Herbst, können später die Tinktur der Pflanze und der Wurzel mischen und haben damit eine *Komplett-Tinktur*. Die *kleine Arnika* hilft wie die große Schwester bei allen Verletzungen und wird als Frühjahrskur verwendet, da sie den Stoffwechsel anregt. Sie hilft bei fest sitzendem und verschleimtem Husten sowie bei Verdauungsstörungen und Verstopfung. Ein frisches Blatt dient zerrieben als Wundauflage oder ist bei einem Insektenstich als Erste Hilfe unterwegs. Das Gänseblümchen als Ölauszug hilft als Einreibung bei Prellung und Verstauchung.

Gundermann (*Glechoma hederacea*) oder die Echte Gundelrebe ist ein wintergrüner und ausdauernder Lippenblütler, der wild wachsend häufig zu finden ist. Er bildet lange Ausläufer, an deren Enden im Sommer kleine lilafarbene Blüten sitzen.

Man findet in der Literatur Angaben zu seiner Giftigkeit für Pferde. Da wir das Kraut nicht in nennenswerten Mengen verfüttern, sondern es vorzugsweise als Essenz oder äußerlich anwenden, ist es sicher keine Gefahr. Hühner lieben Gundermannblüten.

Er hilft bei langwierigen Krankheiten, schlecht heilenden und eitrigen Wunden, Harnwegserkrankungen oder Schnupfen. Wo Eiter und Schleim fließen, ist Gundermann angesagt. Vor allem die hartnäckigen Erkrankungen mit Stoffwechselproblemen, Entkräftung und Abmagerung sowie die Unterstützung der Entgiftung sind sein Arbeitsfeld. Eine Waschung oder einen Wickel mit Gundermann machen Sie mit einer Handvoll Kraut auf 1 Liter Wasser und kochen dieses kräftig auf. Das *Wunderblättchenöl* zum Einreiben schlecht heilender Wunden stellen Sie aus 2 Händen voll frischem Kraut her, das Sie in ein Schraubglas geben, fest zusammendrücken und pressen. Das verschlossene Glas steht für einige Tage an einem warmen und sonnigen Ort und am Boden des Glases bildet sich eine helle und ölige Flüssigkeit, die Sie abseihen, in einer dunklen Flasche kühl verwahren und rasch verbrauchen. Am besten und einfachsten verwenden Sie das frische Kraut, das Sie entsaften und verdünnen oder Sie stellen eine Tinktur her.

Ingwer (*Zingiber officinale*) ist ein wunderbares, scharfes Gewürz mit großer Heilkraft. Die verwendete *Ingwerwurzel* ist ein Rhizom oder Erdspross der schilfartigen Pflanze, die in den Tropen und Subtropen wächst. Ingwer wird in der Küche frisch oder getrocknet und gemahlen, pur oder in Mischungen verwendet. Entscheidend über seine Wirkung ist der Gehalt an Wirk- und Scharfstoffen. Suchen Sie im Handel nach getrocknetem afrikanischen Ingwer, z. B. aus Nigeria, mit einem Scharfstoffgehalt von mindestens 2 %. Ingwer aus dem Gewürzregal ist in der Regel minderwertig und alt. Mit frischem Ingwer aus der Gemüseabteilung kaufen Sie viel Wasser und wenig Inhaltsstoffe. Brühen Sie sich hiermit einen Ingwertee auf oder nutzen Sie ihn zum Anfüttern und zur Gewöhnung für die Tiere im Futter.

Die vielen Inhaltsstoffe des Ingwers sind ein Mittel gegen Entzündungen und die dadurch bedingten Schmerzen und verletzungs- oder altersbedingte Arthrose. Ingwer hilft nicht gegen Infektionen durch Viren oder Bakterien, sondern hemmt die entstandene Entzündung. Ratsam bei einer Entzündung ist die Kombination mit Meerrettich.

Vor allem für Pferdebesitzer ein *heißer Tipp*, denn bei hochgradiger Arthrose, *Spat* (arthritische Erkrankung des Sprunggelenks), *Schale* (chronische Gelenkerkrankung der Zehengelenke), Podotrochlose (*Hufrolle*, Hufrollennekrose, Hufrollenentzündung), Ataxie (Störung der Bewegungskoordination durch eine Schädigung des zentralen Nervensystems) oder HWS- bzw. Zervikal-Syndrom (HWS=Halswirbelsäule) bedeutet es eine Möglichkeit, dem Pferd wieder Schmerzfreiheit zu verschaffen. Ingwer ist ebenso eine Therapiemöglichkeit für das Cushing-Syndrom (übermäßige Konzentration von Cortisol im Blut), *Hufrehe* oder Laminitis (Entzündung der Huflederhaut), das Equine metabolische Syndrom (EMS, Erkrankung des endokrinen Systems, des Drüsensystems, hier hilft ebenso Ceylon-Zimt), Borreliose oder Melanome (*Schimmelkrebs*, schwarz gefärbte Knoten der Haut) sowie bei *wildem Fleisch* oder Granulationsgewebe. Tiere mit Problemen beim Haarwechsel und mit der Verdauung, bei Durchfall (hier den älteren Ingwer einsetzen und mehrmals am Tag geben), bei Kotwasser oder bei trägem Stoffwechsel profitieren vom scharfen Ingwerpulver.

Die Kombination mit Meerrettich ist in vielen Fällen sinnvoll. Bei leichter Verwurmung verabreichen Sie dem Tier 1,5–2 g Ingwer je 100 kg Körpergewicht für drei Wochen und bei starker Verwurmung für sechs Wochen. Die Kombination mit einer Mischung von sogenannten Bitter- oder Gerbstoffkräutern („Wurmkräuter") und Meerrettich ist empfehlenswert.

Die Dosierung bei Gelenkproblemen liegt bei 3–4 g je 100 kg Körpergewicht und wird bei Entzündung der umliegenden Gewebe, wie Sehnen, Bänder oder , bis auf 10–15 g je 100 kg Körpergewicht erhöht. Bei manchen Tieren ist eine weitaus höhere Dosierung notwendig, bei der die Ingwermenge dann auf mehrere Portionen verteilt wird, damit das Futter mit dem Ingwer noch gefressen wird.

Eine Wirkung zeigt sich nach etwa 2 Tagen und die Verbesserung schreitet in den folgenden Tagen fort, wenn die Entzündung heilt und die Schmerzen schwinden. Stellen Sie keine Verbesserung fest, so erhöhen Sie die Dosierung weiter und haben damit einen Hinweis, dass nicht nur das Gelenk erkrankt ist, sondern mehr. Steigern Sie die Ingwermenge, bis Sie eine deutliche Veränderung feststellen. Eine zwischenzeitliche und kurzfristige Verschlimmerung füttern Sie rasch durch und bei erreichter Schmerzlinderung reduzieren Sie versuchsweise wieder die Dosierung.

Wichtig: Ausnahmen sind Tiere mit empfindlicher Verdauung, *Koliker* oder nierenkranke Tiere, wo Sie in Absprache mit einem Therapeuten vorsichtig an das Thema gehen. Kein Ingwer vor Operationen, da es das Blut verdünnen kann. Kein

Ingwer in der Trächtigkeit, da es Wehen auslösen kann.

Beim Anfüttern starten Sie mit einer kleinen Menge und steigern diese langsam je nach Empfindlichkeit des Tieres. So gewöhnen sich Tier und Stoffwechsel an den Ingwer.

Die Dauer der Ingwergabe ist abhängig von der Art und Schwere der Entzündung und beträgt bis zu Wochen und Monate. Nach einer anfänglichen hohen Dosierung werden Gelenkprobleme mit niedriger Dosierung länger weiterbehandelt und können dann zur Gesunderhaltung des Tieres dauerhaft mit einer Tagesdosis von 1,5–2 g je 100 kg Körpergewicht beibehalten werden. Der Ingwer kann so bei aufflammenden Entzündungen direkt greifen und beschleunigt die Heilung und Rückbildung von Verdickungen und Schwellungen an den erkrankten Körperteilen.

Bei **Pferden** gibt man den Ingwer in einer Portion eingeweichter Heu-, Wiesen- oder Esparsetten-Cobs, die man anfangs je nach Mäkeligkeit mit Äpfeln, Möhren, Ölen, Obstessig verfeinert, damit alles gefuttert wird.

Wichtig – **Doping:** Ingwer steht in der Dopingliste (Anti-Doping- und Medikamentenkontroll-Regeln (ADMR)) zusammen mit Arnika, Homöopathika bis einschließlich der Potenz D6, Eukalyptus, Spitzwegerich, Thymian, Süßholzwurzel, Weihrauch (Boswellia) und Teufelskralle (Harpagophytum), Salicylsäure (Weidenrinde, Pappel) sowie Capsaicin. Wenn Sie diese Stoffe in der Fütterung Ihrer Turnierpferde haben, vorsichtshalber eine Woche vor Turnierstart weglassen. Akupunktur ist 48 Stunden vor dem Wettkampf auszusetzen.

Erlaubte Mittel und Methoden sind die äußere Anwendung ätherischer Öle, Effektiver Mikroorganismen, Homöopathika ab D7, von Honigsalbe, Nelkenöl, Ringelblumensalbe, von Rosmarinöl am Huf, Zinksalbe und Zink-Lebertran-Salbe, essigsaurer Tonerde und Grünlippmuschel-Extrakt in der Fütterung. Gegen Chirotherapie, Physiotherapie, Osteotherapie und den Einsatz von Magnetdecken bei Turnieren hat die deutsche reiterliche Vereinigung (FN) nichts einzuwenden. Kühlung mit Wasser und Kühlgamaschen sind erlaubt, wenn die Temperatur nicht unterhalb von null Grad liegt, sonst ist es Doping.

Für **Hunde** reicht zur Gesunderhaltung auch eine Messerspitze Ingwerpulver pro Woche oder ein Scheibchen frischer Wurzel. Bei Gelenkerkrankungen geben Sie ½–1 Messerspitze Ingwerpulver am Tag über etwa 3 Wochen und pausieren dann wieder. Ingwer sollte nicht als Dauermedikation gegeben werden und in Krankheitsfällen ist eine Absprache mit einem Therapeuten ratsam. Allgemein rechnet man hier mit 1 g pro 10 kg Körpergewicht.

Katzen werden Ingwer aufgrund des Geschmacks weniger lieben und er ist auch nicht das Mittel der ersten Wahl für sie. Ähnliches gilt für andere **Kleintiere**, die – wenn überhaupt – mit einem Hauch Ingwerpulver oder einem kleinen Stückchen frischen Ingwers zufrieden sein werden.

Johanniskraut (*Hypericum perforatum*), der Bote des Sommers, liebt wie die Erdbeere trockene und warme Weg- oder Waldränder. Wir verwenden die ganze frische Pflanze zur Blütezeit und setzen Johanniskrautöl/Rotöl an. Das hilft als Einreibung und Massageöl bei allen Schmerzen des Bewegungsapparates, es regt die Durchblutung an und entspannt. Sie können auch eine Tinktur mit Ethanol herstellen. Johanniskraut ist ein Mittel bei Verletzungen mit Schädigung der Nerven und lässt sich mit Arnika und Ringelblume kombinieren. Zusätzlich hilft sie bei Brand- und Stichwunden, Bissen, Zahnbehandlungen oder Operationen. Vorsicht bei empfindlichen Tieren mit heller und zarter Haut, die bei Johanniskraut in Kombination mit Sonne eine Überempfindlichkeit gegen Licht entwickeln können. Johanniskraut wird bei Tieren überwiegend äußerlich angewendet.

Die **Kapuzinerkresse** (*Tropaeolum majus*) leuchtet im Sommer gelb, orange und rot im Garten und ist eine Blüte für den Wildkräutersalat und als Dekoration der sommerlichen Teller. Aufgrund ihrer vielen gesunden und scharfen Inhaltsstoffe ist sie für die Tiere in klein geschnittener Form (Blatt, Stängel, Blüte, Samen) eine Heilpflanze für das Immunsystem, die Atmung und Verdauung. Ein pflanzliches Antibiotikum, das stoffwechselanregend, blutreinigend, entzündungshemmend und schleimlösend wirkt. Kapuzinerkresse und Meerrettich sind mit ihren Senfölen ein Gespann gegen Nasennebenhöhlenentzündungen, Bronchitis und akute Blasenentzündung. Untersuchungen legen sogar eine hemmende Wirkung bei dem pandemischen Influenzavirus H1N1 nahe, eine Möglichkeit für weniger Antibiotika und mehr natürliche Medizin.

Löwenzahn (*Taraxum officinale*), wer kennt ihn nicht, ist eine Heilpflanze direkt vor unserer Haustür. Sie können sie zu Blütenbeginn verwenden und die Wurzel im Herbst dazunehmen (im Gegensatz zum Frühjahr jetzt bitterstoffarm). Eine der leberwirksamsten Heilpflanzen, deren Wurzel bei Appetitlosigkeit, Verdauungs- und Stoffwechselproblemen sowie Hauterkrankungen eingesetzt wird. Ein Mittel für die Frühjahrs- oder Herbstkur. Löwenzahnblätter sind das Futter für unsere Kaninchen und Meerschweinchen, besser als alle Ergänzungsfuttermittel der Industrie. Heu mit vielen Kräutern, Löwenzahn und anderen Blättern ist eine wertvolle Futtergrundlage und Sie dürfen sich glücklich schätzen, wenn Sie Ihren Tieren so etwas geben. Achten Sie beim Heukauf auf die Qualität und lassen Sie sich nicht von den angeblichen Vorzügen der Silage oder Heulage überzeugen. Heu ist und bleibt das beste Grundfutter, egal ob für Pferd oder Schaf oder Rind.

Meerrettich (*Armoracia rusticana*) ist ein Kreuzblütler wie Kohl und Steckrübe und findet sich in Bauerngärten mit seinem üppigen Blattwerk und den langen weißen Pfahlwurzeln. Seine Wurzeln sind Gemüse, Gewürz und Heilpflanze, besonders für Pferde. In der Stallapotheke verwenden wir ihn wegen seiner Inhaltsstoffe, die scharf riechen und schmecken und gegen Krankheitserreger wirken. Meerrettich stärkt die Abwehrkräfte und schützt vor Erkältungskrankheiten. Er wirkt kreislaufanregend, hustenlösend, hilft bei Katarrhen der Luftwege und Infektionen der ableitenden Harnwege (in Kombination mit Kapuzinerkresse in Angocin (R)), bei Zahnfleisch- und Kieferentzündungen, *Hufrehe* oder Laminitis (Entzündung der Huflederhaut) und Phlegmonen (eitrige, sich ausbreitende Infektionen des Bindegewebes). Er hilft bei Verdauungsproblemen und Altersbeschwerden. Äußerlich nutzt man den Meerrettich als Breiumschlag bei Rheuma, Gicht, Insektenstichen, Ischias und anderen Nervenschmerzen.

Wir verwenden die frisch geriebene oder getrocknete, zerkleinerte Wurzel. Frisch gerieben wirkt die Wurzel am besten. Pferde bekommen 20–35 g je 100 kg Körpergewicht am Tag gegen bakterielle Infektionen und dies 1 Mal täglich in einer Futterportion, am besten in eingeweichten Heu-Cobs. Je nach Umfang und Schwere der Infektion geben Sie mehr. Für lokale Anwendungen (z. B. im Maul- und Zahnbereich) oder bei Husten genügen schon Mengen von 10–12 g pro 100 Kilo Körpergewicht. Diese Menge geben Sie für 1–2 Wochen, langwierige Infektionen benötigen mehrere Monate mit Meerrettich. Auch ältere Tiere profitieren von einer Meerrettichgabe, sie nehmen an Gewicht zu, haben weniger Zahnprobleme und Infektionen. Füttern Sie nach einer Woche mit höher dosiertem Meerrettich, dann mit 10–12 g weiter und dies an einigen Tagen der Woche. Der Meerrettich wird erst kurz vor dem Füttern gerieben/zerkleinert, damit seine Wirkstoffe freigesetzt werden. Die Wirkung setzt einen Tag nach der ersten Gabe ein.

Die Kombination von Meerrettich und Ingwer ist sehr gut. Falls Sie keinen frischen Meerrettich haben, greifen Sie auf den getrockneten, klein geschnittenen aus dem Handel und zur Not auf Tafelmeerrettich aus dem Glas zurück. Hier dosieren Sie höher und geben die doppelte Menge. Frischer Meerrettich kann auch eingefroren aufbewahrt und so gerieben und gefüttert werden. Die Dosierung wird auch hier höher gewählt, da Verluste durch das Einfrieren entstehen. Keinen Sahnemeerrettich geben!

Die **Ringelblume** (*Calendula officinalis*)

findet sich in vielen Gärten und leuchtet wie die Kapuzinerkresse kräftig und farbenfroh. Die Blüten werden frisch oder getrocknet als Tee, pflegendes und heilendes Öl bzw. in Salbenform verwendet oder mit Teilen der ganzen Pflanze in Alkohol zur Urtinktur angesetzt. Die Ringelblume pflegt die Haut und heilt Wunden und Risswunden, beginnende Eiterungen und Entzündungen. Hier ist die Kombination mit Arnika empfehlenswert. Das Ringelblumen-Johanniskraut-Öl ist eine Alternative bei der Behandlung von chronischen Geschwüren. Ein frisch zerriebenes Blütenköpfchen lindert einen Insektenstich. Zur Wundbehandlung mischt man 1 Teelöffel der Urtinktur mit 2 Esslöffeln Wasser und reinigt damit die Wunde oder macht eine Auflage. Der Tee ist eine gute Therapiebegleitung bei Verdauungsstörungen und Krebserkrankungen. Er verbessert Gesundheit, Appetit und Schlaf, eine Blume für alles.

Der **Salbei** (*Salvia officinalis*) ist ein Küchenkraut im Blumentopf oder Garten. Eine Mittelmeerpflanze, die bei uns heimisch geworden ist. Wir verwenden die frischen Blätter oder Blüten als Tinktur oder Tee. Salbei reguliert die Sekretion und unterstützt das Abstillen. Er hilft bei Magenproblemen, Durchfall und Entzündung, bei Erkrankungen von Leber und Galle. Bei Entzündungen der Maul- und Rachenschleimhaut spült man mit Salbeitee. Der Extrakt wird nicht bei trächtigen Tieren eingesetzt und aufgrund des Inhaltsstoffes Thujon ist Salbei keine Pflanze für den langfristigen und hochdosierten Einsatz. Die Blüten helfen vor allem bei Erschöpfungszuständen.

Der **Schwarze Holunder** (*Sambucus nigra*), ein wunderbarer Strauch, weiße Blüten im Frühjahr und schwarze Beeren im Spätsommer. Wir nehmen die Blätter und Blüten, die frischen Beeren und die frische innere Rinde junger Zweige. Der Holunder ist eine Erkältungspflanze für das Immunsystem und gegen Entzündungen der Atemwege, der Nasennebenhöhlen, bei hartnäckigem Schnupfen und fieberhaften Infekten. Der gekochte Beerensaft ist bei Erkältungen angesagt, sowie bei Verdauungsproblemen mit Verstopfungen. Er lindert Nervenschmerzen und begleitet eine Krebstherapie. Unreife und rohe Beeren dürfen nicht verwendet werden.

Nehmen wir die **Schafgarbe** (*Achillea millefolium*), die sich an vielen sonnigen und trockenen Weg- und Wiesenrändern findet. Ein Kraut für eine Teemischung und Tinktur. Verwendet wird der oberirdische Teil zur Blütezeit. Die *Allheilerin* Schafgarbe ist verdauungsfördernd, hilft bei Magen-Darm-Krämpfen, Appetitlosigkeit, Blähungen und Nervosität.

Süßholz (*Glycyrrhiza glabra*), ein Sonne und Wärme liebender Schmetterlingsblütler des Vorderen Orients. Die Süßholzwurzel ist die Grundlage für Lakritz. Sie wirkt entzündungshemmend und bei Husten, Bronchialkatarrh und Erkrankungen der oberen Atemwege, auswurffördernd, schleimverflüssigend und -lösend. Süßholz ist antibakteriell und antimykotisch und ein Mittel bei Erkrankungen des Verdauungstraktes wie Gastritis oder Magengeschwüre sowie bei Leberproblemen. *Headshaking* oder *Kopfschlagen* der Pferde ist allgemein problematisch zu behandeln, da die auslösenden Ursachen schwer herauszufinden und abzustellen sind, denken wir an Sonnenlicht oder Pollen. Hier ist Süßholzwurzelpulver eine Möglichkeit, ohne Nebenwirkungen zu helfen. Die Dosierung beträgt ungefähr 5 g des gemahlenen oder grießförmigen Pulvers je 100 kg Körpergewicht. Das Pulver wird mit angefeuchtetem Futter auf zwei Portionen am Tag verteilt und während des Sommerhalbjahres gegeben. Eine Überdosierung ist hier im Gegensatz zu Ingwer oder Meerrettich zu vermeiden und Rücksprache mit dem Therapeuten (evtl. mit Blutbild in Voruntersuchung) zu halten.

Die **Walderdbeere** (*Fragaria vesca*) als wilde Verwandte unserer Gartenerdbeere, wächst an sonnigen und trockenen Standorten in Waldnähe und lässt sich prima im Garten kultivieren. Von ihr können Sie die Früchte, die Pflanze und die Wurzeln verwenden. Eine Tinktur setzen Sie aus den frischen Früchten mit Ethanol an. Erdbeerpräparate helfen bei Durchfall, Nierenproblemen und beugen der Gicht vor.

Der **Weißdorn** (*Crataegus monogyna/laevigata*) ist ein Herzheilmittel und wächst als dorniger Strauch oder Hecke an vielen Wiesen und Wegen. Hier verwenden wir die reife und leuchtend rote Frucht im Herbst und die herrlich duftenden, weißen Blüten im Frühling. Neben dem

Einsatz in einer Herz-Kräutermischung stellen Sie aus den Blüten und Blättern oder mit den Früchten eine Tinktur her und geben dann beide Varianten wieder zusammen. Dieser *Herztröster* ist ein *Herzpfleger*. Er belebt ein altes, geschwächtes Herz und den Kreislauf, reguliert den Blutdruck und erweitert die Gefäße bei einer leichten Angina pectoris. Sie sollten den Weißdorn langfristig einsetzen, da eine Wirkung erst nach einigen Wochen bemerkbar ist und sich langsam aufbaut.

Die kretische **Zistrose** (*Cistus incanus oder creticus*) wächst im Mittelmeerraum, ihre Zubereitungen kaufen wir im Handel. Neben dem Harz und dem ätherischen Öl sowie den alkoholischen Auszügen gibt es getrocknete Zistrose als Tee, den Sie innerlich und äußerlich anwenden. Die Zistrose ist ein Entzündungshemmer, Keim- und Pilztöter und lindert Juckreiz. Ein Kraut für die Haut und Schleimhaut, Atemwege sowie Magen und Darm, gegen Viren (!) und die Grippe und ein Entgiftungskraut bei Schwermetallbelastung. Außerdem stärkt sie Federn und Fell und Sie können ein Extrakt oder Hydrolat dem Shampoo oder einer Waschung beigeben.

Extra: Maria Treben und die ***„Schwedenkräuter“*** *kennen viele Kräuterfreunde. Große Bekanntheit erlangte sie durch den Schwedenkräuter- oder Schwedenbitter-Umschlag, bei dem es sich um eine Wiederentdeckung eines alten Rezepts des schwedischen Arztes Dr. Claus Samst handelt. Diese Kräuter setzt man in Korn- oder Obstbrandwein an und lässt sie lange ziehen. Die Kräutermischung des Kleinen Schwedenbitter bekommen Sie fertig in der Apotheke zu kaufen. Sie besteht aus Aloe, Myrrhe, Safran, Sennesblättern, Kampfer, Rhabarberwurzel, Zittwerwurzel, Manna, Theriak venezian, Eberwurz- und Angelikawurzel. Die Schwedenkräuter-Tinktur kann innerlich und äußerlich eingesetzt werden, ist aber sehr stark. Sie sollten die Tinktur vor dem Eingeben ordentlich verdünnen und bei einem Umschlag die Haut vorher einfetten. 1 Teelöffel bis 1 Esslöffel Schwedenkräuter auf 125 ml Wasser sind sicher für Tiere je nach Größe ausreichend. Innerlich helfen sie bei Verdauungsbeschwerden, laut Maria Treben bei allen Krankheiten und sie sollen gegen Würmer wirken, was sicher auf den vielen Bitterkräutern in der Mischung beruht. Äußerlich können Sie die Tinktur bei allen Arten von Verletzungen und Schmerzen, Blutergüssen oder zur Narbenpflege einsetzen.*

Die Kräuter kurz und knapp:

Herz-Kräuter: Herzgespann, Rosmarin, Weißdorn

Leber-Kräuter: Artischocke, Enzian, gewöhnliche Mahonie, Kurkuma, Löwenzahn, Mariendistel, Pfefferminze, Rosmarin, Wermut

Magen-Kräuter: Angelika, Blutwurz (Tormentill), Fenchel, Kamille, Kümmel, Melisse, Oregano, Schafgarbe, Süßholzwurzel, Tausendgüldenkraut

Nieren-Kräuter: Bärentraube, Birke, Brennnessel, Goldrute, Ingwer, Kurkuma, Löwenzahn, Petersilie, Schachtelhalm, Sellerie

Verletzungs-Kräuter: Aloe Vera, Arnika, Beinwell, Gänseblümchen, Kamille, Lavendel, Johanniskraut, Melisse, Ringelblume, Schafgarbe, Spitzwegerich

Wichtig: ***Hunden*** *und* ***Katzen*** *bitte keine Zwiebelgewächse, Avocados, Weintrauben und Rosinen, Kaffe oder Tee (schwarzer Tee) und keinen Alkohol geben. Schokolade, Brot und gesalzene, gesüßte oder geräucherte Nahrungsmittel natürlich auch nicht.*

Kurz und knapp: Das Gebiet der Heilkräuter ist sehr groß und vielseitig. Die Bandbreite reicht von den heimischen Kräutern im Garten und auf der Wiese bis zu exotischen Namen, von den frischen Pflanzen bis zu allen Möglichkeiten der Konservierung für das Winterhalbjahr und einem zusätzlichen Überschuss an Kräutermaterial. Sie können vieles selbst machen und vieles kaufen. Denken Sie über die artgerechte Fütterung und eine artgerechte Therapie nach. Was bekommt dem Pferd? Was dem Kaninchen und Hund? Was nehmen sie in der Natur auf, wenn sie krank sind und ihren natürlichen Impulsen folgen könnten? Alle Tiere, von der Kuh bis zum Zwerghuhn, brauchen Kräuter für ihre Gesundheit.

geeignet für:

Heilmoor

Heilmoor ist eine Möglichkeit die Heilkraft der Erde zu nutzen. Ich wohne am Hohen Venn, einer Hochmoorfläche im Grenzgebiet zu Belgien. Eine wunderbare Landschaft, rau und ungewöhnlich. Was aber sind Moore? Moore sind beständig nasse, mit niedrigen Pflanzen bedeckte Landschaften. Hier haben wir ständigen Wasserüberschuss und dadurch einen sauerstoffarmen Boden, der den Abbau der Pflanzenreste verhindert. Statt Abbau haben wir eine Ablagerung von Torf und durch das fortschreitende Wachstum der Torfschichten Jahr für Jahr wächst das Moor in die Höhe. Je nach der Quelle des Wasserreichtums unterscheidet man Hoch- und Niedermoore. Ich wohne an einem Hoch- oder Regenmoor und ja, es regnet viel hier und das Wasser kommt von oben.

Heilmoor muss wie die Heilerde gewisse Voraussetzungen erfüllen. Die Heilkraft beruht auf den wertvollen Inhaltsstoffen, unter anderem den entzündungshemmenden Huminsäuren, auf Spurenelementen, Kieselsäuren, ätherischen Ölen, Hormonen und auf den Kräutern, die in dem Moor konserviert sind. Moor ist nicht gleich Moor und jeder Hersteller gewinnt sein Moor in einem definierten Gebiet mit einer speziellen Pflanzenzusammensetzung, wodurch sich die Unterschiede in den Inhaltsstoffen ergeben. Die Wirkung hängt von der Güte und Zusammensetzung des Moores ab. Moor in einer wissenschaftlich bestätigten Heilmoor-Qualität wird nur in einigen staatlich kontrollierten Moorgebieten abgebaut und weiterverarbeitet.

Paracelsus berichtete schon über die positive Wirkung von Heilerden und Heilmooren bei Gelbsucht, Gallenleiden, Fieber, Unfruchtbarkeit, Vernarbungen und Appetitmangel. Muskel- und Gelenkprobleme oder Hauterkrankungen sind wichtige Anwendungsgebiete. Das Moor wirkt über die Haut auf die inneren Organe, Muskeln und Gelenke. Das Immunsystem sowie Herz und Kreislauf werden angeregt.

Die **äußerlichen Anwendungsbereiche** sind Verspannungen der Muskulatur und Verletzungen, Durchblutungsstörungen, schwaches Immunsystem, Schmerzen des Bewegungsapparates, Erkrankungen der Harnwege und der Haut wie Ekzeme und Entzündungen. Moor hat eine entgiftende Funktion und lindert Schmerzen. Bei Hufgeschwüren, Strahlfäule und Sehnenproblemen eine Möglichkeit der unterstützenden Therapie.

*Extra-Tipp: Versuchen Sie im Sommer Heilmoor auf Insektenstiche, aufgeschubberte und juckende Haut oder Schwellungen der **Ponys aufzutragen**. Bei allen größeren Tieren sind Umschläge oder Auflagen aus Moor möglich.*

Für die **innerliche Anwendung** gibt es wie für die Menschen Moortrinkkuren, die bei Magen- und Darmschleimhautentzündung, Magen- und Darmgeschwüren, Dünndarmentzündung und Eisenmangel angewendet werden. Das Moor hilft bei schlechter Futterverwertung, bei Übersäuerung, Leber- und Nierenproblemen, Atemwegserkrankungen, allen Entzündungen und Problemen im Bewegungsapparat.

Moor unterstützt die Gesundheit der Tiere und es kann in jede Therapie, zumindest kurmäßig eingebaut werden.

Sie geben zuerst das Moor in **flüssiger Form** mit dem Futter oder das Wasser und arbeiten dann mit dem **Moor-Pulver** weiter.

Die **Huminsäuren** des Moores wirken vor allem im Magen-Darmbereich gegen Entzündungen, sorgen für den Aufbau einer gesunden Magenschleimhaut und regulieren die Verdauung. Das Moor nimmt ähnlich wie Heilerde Giftstoffe auf und transportiert sie nach draußen. Moor ist durch die vielen enthaltenen Mineralien eine gute Nahrungsergänzung und hilft bei Mangelerscheinungen.

Einige Hersteller geben dem Moor **Kräutermischungen** zu, die ebenfalls gut für die Verdauung und den Stoffwechsel sind. Damit wird die Futter-Mischung noch wirkungsvoller.

Kurz und knapp: Heilmoor ist Natur pur, ähnlich wie die Heilerden mit einem starken Bezug zur Erde. Eine Möglichkeit die Verdauung und Entgiftung zu unterstützen und vielseitig mit anderen Therapien zu kombinieren.

geeignet für:

Heilpilze

Pilze sind etwas Besonderes und Eigenartiges. Für viele zählen sie zu den Pflanzen, aber sie sind weder Tier noch Pflanze, sie bilden ein *Reich* für sich und sind enger mit den Tieren verwandt als mit den Pflanzen. Wundersame und wunderbare Lebewesen.

Pilze bauen totes organisches Material ab, leben als Parasit von anderen Lebewesen oder in einer Symbiose mit einer Pflanze. Sie sind überall, wo sie Nahrung finden, und haben damit eine große Auswahl an Lebensräumen. Mit Vorsicht umzugehen ist mit den Giftpilzen. Pilze, die hier interessieren, sind medizinische Pilze oder Heilpilze, Medizinal-, Vital- oder Gesundheitspilze genannt.

Der Begriff Mykotherapie steht für *Heilen mit Pilzen* oder die Pilzheilkunde. Meist werden Großpilze verwendet, aus denen ein Pilzpulver oder Extrakt gewonnen wird. Schon Ötzi hatte vor 5 200 Jahren diese Pilze in seiner Reiseapotheke. Die Traditionelle Chinesische Medizin (TCM) verwendet seit Langem Heilpilze. In alten Kräuterbüchern wird die Wirkung von europäischen Pilzen wie Stinkmorchel, Zunderschwamm oder Hallimasch beschrieben. Heilpilze unterstützen bei Gesundheitsproblemen oder sind eine Ergänzung der Futterration.

Wir nutzen sie selten als Frischware, sondern als **Pilzpulver** oder **-extrakt**. Im Handel gibt es Pulver, Tabletten, Kapseln und Einzelpilze oder Mischungen verschiedener Pilze. Pilzpulver ist ein Futterergänzungsmittel. Der Extrakt wird mit einem Lösungsmittel aus dem Pulver gewonnen. Er ist konzentrierter, enthält die löslichen Pilzbestandteile, nicht den gesamten Pilz wie das Pulver, und wird eher therapeutisch verwendet.

Was ist besonders an den Pilzen und an Heilpilzen? Die Antwort liegt in ihren vielen und unterschiedlichen Inhaltsstoffen, wie zum Beispiel den Adaptogenen. Dies sind biologisch aktive Stoffe, die hochkonzentriert in Pflanzen oder in diesem Fall in Pilzen zu finden sind, die sich optimal an ihre extreme Umwelt angepasst haben, an Kälte, viel Sonne,

wenig Wasser. Adaptogene, erhöhen – wie schon der Name sagt (*adaptare* ist lateinisch und bedeutet *anpassen*) – die Anpassungsfähigkeit, Leistungsfähigkeit und Widerstandsfähigkeit gegen Stress und alle möglichen Bedrohungen.

Neben den Heilpilzen gehören der Wurzelextrakt der Rosenwurz oder der Goldenen Wurzel (Rhodolia rosea) und der Schlafbeere, auch Winterkirsche oder indischer Ginseng (Ashwaganda) genannt, zu den adaptogenen Pflanzen.

Pilze sind reich an Vitalstoffen, Vitaminen, Mineralien, Spurenelementen (Kupfer, Zink und Selen) und essentiellen Aminosäuren, Enzymen und Chitin. Daneben beinhalten sie sekundäre Pflanzenstoffe wie Triterpene und vor allem Polysaccharide/Glykane, also Mehr- oder Vielfachzucker. Diese Beta-Glukane sind wichtig für das Immunsystem und den Stoffwechsel, die Durchblutung und den Säure-Basen-Haushalt. Triterpene sind Lipide und helfen bei Entzündungen, da sie Bakterien und Viren bekämpfen, sowie bei Allergien, da sie die Histamin-Ausschüttung mindern. Aufgrund ihrer chemischen Struktur arbeiten sie ähnlich wie Steroidhormone, also wie Kortison. Der hohe Adenosingehalt in den Pilzen hilft bei der Energiebereitstellung im Körper, bei der Regulierung im Nervensystem, bei der Entspannung der Muskulatur und Schmerzlinderung und schützt zusätzlich vor freien Sauerstoff-Radikalen.

Dosierung: Bei Tieren bis 20 kg Gewicht 1–2 g Heilpilzpulver oder 0,2–0,5 g Pilzextrakt. Bei 20–40 kg Gewicht 2–4 g Pulver oder 0,5–1 g Extrakt.

Bei großen Tieren wie Pferden 4–9 g Pulver oder 1,2–2 g Extrakt.

Das Pulver fügen Sie dem Futter bei. Die Anwendung wird mittel- bis langfristig angedacht. Da die Pilze entgiftend wirken, können körperliche Begleitsymptome wie Durchfall oder Hautekzeme dies anzeigen. In solchem Fall wird die Dosierung verringert oder generell mit kleinsten Mengen begonnen und dann allmählich gesteigert.

Glänzender Lackporling oder **Reishi, Ganoderma lucidum**

Der *Pilz des ewigen Lebens* ist Symbol für Glück und Unsterblichkeit. In der chinesischen Volksmedizin ist der Ling Zhi der *König der Heilpflanzen*. Ob Erkrankungen von Leber, Herz-Kreislauf, Magen-Darm oder Atemwegen, Allergien oder Entzündungen – überall können Sie den Reishi einsetzen. Ein vielfältig wirkender Pilz durch die Fülle seiner Wirkstoffe und einer der wichtigsten Vitalpilze. Er wächst auf Laubbäumen und ist kein Speisepilz, sondern hart und bitter schmeckend. Er beugt der Tumorbildung (in Kombination mit grünem Tee) und Autoimmunerkrankung vor und begleitet die Therapie bei bestehender Erkrankung. Der Reishi wirkt entspannend und beruhigend.

Er wirkt wie Kortison, aber ohne Nebenwirkungen, und reguliert die Ausschüttung von Histamin bei Allergien. Der Reishi ist ein Stärkungsmittel, unterstützt die Erholung nach langer oder chronischer Erkrankung, es ist das Mittel der Rekonvaleszenz und des Alters. Eine Kombination des Reishi mit Vitamin C, zum Beispiel in Form von Sanddorn, Hagebutte o. Ä. ist sinnvoll, wenn das Tier mit Durchfall auf die Gabe des Heilpilzes reagiert.

Shiitake oder **Lentinula edodes**

ist ein weiterer *König* und ein duftender, heilender Speisepilz. Er reduziert die Blutfette, erhöht die Cholesterin-Ausscheidung und vermindert die Gefahr von Arteriosklerose und Bluthochdruck. Er unterdrückt ein Tumorwachstum und unterstützt die Entgiftung. Ein wichtiger Pilz bei Gelenkproblemen und zur Förderung der Leberfunktion, bei Erschöpfung und für die Erholung nach Krankheit oder Überanstrengung.

Igelstachelbart, Pom-Pom-Pilz oder Affenkopfpilz genannt, **Hericium erinaceus**

Er gehört in die Familie der Stachelbärte und sieht auffallend aus. Dieser Pilz lebt an Eichen und Buchen, gerne an deren Wundrändern oder an Totholz. Es gibt ihn, zwar selten, in Deutschland und als kultivierten Speisepilz. Ein Heilpilz bei Magen-Darm-Erkrankungen und -Infektionen und für das Immunsystem, bei allen Verdauungs- und Stoffwechselproblemen, Entzündungen und Hautproblemen, Nervenerkrankungen und Nervenverletzungen.

Mandelpilz oder **Agaricus blazei murril**

ist der Pilz für das Immunsystem. Er wird zur Behandlung von Krebs- und Autoimmunerkrankungen eingesetzt und unterstützt Milz und Leber.

Judasohr oder **Auricularia polytricha**
fördert die Durchblutung und verhindert Thrombosen, die Bildung von Blutgerinnseln in den Gefäßen, – ein natürlicher Blutverdünner. Er ist der chinesische Morchel, ein Speisepilz, den man schon im Mittelalter in Europa vielseitig einsetzte. Man nimmt ihn bei Blutungen, bei Blut im Harn oder Gebärmutterblutungen, bei Schleimhautentzündungen, trockenem Husten, Schnupfen oder Blasenentzündung.

Vorsicht: Nicht bei Zuchttieren, bei tragenden oder säugenden Tieren einsetzen! Ebenso nicht bei gleichzeitiger Gabe von Blutverdünnern oder Blutegeltherapie.

Schopftintling oder **Coprinus comatus**
ist ein Blutzucker-Pilz und hilft bei Diabetes und bei bösartigen Geschwülsten im Binde- und Stützgewebe. Daneben wirkt er positiv auf die Verdauung und löst Verstopfungen.

Raupenpilz oder **Cordyceps sinensis**
ist der Pilz für die Niere, die in der TCM Energiespeicher und Wurzel des Lebens ist. Er stärkt die Geschlechtsorgane, Ausdauer und Leistungsbereitschaft sowie die Erholung nach langen Erkrankungen. Außerdem wirkt der Raupenpilz wie ein Antibiotikum, er stärkt das Immunsystem und die Herztätigkeit, die Lunge und Leber.

Vorsicht: Dieser Pilz fällt bei Sportpferden unter das Dopinggesetz!

Schmetterlingstramete oder **Coriolus versicolor**
stärkt das Immunsystem und die Wundheilung, da er Viren, Bakterien und Pilze bekämpft. Bei Pilzerkrankungen, bei Infektionen mit Bakterien, Fibrosarkom und Lebererkrankungen hilft dieser Pilz.

Maitake oder **Klapperschwamm, Grifola frondosa**
ist ein *Abnehmpilz* und Stoffwechselregulator. Er hilft bei Fettleber, Diabetes oder Störungen im Knochenstoffwechsel. Bei chronischen Durchfällen festigt er den Stuhl. Er ist wichtig bei Krebserkrankungen sowie zur Unterstützung des Immunsystems, Wundheilung und Förderung des Muskelaufbaus.

Eichhase oder **Polyporus umbellatus,**
ein Heilpilz des Lymphsystems, der bei der Therapie von Wassereinlagerung, bei Ödemen und Lymphstau sinnvoll ist. Die Unterstützung des Lymphsystems ist wichtig bei Hautproblemen, Gelenkschwellungen und Blasenproblemen.

Neben dem Einsatz von einzelnen Pilzen können Sie sich Mischungen beim Hersteller anfertigen lassen. Hier beraten Sie ein Therapeut oder Heilpilzproduzent bezüglich der Zusammenstellung.

Heilpilze können wunderbar mit anderen Naturheilverfahren zusammen angewendet werden und stellen eine Bereicherung der Therapie von chronischen Erkrankungen dar. Im Gegensatz zu industriell hergestellten Ergänzungsfuttermitteln enthalten sie naturbelassene Inhaltsstoffe in natürlicher Kombination, was vorteilhaft ist.

Durch den relativ hohen Preis ist der Heilpilzeinsatz bei Großtieren aufgrund der täglich zu verabreichenden Menge nicht für jedermanns Geldbeutel möglich.

Besonders die Tier-Senioren profitieren von der täglichen Dosis Heilpilze im Futter und manche Alterserscheinung oder Geschwulst-Problematik lässt sich damit therapieren.

Kurz und knapp: Pilze sind etwas Besonderes und die Heilpilze können vor allem bei chronischen und lang andauernden Erkrankungen schöne Erfolge verzeichnen. Vielleicht liegt das an ihrer Sonderstellung in der Natur, an ihrer besonderen Zusammensetzung bzw. ihren Inhaltsstoffen.

↳ Shiitake

geeignet für: 

Heilsteine

Die heilende Kraft der Edelsteine und Kristalle, die Heilsteintherapie oder Lithotherapie, entsteht durch den hohen Gehalt an Mineralien, Spurenelementen und ihre Schwingungsenergie. Die Steine sind keineswegs *tot*, weil sie nur daliegen und sich nicht bewegen, weder sichtbar wachsen noch sich im Jahresverlauf ändern.

Das alte Wissen um die Heilkraft der Steine geht bis in die Steinzeit zurück. Viel später befassten sich Hildegard von Bingen und Konrad von Magdeburg mit ihnen. Heute finden wir sie in vielen Haushalten, wo hier und da ein Stein zum Harmonisieren und Entstören, eine Steinmischung für die Wasserkaraffe oder ein Bergkristall-Anhänger liegt. Sie wählen den Stein oder eine Steinkombination für Ihr Tier aus, indem Sie schauen, welcher Heilstein Ihnen im Sinne des Tieres am besten gefällt, oder testen energetisch mit dem Pendel oder der Rute aus. Sie spüren die Wärme oder Kälte, wenn Sie einen Stein in die Hand nehmen, immer im Gedanken an das Tier, für das er gedacht ist, oder fühlen eine Art Schwingung, einen Impuls oder Pochen in Ihrer Hand oder ein Bauchgefühl, eine innere Stimme.

Bei den Tieren finde ich die Zugabe von Heilsteinen ins Trinkwasser praktisch, vergleichbar mit unserer Karaffe Edelsteinwasser, haben wir für die Tiere den Wassernapf oder -bottich mit den Steinen. Es ist derselbe Effekt gegeben, nur eine andere Dimension für die Großtiere und bitte die Steine groß genug wählen, damit sie nicht verschluckt werden. Man kann Steine, hier eignen sich speziell durchbohrte Trommel- oder Donutsteine, in die Halsbänder und Halfter einarbeiten.

Da ich kein Freund vom *Immertragen* von Halsband oder Halfter bin, ist die Wirkung auf die Zeit des Tragens beschränkt, was möglicherweise zu wenig ist. Alternativ kann man den Stein an einem Stoffband am Hals befestigen oder ihn in die Mähne bei Pferd und Pony einflechten.

Kleineren Tieren legt man einen Stein in den Käfig, ins Hunde- oder Katzenkörbchen, einen größeren Stein im Stall auf eine Ablage in der Wand und hat damit eine gute Wirkung.

Ein weiteres Einsatzgebiet sind Edelsteinmassagen mit speziellen Steinen. Die Massage dient der Lockerung der Muskulatur, der Schmerzlinderung, Entspannung und Beruhigung des Tieres.

Wichtig: *Lassen Sie sich in einem Fachgeschäft ausführlich beraten und kaufen Sie dort die entsprechenden Steine, egal ob es Wassersteine oder Schmucksteine sind.*

Edelsteinwasser mit den drei Steinarten Amethyst, Bergkristall und Rosenquarz ist die bekannteste und einfachste Variante in diesem Kapitel. Nicht nur für uns Tierhalter eine immer passende und wohltuende Mischung, genauso für die Tiere.

Amethyst

Amethyst
ist violett gefärbt. Er beruhigt Herz und Nerven, lindert Kolik und Krämpfe, wirkt entgiftend und ist eine Wohltat für die Haut, hilfreich bei Hautproblemen und Verletzungen. Hier kann man äußerlich mit Amethyst-Wasser (Amethyst über Nacht in einem Gefäß mit Wasser ziehen lassen) und einem Stein am Körper arbeiten, jedoch nicht direkt auf und in der Wunde, sondern in dem Bereich darum.

Bergkristall
ist ein Heil- und Harmoniestein. Er fördert die Durchblutung, lindert Schmerzen, stillt Blut, senkt Fieber und ist in Verbindung mit dem Amethyst ein Mittel bei allen Hautproblemen. Er ist neutral, stärkt, gibt Energie und ist immer (!) gut im Wasser. Zusätzlich verstärkt er die Wirkung anderer Steine, bei denen er im Wasser liegt.

Rosenquarz
ist rosa und hat ein vielseitiges Einsatzgebiet. Er wirkt auf Herz, Blut und Kreislauf und die Geschlechtsorgane. Er hilft bei der Verarbeitung von Trauer und Angst. Ein belebender und anregender Stein.

Nach diesen drei Wassersteinen ist der **Bernstein** wichtig, den viele von den Bernsteinkettchen für Babys kennen, die das Zahnen erleichtern. Bernstein ist ein begehrter Heilstein, der auf der Haut getragen alle Hauterkrankungen und Allergien lindert, ebenso Muskel- und Knochenerkrankungen, Entzündungen der Gelenke und Nerven. Er aktiviert und reguliert den Stoffwechsel und schützt vor Zecken- und Parasitenbefall sowie Pilzerkrankung. Sie können mit dem Bernstein ein Wasser ansetzen und es den Tieren zum Trinken geben oder sie damit waschen.

Achat
gibt es in vielen Farbvarianten, wir nehmen den blauen Achat, der zum Heilen von Hautabschürfungen, Brandwunden und Wunden aller Art dient. Er lindert Schmerzen und fördert die Heilung. Bei Erkrankungen des Mittelohrs und Verletzungen des Gehörgangs ist er hilfreich, ebenso bei Gleichgewichtsstörungen durch Erkrankungen des Mittelohrs. Ein Schutzstein für trächtige Tiere!

Obsidian
ist in einigen Varianten zu finden. Der Schneeflockenobsidian mit den weißen und flockigen Einschlüssen ist ein Heiler bei vielen Erkrankungen der Haut und Verdauung und von Virusinfektionen. Er stärkt das Immunsystem und die Knochen und ist eine erste Hilfe bei Schock (dann nehmen Sie Rhodonit zur weiteren Versorgung).

Heliotrop oder **Blutjaspis**
gilt als *versteinerter Blutstropfen* und wirkt auf Blut und Kreislauf. Er dient der Entgiftung, hemmt Entzündungen und Eiterungen und stärkt das Herz und Immunsystem.

Calcit
ist ein Heilstein für die Knochen, Muskeln, Haar- und Hornqualität und regt die Selbstheilungskräfte und das Immunsystem an.

Lapislazuli oder **Lasurit**
wirkt krampflösend, beruhigend und schmerzstillend und ist ein Stein für alle Hautprobleme, die Schilddrüse und Leber.

Smaragd
ist ein begehrter und wertvoller Stein und hat eine breite Palette von Heilwirkungen, hilft fast immer und bei allem. Er ist entzündungshemmend, entgiftet, stärkt die Abwehr und wirkt vor allem bei Krebserkrankungen.

Onyx
ist tiefschwarz, ein Heilstein für Augen und Ohren, für das Herz und das Lymphsystem, die Nieren. Ein Stein gegen Trauer und für mehr Selbstvertrauen.

Rhodonit
ist eine erste Hilfe bei Verletzungen und bei Schock (nach Obsidian). Er hilft bei Allergien und Insektenstichen, bei Wunden und bei der Behandlung von Narben. Ein Stein für die Psyche, bei Stress und Angst und anregend für den Kreislauf.

Mein Tipp: Beginnen Sie mit einer Grundausstattung aus Bergkristall und Rosenquarz. Ein Amethyst mit seinem breiten Wirkungsspektrum, ein Achat und ein Bernstein runden die Erstausstattung ab und machen Lust auf mehr Erfahren und Ausprobieren. Eine Aufwertung des Trinkwassers für Mensch und Tier ist eine erste und leicht durchzuführende Maßnahme und tut allen gut!

Extra-Tipp: Eine Notfall-Kombination ähnlich wie die Bach-Blüten-Notfalltropfen ist die Mischung von Obsidian, Rhodonit, Bergkristall und Amethyst. Im Trinkwasser ruhen lassen bzw. im Stall oder der Tierumgebung aufstellen.

Kurz und knapp: Heilsteine sind schön und unbegrenzt haltbar. Vor allem der alltagstaugliche Einsatz im Wasserbehälter der Haustiere bietet viele Möglichkeiten, das Trinkwasser zu beleben und zu informieren und die Gesundheit der Tiere langfristig zu unterstützen.

geeignet für: 

Homöopathie

Homöopathie kennen heutzutage bereits viele. Das Wort ist griechisch und besteht aus *Homoion* für ähnlich und *pathos* für Krankheit. Da haben wir bereits den Grundgedanken dieser Therapie: das Ähnlichkeitsprinzip mit der Definition *„Ähnliches möge mit Ähnlichem geheilt werden“* (*„Similia similibus curentur“*).

In der Homöopathie gibt es verschiedene Ansätze und Richtungen. In der klinischen Homöopathie werden die Arzneimittel längere Zeit in Tiefpotenzen nach den Hauptsymptomen der Erkrankung und der betroffenen Organe ausgewählt. Dies ist eine praktische Möglichkeit, Tieren im Krankheitsfall zu helfen. In der klassischen Homöopathie geben wir ein Einzelmittel in Hochpotenz aufgrund der charakteristischen Symptome, was für den Anfänger schwierig und ein Fall für den ausgebildeten Therapeuten ist.

Ein Tier kann je nach Therapeut und Richtung der Homöopathie unterschiedlich behandelt werden.

Grundsätzlich beruht die Homöopathie auf dem Ähnlichkeitsgesetz, der Arzneimittelprüfung und Arzneimittelpotenzierung.

Das homöopathische Mittel, das Simile, das Ähnliche, ist eine Arznei, die in starker Dosierung bei einem Gesunden die Symptome hervorruft, wie sie der kranke Organismus zeigt, der jetzt mit diesem Mittel behandelt wird. Wir vergleichen bei der Suche nach dem passenden Mittel die Krankheitszeichen am Tier mit den beschriebenen Symptomen des Mittels, die in den Nachschlagebüchern, den Arzneimittel-Lehren, *Materia medica* genannt, stehen. **Kurz gesagt:** Krankheitsbild=Arzneimittelbild. Das ist die Herausforderung!

Tiere erklären uns nicht ihre Eigenheiten und ihr Befinden, das genaue Beobachten, das Einfühlen in das Tier, die Kenntnis der Eigenarten und Gewohnheiten sind sehr wichtig.
Das Einfühlen ist mir wichtig, es ist nicht nur Beobachtung, sondern ein Hineindenken und -fühlen in die Persönlichkeit des Tieres, das tiefe Verstehen.

Nach der Gabe des hoffentlich passenden Mittels kann es gelegentlich zu einer Erstreaktion kommen. Diese wird als Erstverschlimmerung tituliert und zeigt die richtige Wahl und Reaktion des Organismus mit verstärkten Symptomen für kurze Zeit an, klingt aber von alleine wieder ab. In der Regel verbessert sich das Befinden. Unser Tier wirkt zufriedener, entspannter, gesünder. Die Krankheitszeichen sind noch da, werden sich aber auflösen.

Hat man nicht das richtige Mittel gefunden oder reagiert der Organismus nicht mehr, weil die Krankheit zu weit fortgeschritten ist und unheilbare Schäden bestehen, wird keine Veränderung eintreten. Dann hilft die Homöopathie nicht weiter und man denkt am besten um und wählt eine andere Therapie oder stellt fest, dass eine Heilung nicht (mehr) möglich ist.

Homöopathische Medikamente werden aus Pflanzen, wie Arnika, Gänseblümchen, Fliegenpilz, oder tierischen Stoffen, wie Honigbiene, Tintenfisch, Tarantelspinne, hergestellt. Mineralische und metallische Stoffe wie Gold und Silber, Quecksilber, Natriumchlorid oder Schwefel sind weitere Ausgangsstoffe. Sterilisierte tierische Krankheitsprodukte, wie Sekrete oder Gewebeteile, Bazillenkulturen, Krebsmaterial oder fauliges Rindfleisch, sind die Basis für die Nosoden. Sie gehören zur Isopathie mit dem Prinzip Gleiches mit Gleichem zu heilen (nicht wie in der Homöopathie Ähnliches mit Ähnlichem).

Alle Mittel werden mit ihrem **lateinischen Namen** bezeichnet und dieser oft abgekürzt. Beispiel: blauer Eisenhut, Aconitum napellus, Kurzform Aconitum oder Aconit oder abgekürzt Acon.

Aus der Vielfalt der Ausgangsstoffe entsteht nach den Herstellungsregeln das homöopathische Mittel mit einer **Trägersubstanz** (Milchzucker (Laktose), Wasser oder Alkohol). Diese Verarbeitung besteht aus einer stufenweise fortschreitenden *Verdünnung* des Stoffes bei einer gleichzeitigen Verschüttelung oder Verreibung mit dem Trägerstoff.

Diese ***Verdünnung*** kann im Verhältnis 1:10, also in einer Dezimal- oder **D-Potenz** erfolgen oder im Verhältnis 1:100, einer Centesimal- oder **C-Potenz**. Es gibt eine 1:50 000 Verarbeitung, die LM- oder Q-Potenz. Bei einer D-Potenz wird 1 Tropfen der Ursubstanz mit neun Teilen der Trägersubstanz, beispielsweise Alkohol, in eine kleine Flasche gefüllt. Diese wird dann 10 Mal auf eine feste, federnde Unterlage gestoßen und man hat den Ausgangsstoff in D1. Im nächsten Arbeitsschritt nimmt man 1 Tropfen der D1 und füllt wieder mit 9 Tropfen Alkohol auf, schlägt diese Mischung 10 Mal auf die Unterlage und hat jetzt eine D2. Diese Schritte wiederholt man von einer Potenzierungsstufe zur nächsten, bis man die gewünschte Höhe, sagen wir eine D12 oder D30 erreicht hat.

Diese Kombination von Verdünnung mit Verschüttelung oder Verreibung bei einer festen Trägersubstanz nannte Hahnemann ***Potenzierung***, da das lateinische Wort *potentia* Kraftentfaltung bedeutet. Eine Urtinktur wird mit dem Zeichen Θ dargestellt und ist die am wenigsten verdünnte, flüssige Form und die Grundlage der Potenzen.

Das **Besondere an der Homöopathie** ist diese stoffliche Verdünnung des Ausgangsmaterials, deren Energiegehalt bei jeder Potenzierungsstufe wächst. Die Information oder Prägung des Ursprungsstoffes wird bei den Arbeitsschritten übertragen und verstärkt. Giftige Substanzen wie Arsen oder Schlangengifte stellen deswegen kein Risiko einer Vergiftung dar. Der Wirkstoffgehalt sinkt bis zu der Lohschmidt'schen- oder Avogadro-Zahl bei D23 und in den folgenden Potenzen ist kein Molekül des Ausgangsstoffes mehr. Hier ist der Übergang von der materiellen in die immaterielle Potenz. Die geistartige, dynamische Qualität steigt mit zunehmender Potenzhöhe.

Allgemein ist es nicht wichtig (hier gibt es unzählige Meinungen und Erklärungen), ob man eine D- oder C-Potenz einsetzt, da die Anzahl der Potenzierungsschritte von Bedeutung ist. Die D-Potenzen werden meist bis zur D30 eingesetzt.

Man unterscheidet zwischen **Tief-, Mittel- und Hochpotenzen**. Die Übergänge sind fließend und die Angaben in der Literatur unterschiedlich.

Tiefpotenzen reichen von der Urtinktur bis zu D oder C12. Die mittleren Potenzen von D oder C12 bis zu D oder C30. Die Hochpotenzen liegen über D oder C30 und sind D bzw. C200/1 000/10 000.

Sie kaufen homöopathische Mittel in der Apotheke und bei den Herstellern oder stellen Sie selbst her. Das ist nicht schwierig und kompliziert, benötigt aber viel Zeit und Ruhe.

Eine Verletzung am Bein erfordert weniger Detektivarbeit bei der Mittelwahl als eine unklare Schwäche oder ein Abmagern des Tieres. Im ersten Fall sucht man das Medikament aufgrund der **Lokalsymptome**, der Art der Blutung, Schmerzen ja oder nein, Aussehen der Wunde und Ursache der Verletzung.

Im zweiten Fall arbeiten Sie **klassisch homöopathisch** oder holen sich die Hilfe eines Homöopathen dazu. Wir suchen das Mittel, dessen Arzneimittelbild genau den Symptomen und der Gesamtheit des Tieres entspricht.

Konstitutionsmittel sind auf diese Gesamtheit zugeschnitten und immer hilfreich, egal um welche Krankheit es sich handelt. Sie helfen bei chronischen Erkrankungen.

Beispiele sind Sulfur, Thuja, Lycopodium, Calcium carbonicum.

Für die Praxis und den Anfänger eignet sich die **klinische Homöopathie**, die einen starken Bezug und eine Wirkung auf eine Organgruppe oder Organe hat, und die organotropen Mittel.

Ein Beispiel ist Crataegus, der Weißdorn, der auf das Herz-Kreislauf-System zielt, oder Podophyllum, das Fußblatt oder der Maiapfel, das auf den Magen-Darm-Trakt und die Leber wirkt. Zur Stärkung des Kreislaufs greifen Sie zu Crataegus und zur Behandlung eines Durchfalls zu Podophyllum.

Die **bewährten Indikationen** sind Mittel, die sich in der Vergangenheit und aus Erfahrung bei speziellen Erkrankungen bestätigt haben. Sie sind eine Art Hausmittel, auf die man immer wieder gerne und mit Erfolg zurückgreift. Dies widerspricht der klassischen Homöopathie, weil man nicht exakt repertorisiert, aber ist praxistauglich.

Zwischen- oder Reaktionsmittel sind eine Möglichkeit des Resettens, wenn bei einer länger dauernden Behandlung die Reaktion des Tieres nur langsam und verzögert abläuft.

Nosoden werden bei einer entsprechenden Infektion in der Vorgeschichte des Tieres und seiner Vorfahren gegeben, wenn eine Ähnlichkeit zwischen Erkrankung und Arzneimittelbild der Nosode besteht. Nosoden können Zwischenmittel sein, wenn die Reaktion ausbleibt oder eine erbliche Belastung vermutet wird. Es gibt u. a. die Pasteurellen- oder Salmonellen-Nosode, ein Chlostridien-Nosode oder eine Escherichia-coli-Nosode.

Wichtig: *Eine Nosode nur in Absprache mit dem Therapeuten geben, nicht als Mittel der ersten Wahl, nicht bei hochakuten oder schweren Erkrankungen und nicht in einer niedrigen Potenz. Die Nosode wird kurzfristig und nicht häufig gegeben. Es ist ratsamer, das Konstitutionsmittel auszuwählen und es dann mit der Nosode*

zu kombinieren.

Antidote sind Gegenmittel, die die Wirkung eines Mittels verändern oder aufheben. Dies sind beispielsweise Nux vomica und Coffea oder Belladonna und Opium. Camphora hebt die Wirkung aller homöopathischen Mittel auf und das auch in der stofflichen Form des Kampfers.
Ätherische Öle können ebenso die Wirkung der Homöopathie aufheben, hier auf die zeitgleiche Kombination von ätherischem Öl und Globuli verzichten.

Neben der Verabreichung eines Einzelmittels ist es oft sinnvoll, mehrere Mittel zu kombinieren, wenn sie sich ergänzen und harmonieren. Dies finden wir in den bewährten **Kombinations- oder Komplexmitteln**. Es gibt Mittelfolgen, die in zeitlichen Abständen verabreicht werden, und Mittel, die gut aufeinanderfolgen.

Beispiel: Nux vomica und Phosphor.

Nach der Auswahl des Mittels suchen Sie die Potenzhöhe. Es gibt Tiefpotenzen von der Urtinktur (Θ) bis zur D12 oder C6 für akute Krankheiten.
Die mittleren Potenzen von D12 oder C6 bis zur D30 oder C12 nehmen wir bei subakuten Erkrankungen.

Die Hochpotenzen ab D30 oder C12 setzen wir für die Behandlung chronischer Erkrankungen ein.

Ist eine Krankheit akut, hat Ihr Tier plötzlich Husten, Durchfall oder eine Entzündung, wählen Sie ein Mittel mit Bezug auf das betreffende Organ, nehmen wir Lunge, Magen-Darm oder Haut, die bewährten Indikationen und eine **niedrige Potenz**. Diese wirkt kurz und wird häufig wiederholt, bis eine Verbesserung des Zustands des Tieres eintritt.

Mittlere Potenzen regeln die Organfunktion, beispielsweise die Arbeit des Magen-Darmtraktes, der Leber oder Nieren.

Hohe Potenzen sind bei **chronischen Erkrankungen** wichtig. Sie sprechen das ganze Tier auf allen Ebenen an und heilen nachhaltig. Sie werden 1 Mal gegeben und erst nach einiger Zeit wiederholt. Hochpotenzen sind von erfahrenen Homöopathen zu verordnen und bei schwachen Tieren, deren Organe schon Schaden erlitten haben, ist Vorsicht angesagt.

Die **bewährten Potenzen** sind die Parallele zu den bewährten Indikationen und eine Hilfestellung für den Anfänger. Bei den Tiefpotenzen sind dies die 6., die 12. und die 30. Potenz.

Bei den Hochpotenzen sind es die 200., die 1 000. (oder M für Mille), die 10 000. (XM, d. h. X (10) Mal Mille) und die 100 000. Potenz (CM-Potenz, C mal M, 100 mal 1 000).

Die **Verabreichung** an das Einzeltier oder die Tiergruppe erfolgt in Abhängigkeit von Stall und Haltung, der Erkrankung und den alltagstauglichen Möglichkeiten. Da diese Medikamente in verschiedenen Zubereitungsarten erhältlich sind, suchen Sie sich die praktischste Form aus.

Es gibt Dilutionen, flüssige Zubereitungen der Urtinktur, mit 30 %igem Äthylalkohol als Träger. Manche Tiere vertragen Alkohol nicht und die Dilution wird stark verdünnt mit etwa 3–5 Tropfen auf 100 ml Wasser. Davon geben Sie dem Tier einige Tropfen bis Milliliter ins Maul, ins Trinkwasser oder Futter, auf ein Leckerchen oder kleines Stück trockenes Brot, besprühen es damit oder reiben es in eine haarlose Stelle ein.

Globuli sind die Milchzuckerkügelchen, die mit der Dilution des homöopathischen Mittels besprüht wurden. Sie geben die Globuli pur oder lösen sie zum Eingeben in Wasser auf. Zum Besprühen geben Sie in eine kleine Sprühflasche etwa 250 ml handwarmes Wasser und lösen darin 5–8 Globuli auf. Die Homöopathie wirkt über die Mundschleimhaut, Haut oder bei der Aufnahme im Wasser oder Futter über die Schleimhaut im Verdauungsapparat.

Es gibt Ampullen zur Injektion mit sterilem Inhalt, die Sie dem Tier spritzen oder wie die Dilution oder Globuli einsetzen.

Die äußerliche Anwendung geht über Tinkturen für Angüsse und Wickel, es gibt Salben und Wundpulver.

Wie oft Sie ein Mittel geben bzw. wann die erste Gabe wiederholt wird, ist von Fall zu Fall zu entscheiden. Verabreichen Sie das Mittel über die Tränke oder das Futter, wird es kontinuierlich aufgenommen, bis das Wasser oder Futter aufgebraucht ist und sooft das Tier trinkt oder frisst.

Verabreicht man das Mittel gezielt, richten Sie sich nach der Art der Erkrankung und der Reaktion auf die erste Gabe, dem gewählten Mittel und der Potenzhöhe.

Bei einer **akuten Erkrankung** gibt man das Medikament jede Viertel- oder Halbestunde. Nach einigen Gaben soll eine Reaktion zu sehen sein. Es kann eine Erstreaktion auftreten, die Symptome verschlimmern sich für kurze Zeit. Ansonsten tritt eine Verbesserung ein und Sie beobachten weiter.

Stagniert alles, wechseln Sie bei demselben Mittel zu einer höheren Potenz. Wird der Zustand weiter besser und das Tier ist gesund, beenden Sie die Behandlung. Bleiben noch einige Symptome, wechseln Sie zu einer höheren Potenz. Eine schwere Akuterkrankung mit Fieber, verbraucht die Mittel schneller und eine Wiederholung ist eher notwendig. Ist das ausgewählte Mittel nicht das genaue Simile und eine exakte Übereinstimmung, bringt die Summe der Arzneimittelreize die Heilung in Gang.

Bei **hochakuten Fällen**, wie Schock oder Unfall, geben Sie das Mittel in Tiefpotenz alle paar Minuten bis zur Besserung.

Wichtig ist hier die **genaue Beobachtung** des Tieres. Man sollte nicht Globuli geben und dies wiederholen, ohne die Zeit zu einer Reaktion zu lassen! Bei einem chronischen Fall oder in der Erholungsphase wählen Sie das und gebe dies in Hochpotenz 1–2 Mal in der Woche über 4–6 Wochen – mit der Reaktion des Tieres im Blick.

Dosierung: Bei der immer wieder gestellten Frage der Dosierung gibt es wie bei den Potenzen nur Anhaltspunkte, denn Sie werden überall unterschiedliche Angaben finden. Da die Homöopathie eine Informationsmedizin ist, zählt weniger die Menge als das Mittel selbst und seine Potenz. Vertrauen Sie Gefühl und Intuition und bedenken Sie, dass viel nicht viel helfen muss!

Pro Einzeltier reichen 1–2 Globuli, im Wasser gegeben, reichen auf ½ Liter etwa 10 Globuli oder Tropfen. Verabreichen Sie die Homöopathie über einen Wasservorratsbehälter, geben Sie mehrmals täglich 10–20 ml dieses *Homöopathie-Wassers* dazu.

Die **Aufbewahrung** der homöopathischen Mittel soll trocken, lichtgeschützt, bei moderaten Temperaturen, abseits von elektromagnetischen Spannungsfeldern und stark riechenden Stoffen sein. Die Mittel verderben nicht, jedoch ein Ablaufdatum ist aus gesetzlichen Gründen angegeben.

„Notfallapotheke“ von A bis Z mit Einzel- und Kombimitteln

Abszess: Belladonna, Calcium fluoratum, Echinacea, Gunpowder, Hepar sulfuris, Mercurius solubilis, Myristica sebifera, Silicea

Akute Angst: Aconitum, Arnica, Coffea, Phosphor

Atemnot: Belladonna, Cactus, Carbo vegetabilis, Crataegus, Lachesis, Phosphor

Auftreibung, Blähung: Abrotanum, Calcium carbonicum, Carbo vegetabilis, China, Kalium carbonicum, Lycopodium, Sulfur

Blitzschlag: Phosphor (auch bei Schock mit Elektrizität)

Durchfall: Antimonium crudum, Argentum nitricum, Arsenicum, Calcium carbonicum, Carbo vegetabilis, Chamomilla, China, Colocynthis, Ferrum phosphoricum, Ipecacuanha, Lycopodium, Magnesium carbonicum, Mercurius solubilis, Okoubaka, Phosphor, Podophyllum, Secale, Silicea, Sulfur, Veratrum

Fieber: Aconitum, Arsenicum, Belladonna, Bryonia, Echinacea, Eupatorium perfoliatum, Ferrum phosphoricum, Gelsemium, Lachesis, Pyrogenium, Sulfur, Veratrum

Bluterguss (Hämatom): Arnica, Hamamelis, Calcium fluoratum, Phosphor, Secale, Silicea

Blutung: Aconitum, Arnica, Ferrum phosphoricum, Hamamelis, Ipecacuanha, Millefolium

Blutverlust: China, Hamamelis

Entzündungsmittel allgemein: DHU: Laseptal-N; Heel: Echinacea compositum, Euphorbium compositum, Gripp-Heel, Lachesis compositum, Engystol (Viren); Reckeweg: ReVet 3a und 3c (Atemwege), ReVet 11; Supra-Cell: SC 30 und SC 50; Ziegler: Lachesis logoplex, Tarantula logoplex; Biokanol: Staphylosal Nr. 10

Erfrierung: Abrotanum, Camphora

Fremdkörper in der Haut: Silicea

Gehirnerschütterung: Arnica, Belladonna, Hypericum, Opium

Hautriss: Calendula, Hypericum

Hautschnitt: Arnica, Calendula, Hamamelis, Millefolium, Staphisagria

Herz-Mittel: Adonis vernalis, Cactus, Camphora, Convallaria, Crataegus, Digitalis, Kalium carbonicum, Lachesis, Laurocerasus, Strophantus; Kombinationsmittel: Heel: Cactus compositum, Strophantus compositum, Cor suis compositum; Reckweg: ReVet 4; Ziegler: Crataegus-logoplex; Biokanol: Regucoronar H

Hitzschlag: Aconitum (mit Unruhe und Angst), Belladonna (starker Puls, weite Augen)

Immunsystem: Das Hauptmittel Echinacea oder Umckaloabo und unterstützende Mittel, wie Calcium carbonicum, Echinacea (gut in Kombination geben), Ferrum phosphoricum, Propolis, Psorinum, Sulfur, Tuberculinum, Vincetoxicum; Kombinationmittel: DHU: Viruvetsan-N; Heel: Echinacea compositum, Engystol, Gripp-Heel, Lachesis compositum, Galium-Heel oder Galium compositum; Schaette: Immulon; Ziegler; Biokanol: Regu-Immun

Infektion: Arnica, Arsenicum, Echinacea, Hepar sulfuris, Lachesis, Pyrogenium (Lachesis im Wechsel mit Pyrogenium)

Kollaps: Arsenicum, Borax, Camphora, Carbo vegetabilis, China, Veratrum

Lähmung: Causticum, Gelsemium, Hypericum, Zincum

Leber-Mittel: Carduus marianus, Chelidonium, Colocynthis, Flor de piedra, Lycopodium, Nux vomica, Okoubaka, Phosphor, Sulfur, Taraxacum; Kombinationsmittel: Heel: Hepar compositum, Carduus compositum; PlantaVet: Hepar comp. PLV; Reckeweg: ReVet 5; Ziegler: Flor de piedra-logoplex, Nux vomica-logoplex; Biokanol: Hepavet Nr. 22

Lymphsystem: Abrotanum, Calcium carbonicum, Calcium phosphoricum, Ferrum phosphoricum, Mercurius solubilis, Silicea, Sulfur; Kombinationsmittel: Heel: Lymphomyosot, dazu Coenzyme compositum, Ubichinon compositum, auch Galium-Heel oder Galium compositum

Magen-Darm-Mittel: Abrotanum, Aethusa, Arsenicum, Chamomilla, Colocynthis, Ferrum phosphoricum, Nux vomica, Okoubaka, Phosphor, Podophyllum, Rheum, Sulfur, Veratrum; Kombinationsmittel: DHU: Spasmovetsan-S; Heel: Diarheel, Duodenohell, Gastricumeel, Mucosa compositum; Supra-Cell: SC 70; Reckeweg: ReVet 5, ReVet 6 und ReVet 12; Ziegler: Nux vomica-logoplex, Okoubaka-logoplex; Biokanol: Dysenteral Nr.8, Ferrosal Nr. 17, Regu-Enteral, Regugastrin

Nieren-Mittel: Apis, Berberis, Cantharis, Phosphor, Solidago
Kombinationsmittel: Heel: Solidago compositum, Cantharis compositum, Reneel NT; PlantaVet: Renes/Viscum comp. PLV; Reckeweg: ReVet18; Ziegler: Solidago-logoplex (Globuli)

Ödem: Adonis, Apis, Arsenicum, Apocynum

Quetschung: Arnica, Bellis perennis, Hamamelis, Ledum, Phosphor, Rhus toxicodendron, Ruta, Symphytum

Schmerzen: Aconitum, Arnica, Chamomilla, Coffea, Colocynthis, Hepar sulfuris, Hypericum, Staphisagria

Schock: Aconitum, Arnica, Camphora, Carbo vegetabilis, Coffea, Ipecacuanha, Lachesis, Phosphor, Veratrum

Stichverletzung: Ledum

Verbrennung: Apis, Aristolochia, Arsenicum, Cantharis, Hypericum, Sol, Urtica urens

Vergiftung: Nux vomica, Okoubaka

Verletzung: Aconitum, Anagallis arvensis, Arnica, Calendula, Bellis perennis, Hamamelis, Hypericum, Ledum, Rhus toxicodendron, Ruta, Silicea, Staphisagria, Symphytum

Verletzung am Auge: Aconitum, Arnica, Calendula, Euphrasia, Hypericum, Ledum, Ruta, Silicea, Symphytum

Verletzung der Gelenke und Knochen: Arnica, Bellis perennis, Calcium carbonicum, Calcium fluoratum, Hypericum, Ruta, Rhus toxicodendron, Silicea, Symphytum (Tiefpotenz)

Verletzung der Muskeln: Arnica, Bellis perennis, Calendula, Pulsatilla, Rhus toxicodendron, Ruta, Symphytum

Verletzung der Nerven: Arnica, Bellis perennis, Calendula, Chamomilla, Hypericum, Phosphor

Verletzung allgemein: Heel: Traumeel, Causticum compositum; Reckeweg: ReVet 11 und ReVet 24 (Mundschleimhautentzündung), ReVet 25; Supra-Cell: SC 40; Ziegler: Arnica-logoplex, TR16 logoplex NOVO oder Tarantula logoplex, Biokanol: Sangostyptal Nr. 16 (Blutungen)

Wunden nach chirurgischem Eingriff: Arnica, Hamamelis, Hypericum, Staphisagria

Wichtig:

Nux vomica ist kein Mittel für trächtige Tiere.

Sulfur ist ein großartiges Reinigungsmittel.

Caulophyllum ist ein homöopathisches Wehenmittel und ähnelt in seiner Wirkung dem Oxytocin.

Silicea nicht bei Tieren mit Implantaten, da höhere Potenzen (ab C30) das Implantat abstoßen können. Silicea ein gutes Mittel zum Ausheilen, nach Operation und schwerer Krankheit.

Homöopathie zur äußerlichen Anwendung:

Arnica-Salbe bei gequetschtem und traumatisiertem Gewebe ohne Hautverletzung

Aristolochia-Extrakt oder -Salbe bei Verbrennung und Sonnenbrand

Calendula-Salbe bei wunder und verletzter Haut

Euphrasia-Urtinktur zur Behandlung von Augenproblemen

Ruta-Salbe bei Bänder- und Sehnenverletzungen

Hamamelis-Tinktur zur Behandlung von Blutungen

Kurz und knapp: Das riesige Feld der Homöopathie, wo soll ich einsteigen, was kann ich wagen und welche Mittel sind für meine Tiere die richtigen? Starten Sie mit einigen Verletzungsmitteln, ob das Einzelmittel Arnica oder Apis oder das bewährte Traumeel, und arbeiten Sie sich in kleinen Schritten in die Materie ein. Suchen Sie die homöopathische Ausrichtung, die Ihnen liegt, egal ob es die bewährten und oft belächelten Kombinationsmittel sind oder Einzelmittel, die Ihnen zu einem Durchbruch verholfen haben und ein Tier wieder gesund machten.

geeignet für: 

Honig

Bei Honig denken wir an Bienen und Sommerblumen. Aber Honig ist mehr als süß und klebrig. Honig ist in vielen Haushalten und Küchen vorhanden, und ein Heilmittel, eine wertvolle Hilfe im Erkrankungsfall. Bitte keinen minderwertigen und billigen Honig aus dem Discounter nehmen, sondern vom Imker vor Ort oder die medizinische Variante aus der Apotheke.

Honig liefert schnell Energie, denn er besteht zu 80 % aus Zucker. Daneben finden wir viele gesunde Inhaltsstoffe, wie Mineralstoffe, Enzyme, Aminosäuren, organische Säuren und sekundäre Pflanzenstoffe. Die fleißigen Bienen sammeln Nektar und zuckerhaltigen Pflanzensaft aus den Blüten für ihren Stoffwechsel und als Kraftstoff zum Fliegen. Honig kann außerdem vom *Honigtau* stammen, einem Sekret von Schild- und Blattläusen. Der Nektar wird in den Bienenstock gebracht, zu Honig weiter verarbeitet und in den Waben als Vorrat verteilt.

Der süße und heilende Honig wirkt gegen Bakterien, Viren und Pilze sowie Entzündungen. Ein Hausmittel bei leichten Verletzungen und Hautproblemen, Magen-Darm-Erkrankungen, Erkältungen und Infektionen.

Medihoney wurde 2005 als Medizinprodukt zugelassen und ist eine keimfreie Honigmischung aus der Apotheke oder dem Fachhandel. Er hemmt Entzündungen, ist antibakteriell, schützt die Wunde und fördert die Heilung, reduziert die Bildung von Narbengewebe und schafft ein gutes Wundheilungsmilieu. Medizinischer Honig hilft bei akuten und chronischen Wunden oder OP-Wunden, tiefen Verletzungen, Verbrennungen, bei Fisteln und Nekrosen.

Honig-Tipps: Bei Husten und Erkältungen bieten Sie dem Tier warmes Wasser oder einen Kräutertee mit darin aufgelöstem Honig an. Den Honig nicht im kochend heißen Wasser auflösen, sondern etwas abkühlen, da die hohe Temperatur die Inhaltsstoffe zerstört.
Bei Hautproblemen lösen Sie Honig mit einer kleinen Menge warmem Wasser und bestreichen die Bereiche mit Schuppen, Pilzbefall, Juckreiz,

Bläschen oder Haarausfall 1–2 Mal täglich, nachdem Sie diese gereinigt haben. Später werden die Honigabwaschungen 1 Mal in der Woche fortgesetzt, bis die Heilung perfekt ist. Parallel wird der Auslöser der Hautprobleme gesucht und behandelt.

Ist die Verdauung betroffen, haben die Tiere neben den Hautproblemen oftmals Durchfall. Bei kleinen Tieren oder Jungtieren und in schweren Fällen bedeutet dies einen hohen Flüssigkeits- und Mineralstoffverlust. Hier stärkt eine Extraportion Honig im Trinkwasser. Honig hat eine positive Wirkung auf die Darmflora, im Gegensatz zum normalen Zucker und trotz des hohen Zuckeranteils, was auf seiner speziellen Zusammensetzung beruht.

Dosierung: Als Dosierung können Sie für kleine Tiere ½ Teelöffel nehmen, bei mittelgroßen 1 Teelöffel und große Tiere bekommen 1 Esslöffel.

Wichtig: *Honig wird nicht für menschliche Säuglinge empfohlen, da er wie Ahornsirup und Maissirup das Bakterium Clostridium botulinum enthalten kann, dem die sich entwickelnde Darmflora des Kindes nicht gewachsen ist. Geben Sie deswegen sehr jungen Tieren vorsichtshalber keinen Honig.*

Extra-Info: *Blütenhonig wird von Bienen hergestellt, die viele Raps-, Klee-, Löwenzahn- und andere Blüten finden oder in Obstwiesen oder Lindenalleen fliegen. Die strenge Trennung zwischen den Blütenhonigsorten ist in der Regel nicht möglich, da die Bienen eines Stockes nicht nur eine Blütensorte anfliegen, sondern das gesamte Blütenspektrum in ihrer Umgebung besuchen.*

Der **Waldhonig** ist ein Honigtauhonig, kommt aus den Waldgebieten und wird aus dem Sekret der Blattläuse an Bäumen hergestellt. Er ist dunkler und hat einen kräftigen Geschmack.

Manukahonig ist eine Spezialität, denn er kommt von den Blüten des neuseeländischen Manukastrauchs, der mit dem australischen Teebaum verwandt ist. Dieser Honig hat eine große antibakterielle und antimykotische Kraft. Der Jellybushhonig ist heilkräftig und kandiert geleeartig.

Tipp: Die Zugabe von ätherischen Ölen, pulverisierten Pflanzenextrakten und Propolis erhöht die Wirkung des Honigs. Geben Sie auf 50 g Honig 5–15 Tropfen eines ätherischen Öls, beispielsweise Manuka-, Teebaum-, Lavendelöl oder Propolis.

Eine gute Kombination für das Herz ist die Mischung von Honig und Weißdornextrakt. Bei Ermüdung hilft Honig mit Ginsengwurzel und bei Husten Honig mit einigen Tropfen Fenchel- oder Eukalyptusöl.

Kurz und knapp: Honig hat fast jeder im Haus oder sollte sich jetzt bei einem Imker in seiner Nähe welchen kaufen. Ein Hausmittel, äußerlich und innerlich einzusetzen, und hilfreich.

geeignet für: 

Hydrolate

Hydrolate sind ein wenig bekanntes Nebenprodukt der Wasserdampfdestillation von Pflanzen zum ätherischen Öl. Es wird als Hydrosol, Aroma- oder Pflanzenwasser, Aqua aromatica oder Aquarom bezeichnet.

Das Pflanzenwasser ist Bestandteil der Aromatherapie und Kräuterheilkunde, eine ganz natürliche und sanfte Therapie. Früher waren die Hydrolate geschätzter und wichtiger als die ätherischen Öle, heute sind sie ein wenig in Vergessenheit geraten. Im Hydrolat finden wir die wasserlöslichen und flüchtigen Inhaltsstoffe der Pflanze und einen geringen Teil des ätherischen Öls in emulgierter Form.

Wichtig: *Bei Produkten mit dem Begriff „Wasser“ handelt es sich nicht immer um ein Hydrolat, sondern einfach um destilliertes Wasser mit einigen Tropfen ätherischem Öl. Sie stellen den Unterschied fest, indem Sie ein wenig des* ***Wassers*** *in ein klares, durchsichtiges Glas geben und sehen, ob die Flüssigkeit klar, ohne Schlieren und öligen Film am Rand ist. Dann haben Sie ein echtes Hydrolat mit angenehmem Geruch und erstklassiger Qualität und mehr als nur Wasser.*

Hydrolate sind für empfindliche Tiere geeignet, für Jungtiere und erkrankte Tiere. Sie wirken sanft und sind überaus hautverträglich. Verwenden Sie Hydrolate für Kompressen bei Verletzungen und Prellungen oder bei Fieber, stellen Sie Cremes oder Lotionen her oder verabreichen Sie Hydrolate innerlich. Sie wirken konzentrierter und stärker als Tee und werden für den innerlichen und äußerlichen Gebrauch verdünnt (20 ml in 1 Liter Wasser). Lagern Sie das Hydrolat dunkel und kühl. Dann ist der Inhalt sicher zwei Jahre haltbar, aber hier gibt es je nach der Sorte große Unterschiede und die Flaschen sollen regelmäßig kontrolliert werden.

Tipp: *Es ist möglich, Hydrolate selbst herzustellen. Das ist Arbeit und erfordert eine Grundausstattung an technischer Apparatur und Hintergrundinfo, aber es ist machbar und Sie wissen genau, welche Qualität in Ihrer Flasche ist. Beim Einkauf fertiger Hydrolate achten Sie auf erstklassige und renommierte Hersteller.*

Arnika-Hydrolat ist ähnlich wie Arnika-Tinktur ein Mittel zur Wundheilung und Desinfektion, für Kompressen bei Verstauchungen und Verletzungen.

Birken-Hydrolat ist ein *Haut-Wasser* zur Behandlung von Schuppen, Fellproblemen, Haarausfall und zur Haarpflege.

Ähnlich wirkt das **Brennnessel-Hydrolat**.

Echinacea- oder Sonnenhut-Hydrolat ist ein vorbeugendes Mittel gegen Infektionen, bei Erkältungen und Entzündungen.

Hamamelis-Hydrolat, das Wasser der Zaubernuss, ist heilsam für die Haut, hilft als Umschlag bei Ödemen, Schwellungen und Sonnenbrand und beim Desinfizieren kleiner Verletzungen.

Lavendel-Hydrolat riecht anders als Lavendel-Öl, ist aber ebenso vielseitig. Es wirkt gegen Entzündungen und Infektionen und beruhigt.

Mädesüß-Hydrolat ist ein Immunsystem-Wasser wie der Mädesüß-Tee. Waschungen mit diesem Hydrolat helfen bei Gelenkschmerzen.

Melissen-Hydrolat lindert Unruhe und Stress und hilft bei Hautproblemen, Augenbindehautentzündung und Magen-Darm-Problemen.

Myrten-Hydrolat ist prima bei Erkältungen, Bronchitis und Asthma, denn es löst den Schleim und fördert den Auswurf.

Rosen-Hydrolat ist ebenso vielfältig wie der Lavendel und Sie setzen es bei Entzündungen, Hautproblemen, Schwellungen, Insektenstichen und Fieber ein. Innerlich ist es ein Mittel für die Darmaktivität und das Immunsystem.

Teebaum-Hydrolat riecht und wirkt wie ein sanftes Desinfektionsmittel. Es ist hilfreich bei der Versorgung von Verletzungen, zum Inhalieren bei Atemwegserkrankungen und stärkt die Immunkräfte. Dieses Hydrolat hilft bei Hautproblemen, Schuppen und fettigem Fell. Es lindert Juckreiz und Schmerzen und ist Basis für einen Anti-Floh-Spray.

Wichtig: *Hydrolate werden manchmal zur besseren Haltbarkeit mit Alkohol und Konservierungsstoffen versetzt. Achten Sie beim Einkauf auf ein reines Hydrolat ohne Zusätze.*

Kurz und knapp: *Hydrolate sind die sanfte Variante der ätherischen Öle und können bei besonders empfindlichen und jungen Tieren ihren Einsatz finden. Hervorragend geeignet sind sie zur Herstellung von Pflegesalben.*

geeignet für: 

Kieselgur

Kieselerde und **Kieselgur** gelten traditionell als Mittel gegen brüchige Nägel, Hufe, Klauen und Haare und zur Kräftigung des Bindegewebes.

Wir unterscheiden: Kieselerde besteht aus verwittertem Gestein, ist feinkörnig und weiß und lässt sich im trockenen Zustand wie feuchter Sand formen. **Kieselgur** wird aus fossilen Kieselalgen hergestellt, ist eher bräunlich und pulverförmig und lässt sich nicht formen.

Beide werden vor allem wegen des darin enthaltenen Siliciums geschätzt. **Silicium** ist für den Zellaufbau, Zellstoffwechsel, Aufbau und Stärkung des Bindegewebes sowie des Immunsystems und für die Elastizität der Blutgefäße wichtig. Es stärkt die Haarstruktur und macht das Haar dicker und fester. Silicium fördert den Erhalt von Knorpeln und stabilisiert Sehnen und Bänder.

Für unsere Stallapotheke wenden wir uns **Kieselgur** zu, der e**chten Kieselerde** oder **Silicea terra**.

Wann wenden Sie es *äußerlich* an?

Bei Haut-, Haar- oder Federproblemen, zur Wundheilung und Bekämpfung von Außenparasiten. Der Puder trocknet die Krabbeltierchen aus und schadet ihnen, was innerhalb von einigen Tagen zum Tod der Parasiten führt.

Verabreichung: Nehmen Sie das trockene Pulver, bleiben Sie damit nah am Tier und verwenden Sie es sparsam. Der Staub soll – wie jeder Staub – nicht eingeatmet werden! Geben Sie ein wenig Pulver auf die Hand und reiben Sie es in die Haare oder Federn ein. Einen Zerstäuber halten Sie nahe am Tierkörper, damit nicht die Luft in Staub gehüllt wird und Mensch und Tier davon einatmen. Das Pulver wird nach einigen Tagen ausgebürstet. Liegeplätze und Körbchen werden ebenfalls mit Kieselgur von Parasiten befreit. Sparsam und ortsnah einpudern und nach 24 Stunden wieder absaugen.

Wofür verabreichen Sie Kieselgur *innerlich*?

Zur Förderung der Knochenbildung, des Huf- oder Klauenwachstums, Bindegewebes, Bewegungsapparates und zur Entgiftung und Parasitenbekämpfung. Zur Wurmbekämpfung geben Sie dem Tier etwa einen Monat Kieselgur, bei Bandwurmbefall mindestens zwei Monate und bei Lungenwürmern drei Monate. (Kontrolluntersuchungen sind wichtig!)

Dosierung: Die Dosierung bei innerlicher Anwendung als *Anti-Wurmkur* für Hunde liegt bei etwa 4 g für kleine Hunde, das entspricht etwa 1 Teelöffel. Mittelgroße Hunde mit 10–35 kg Gewicht bekommen 1–2 Teelöffel und sehr große Hunde ½–1 Esslöffel. Ein Über-50-kg-Hund braucht bis zu 2 Esslöffeln Kieselgur, das entspricht etwa 30 g. Leichtere Katzen mit 5 kg Gewicht bekommen ½ Teelöffel und große Katzen mit über 5 kg Körpergewicht 1 Teelöffel Kieselgur.

Als **normale Tagesdosis** (nicht gegen Würmer!) reicht bei leichteren Katzen 1 Messerspitze von etwa ½ g und bei größeren ¼ Teelöffel mit etwa 1 g. Kleine Hunde erhalten ebenso viel, mittelgroße Hunde 1–2 Teelöffel und die ganz großen Hunde bis zu 1 gestrichenen Esslöffel. Ponys benötigen 10–20 g am Tag und Großpferde bis 30 g.

Extra-Tipp: *In der Homöopathie und bei den Schüssler-Salzen haben wir das Mittel* ***Silicea****. Hier wird weniger stofflich therapiert, sondern informativ. Die Anwendungsgebiete sind aber ähnlich. Silicea ist ein Mittel für das zentrale Nervensystem, für Haut und Schleimhaut und das Lymphsystem. Es wird bei schlechtem Futterzustand und Mineralstoffwechsel gegeben, bei Erkältungsneigung, Entzündungen, Neigung zu Eiterung und es fördert die Abstoßung von Fremdkörpern aus dem Gewebe.*

Kurz und knapp: *Wenn ab jetzt eine Packung Kieselerde in Ihrer Stallapotheke steht, haben Sie nicht nur eine Erste Hilfe gegen Flöhe beim Hund und Milben beim Geflügel zur Hand, sondern auch eine Möglichkeit, ohne „chemische Keule" den Innenparasiten Ihres Ponys zu begegnen.*

geeignet für:

Knospenmittel

Die Knospenmittel der Gemmotherapie sind nicht nur eine Frühjahrskur. Die Kraft und Energie des geballten Frühlings findet sich in diesen Mitteln und das während des ganzen Jahres. Ich liebe diese Knospenmittel, sie schmecken gut, ich stelle sie selber her, sofern ich die Pflanzen in meinem Umfeld habe. Sie wirken sanft und auf verschiedenen Ebenen und fügen sich prima in viele Therapiekonzepte ein.

Die Gemmotherapie ist eine Heilmethode, bei der die Mittel aus frischen, im Wachstum befindlichen Pflanzenteilen, wie Knospen, jungen Triebsprossen sowie Schösslingen und Wurzelspitzen, hergestellt werden. In diesem Embryonalgewebe ist die Lebens- und Wachstumskraft der Pflanze in hochkonzentrierter Form vorhanden und anders als in der klassischen Pflanzenheilkunde, wo ausgewachsene Pflanzenteile, Blüten, Früchte und Wurzeln verarbeitet werden, kommen hier die jungen Teile in die Medikamente.

Wichtig: Nutzen Sie im Frühjahr die Möglichkeit, Ihren Tieren frisches Grün, junge Zweige und Äste mit Knospen und kleinen Blättern anzubieten. Egal ob Zwergkaninchen oder Pony, alle haben Heißhunger auf frisch und saftig und auf die geballte Kraft und Energie des Frühlings. Wichtig ist ein grundlegendes botanisches Wissen, was gesund ist und was giftig.

Einige Knospenmittel und ihre Haupteinsatzgebiete:

Edeltanne oder Weißtanne, *Abies alba*, ist ein Jungtiermittel, günstig für die Entwicklung der Knochen, die Blutbildung, die Schleimhäute der Atemwege und das Lymph- und Immunsystem.

Eiche oder Stieleiche, *Quercus robur*, dient der Stärkung der Fruchtbarkeit und des Organismus und hilft bei Magen-Darm-Problemen wie Durchfall oder Darmentzündung.

Esche, *Fraxinus excelsior*, stärkt die Nieren und unterstützt die Entgiftung, lindert Schmerzen und Entzündungen, Hitze und Fieber, regt die Lebenskraft an und festigt die Nerven.

Esskastanie, *Castanea sativa*, regt das Lymph- und Gefäßsystem an und hilft bei der Entgiftung und Entspannung von Magen, Darm und Gebärmutter.

Feigenbaum, *Ficus carica*, reguliert die „Stress-Achse", schützt die Schleimhaut der Verdauungswege und löst seelische Verletzungen.

Hängebirke, *Betula pendula*, wirkt stoffwechselanregend und entgiftend, regt die Nieren an und entsäuert, fördert den Knochenstoffwechsel, ist gegen Entzündungen, Schmerzen und Fieber.

Haselnuss, *Corylus avellana*, wirkt auf den Stoffwechsel und das Blut, steigert die Entgiftung über Niere und Lunge, ist ein wichtiges Mittel bei chronischen Atemwegserkrankungen und unterstützt alle anderen Knospenmittel.

Heckenrose, *Rosa canina*, wirkt gegen Entzündungen und Erkältungen, stärkt das Immunsystem und den Knochenstoffwechsel, ist schmerz- und krampflindernd, regt die Nebennieren an und steigert die Cortisolproduktion.

Heidelbeere, *Vaccinium myrtillus*, hat eine starke antioxidative Wirkung, ist gut für Gefäße und Schleimhaut, hilft bei Harnwegsinfektionen und Diabetes, stärkt das Auge und ist ein Altersmittel.

Himbeere, *Rubus idaeus*, ist das Mittel für weibliche Tiere und Darmprobleme, chronische Entzündungen und endokrine Entgleisungen sowie bei Allergien der Atemwege.

Mammutbaum, *Sequoiadendron giganteum*, stärkt das ganze Tier, hilft gegen das Altern, bei Knochen-und Gelenksproblemen.

Olivenbaum, *Olea europaea*, wirkt auf das Kreislaufsystem und den Stoffwechsel, ist antioxidativ und ein *Altersmittel*.

Preiselbeere, *Vaccinium vitis-idaea*, hat viele Wirkungen, u.a. auf das weibliche Hormonsystem, den Darm, den Knochenstoffwechsel, es reguliert den Basen-Säure-Haushalt und hilft bei Harnwegsinfektionen.

Rosmarin, *Rosmarinus officinalis*, unterstützt Leber und Galle, ist ein Antioxidans, *Entgifter und Erwärmer* des Körpers.

Schwarze Johannisbeere, *Ribes nigrum*, ist das am besten untersuchte Mittel und gilt als pflanzliches Kortison, es stimuliert die Nebennierenrindensekretion, die Ausschüttung von Cortisol steigt und es kommt zu einer entzündungshemmenden, abschwellenden und antiallergischen Wirkung. Angewandt wird es bei allen Formen von akuten und subakuten Entzündungen.

Silberlinde, *Tilia tomentosa*, ist gut für das Nervensystem, beruhigt und fördert den Schlaf, lindert Entzündungen und reinigt das Blut.

Wacholder, *Juniperus communis*, zur Stärkung von Leber, Nieren und Milz, ist allgemein stoffwechselanregend und entschlackend.

Walnussbaum, *Juglans regia*, unterstützt die Bauchspeicheldrüse, Haut und Schleimhaut und das Lymphsystem, hilft bei allen eitrigen Schleimhauterkrankungen, Darmparasiten und Pilzinfektionen der Haut und Schleimhaut.

Weinrebe, *Vitis vinifera*, unterstützt bei wiederkehrenden und chronischen Entzündungen, speziell der Gelenke, des Bindegewebes und Lymphsystems, regt die Leber an und wirkt verjüngend.

Wolliger Schneeball, *Viburnum lantana*, zielt auf die Atemwege, wirkt entspannend und stresslindernd, hilft bei Haut- und Atmungsproblemen durch Stress.

Tipps zum Selbermachen:

» Man sammelt die Knospen im sehr frühen Frühjahr, kurz vor dem und beim Aufspringen der Knospen, wenn diese noch fast geschlossen sind, aber das erste zarte Grün sichtbar wird. Der Zeitraum ist kurz, also muss man gut aufpassen, um den richtigen Zeitpunkt abzupassen. Sehr früh erntereif sind Ulme, Birke und Hasel. Dann kommen später die Kastanie und die Linde. Je nach Region, Lage und Wetter heißt es ab Ende Januar bis Ende März genau beobachten und immer wieder seine Knospen besuchen, um zu sehen, wie weit sie entwickelt sind.

» Eine Vorbereitung für den Einstieg in die Knospenmedizin im Winter macht Sinn. Sie verschaffen sich in Ruhe eine Übersicht der Zutaten, überlegen, welche Mittel Sie selber herstellen möchten und welche Pflanzen Sie in Ihrem Umfeld finden.

» Im Sommerhalbjahr fällt die Bestimmung der Bäume oder Sträucher mit den Blättern und Blüten leichter. Wir stellen mit den gesammelten Knospen und einer Mazeration unser Heilmittel her, das heißt, wir lösen die wirksamen Inhaltsstoffe aus den Knospen ohne Wärmezufuhr. Dies ist ein schonendes Verfahren, das die Zusammensetzung des hochaktiven Embryonalgewebes beachtet und schont.

» Für 200 ml Gemmomittel brauchen Sie etwa 1 g frische Knospen, 100 ml Glycerin (85 %) und 100 ml Alkohol (70 %) sowie 20-ml-Tropffläschchen zum Abfüllen. Sie wiegen die Knospen ab, zerkleinern sie, geben sie in das 20-ml-Fläschchen und dazu kommen je 10 ml Glycerin und Alkohol. Drei Wochen warm, doch ohne direkte Sonne, ziehen lassen. 1 Mal täglich schütteln, damit sich alles vermischt und entwickelt. Dann geben Sie in einem größeren Fläschchen je 90 ml Glycerin und Alkohol zusammen und fügen den zuvor abgefilterten Inhalt des 20-ml-Fläschchens mit dem Ansatz hinzu. Wieder schütteln und fertig ist unser selbst hergestelltes Knospenmittel.

» Eine Variante verwendet neben Glycerin und Alkohol zusätzlich 100 ml Wasser und man stellt das Gemisch während der Extraktion ins Dunkle. Wie man hier für seine eigenen Mittel verfährt, ist Geschmackssache und nicht entscheidend für Wirkung und Heilkraft.

» Die Mittel geben Sie als Einzelmittel oder als eine Kombination von zwei oder mehr Mitteln.

Verabreichung: Sie geben dem Tier die Mittel mit einer Spritze oder einem Sprühstoß aus einer kleinen Zerstäuberflasche direkt in das Maul. Bei kleinen Tieren und wenn Sie den Eindruck haben, dass die Knospentropfen zu stark sind, verdünnen Sie diese 1:1 mit Wasser.

Dosierung: Bei akuten Beschwerden geben Sie das Mittel öfter am Tag, 3–5 Mal. Bei chronischen Beschwerden geht die Einnahme ohne unerwünschte Nebenwirkungen über Wochen und Monate. Hier wählen Sie im Hinblick auf die Alltagstauglichkeit am besten die 2 Mal tägliche Anwendung.

Extra-Tipp: *Einige Knospenmittel eignen sich für eine Frühjahrs- oder Herbstkur und zur Anregung des Stoffwechsels und Immunsystems. Besonders die Übergänge in eine andere Jahreszeit und der gleichzeitige Fellwechsel oder die Mauser stellen hohe Ansprüche an den Organismus.*

Die Kombination von Schwarzer Johannisbeere mit der Heckenrose ist eine Infektprophylaxe, bei der Sie morgens und abends die Rose und mittags die Schwarze Johannisbeere geben oder beide Mazerate mischen und 3 Mal täglich verabreichen.

Eine andere Möglichkeit ist die Schwarze Johannisbeere mit Holunder. Der Holunder wird morgens und abends gegeben und die Johannisbeere mittags oder die Mischung beider Knospen 3 Mal am Tag.

Eine Kur zur Darmsanierung stellen Sie für vier Wochen aus Schwarzerle, Birke und Walnuss zusammen. Hier geben Sie entweder die Erle morgens, die Birke mittags und die Walnuss abends oder mischen alle drei und verabreichen dies 3 Mal täglich.

Eine antibiotische Wirkung haben Schwarzerle, Schwarzpappel und Walnuss.

Bei Verhaltensauffälligkeiten oder psychischen Problemen sind die Knospenmittel benso hilfreich.

Bei allgemeiner Angst bietet sich eine Mischung von Weißdorn, Feige und Silberlinde an.

Bei akuten Traumata wählen Sie Feige und Silberlinde.

Erschöpfung lindern Sie mit Feige und Schwarzer Johannisbeere.

Kurz und knapp: Knospen sind dem Frühjahr gleichzusetzen und Sinnbild für Wachstum und Gesundheit. Nicht nur das Verfüttern der frischen Triebe ist wichtig bei der gesunden und artgerechten Fütterung vieler Haustiere, sondern in den Knospenmitteln können wir die Heilkraft der Natur mit durch das Jahr nehmen und die Tiere gesundheitlich unterstützen.

geeignet für: 

Kokos als Kokosfett, Kokosöl oder Kokosflocken

Die Kokosnuss ist vielseitig und gesund, wird ebenso im Stall und bei den Tieren verwendet.

Neben den Kokosflocken gibt es aus dem Fruchtfleisch der Kokosnuss das Kokosfett (wird in kühlerer Umgebung schnell fest) oder Kokosöl (das Fett wird im Warmen rasch flüssig).

INNERLICH:

Kokosflocken für Tiere sind oft Bestandteil von Kräutermischungen gegen Innenparasiten und von pflanzlichen Wurmkuren. Diese geben Sie als Kur vorbeugend oder bei bestehendem Wurmbefall.

Die **Dosierung** beträgt bei größeren Tieren wie Pferd oder Pony 1–3 Esslöffel. Bei Hunden geben Sie ½–1 Esslöffel. Katzen bekommen ½ Teelöffel und kleinere Tiere weniger. Die zusätzliche Gabe spezieller *Wurm-Kräuter* kann ratsam sein und bitte immer an Kontrolluntersuchungen denken.

Die Inhaltsstoffe der Kokosflocken sind ein wenig anders als die des Kokosfetts und weisen weniger Fettsäuren auf wie etwa die Laurinsäure. Dafür haben wir in den Flocken oder Raspeln mehr Mineralstoffe, Spurenelemente und Aminosäuren und eine hochwertige Ergänzung einer Futtermischung.

Laurinsäure ist eine mittelkettige und gesättigte Fettsäure mit vielen gesunden Eigenschaften.

Wichtig: Der Ruf der gesättigten Fettsäuren ist allgemein nicht der beste, alles wird über einen Kamm geschoren, aber es gibt viele Arten von Fettsäuren und eine Verallgemeinerung ist nicht sinnvoll.

Die Laurinsäure wirkt positiv auf und im Stoffwechsel, auf das Herz-Kreislaufsystem und ist ein natürliches Antibiotikum, da es die Hülle von Krankheitserregern angreift und zerstört. Geben wir dem Tier Kokosfett mit ins Futter, werden die Triglyceride in Diglyceride, Monoglyceride und freie Fettsäuren aufgespalten, die antimikrobiell wirken. Laurinsäure wurde erstmals in den Früchten und Samen des namensgebenden Lorbeerbaums gefunden, dessen heilende Wirkung schon lange bekannt ist.

Bei Infektionen, Erkältungskrankheiten, Entzündungen, Magen-Darm-Problemen oder Innenparasiten können Sie etwas Kokosöl mit ins Futter mischen.

Die **Dosierung** orientiert sich am Körpergewicht. Eine **Katze** erhält etwa ½ Teelöffel, ein **Hund** bekommt ½ Teelöffel bis 1 Esslöffel, **Schafe** 1 Esslöffel, **Pferde** 1–2 Esslöffel. **Hühner**, **Vögel** oder **kleinere Tiere** bekommen entsprechend weniger.

ÄUSSERLICH ist Kokosfett eine geniale Creme und Wundversorgung, für die Tiere der Allrounder in der täglichen Pflege. Ob als Schutz, bei Hautproblemen, Reizung und Entzündung der Haut, zur vorbeugenden Pflege, als Insekten- oder Zeckenschutz, als Wundabdeckung oder Behandlung von Narben, gemischt mit ätherischen Ölen, ich glaube, es gibt nichts, wo Kokosfett nicht Sinn macht und oft Erste Hilfe und Linderung bringt.

In der kühleren Jahreszeit soll man bedenken, dass das Öl recht hart wird und nicht einfach aufzutragen ist, wenn man es nicht vorher aufgewärmt hat und es im Anschluss im Fell wieder hart wird. Hier nur relativ unbehaarte und damit warme Hautflächen eincremen und nicht in die Länge der Haare. Im Sommer hat man keine Probleme mit der Konsistenz beim Auftragen und es bleibt im Langhaar flüssig und leicht zu verteilen.

Wichtig ist eine hochwertige Qualität des Kokosfetts.

Aus der Praxis

Der Sommer bringt mit der Wärme und Sonne die Mücken- und Fliegenplage und alljährlich das Problem der Insektenabwehr. Mischen Sie sich in einer Sprühflasche auf der Basis von verdünntem Essig und einer Mischung ätherischer Öle Ihr **Autan** *selber.*

Ich habe ein Pferd, das absolut keine Sprühflaschen bzw. das Sprühgeräusch mag, und da ist etwas Festeres zum Auftragen praktischer und stressfreier. Ich mische in einem Töpfchen oder kleinen Glas Kokosfett mit einigen Tropfen ätherischen Ölen, wie Lavendelöl, Manuka- oder Teebaumöl, Zitronenöl, Pfefferminzöl, Eukalyptus- oder Lorbeeröl, Zedern-

öl, Pelargonienöl (Duftgeranienöl) oder Lemongrasöl, und reibe es an die besonders empfindlichen Stellen vom Pferd und auch von mir auf.

Vorsicht bei der Dosierung der duftenden ätherischen Öle, denn sie sind intensiv und hochkonzentriert!

Kurz und knapp: Ein Glas mit Kokosfett darf in keinem Tier-Haushalt fehlen, denn Sie haben damit ein vielseitiges Pflegemittel, das unbedenklich vom Tier abgeschleckt werden kann und viele Probleme lösen wird.

geeignet für:

Kolloidales Silberwasser

Mit kolloidalem Silber haben Sie einen sanften und hochwirksamen Schatz in Ihrer Stallapotheke, der wie ein Breitband-Antibiotikum gegen Viren, Bakterien und Pilze wirkt.

Es ist entzündungshemmend, verbessert die Wundheilung und stärkt das Immunsystem. Sie können es preisgünstig und einfach herstellen, wenn Sie größere Mengen benötigen.

Früher war die Heilkraft des Silbers und seiner kolloidalen Form weitaus bekannter als heute. Antibiotika und Co drängten es in den Hintergrund.

Kolloidales Silberwasser ist eine Flüssigkeit und besteht aus kleinsten und hochreinen Silberteilchen in gereinigtem, destilliertem Wasser. Ein Kolloid ist ein winzig kleines Partikel, kleiner als ein Mikrometer, und dies macht unter anderem seine geniale und abtötende Wirkung auf Einzeller aus, nicht dagegen auf die Zellen des Lebewesens, welches das Silberwasser einnimmt. Die Silberteilchen setzen sich in ihrer Kleinheit und mit ihrer positiven elektrischen Ladung an die Zielobjekte, die Einzeller, dringen in sie ein, zerstören sie oder hindern sie an ihrer Arbeit. Sie kaufen das Silberwasser in der Apotheke, wo es auch Pflaster, Wundauflagen, Wundpuder und Augentropfen mit kolloidalem Silber gibt.

Die EIGENE HERSTELLUNG VON SILBERWASSER für den Hausgebrauch ist denkbar simpel, wenn Sie sich einen *Silbergenerator* besorgt haben. Sie erhitzen 200 ml destilliertes Wasser (aus der Apotheke), kühlen es ein wenig ab und geben es in ein Glas. Darein oder besser darüber kommt ein kleines Gerät, das mit Hilfe der Elektrolyse und zwei Silberstäben das Silberwasser produziert. Die angelegte elektrische Ladung löst feinste Silberteilchen von den Stäben ins Wasser. Im Internet gibt es dazu jede Menge Infos und dem Gerät liegt Infomaterial zur Anwendung und Herstellung von Silberwasser bei.

Je nach der Länge des Verbleibs der Silberstäbe im Wasser steigt die Konzentration des Silberwassers. Dieser Silbergehalt wird in ppm, in parts per million, angegeben, und ein Wert von 1 ppm bedeutet 1 Teil Silber in einer Million Teile Wasser. Je höher dieser Wert, umso mehr Silberteilchen sind im Wasser.

Das kolloidale Silberwasser nutzen Sie zur Reinigung und Desinfektion der Umgebung des Tieres, des Stalles, des Zubehörs. Es ist absolut ungiftig, riecht nicht, ist nicht schädlich – außer für die Erreger und Parasiten, die wir nicht haben wollen.

Bei Verletzungen und Wunden, egal ob frisch oder schon entzündet, bei Eiterungen, Abszessen, Hautproblemen aller Art, ist es das Mittel der ersten Wahl. Hier füllen Sie das Silberwasser am besten in ein kleines, undurchsichtiges Sprühfläschchen, das bequem in die Jackentasche passt und immer griffbereit ist.

Die Kombination mit der Schulmedizin oder anderen Naturheilverfahren ist möglich. Es eignet sich zur Erstversorgung, bis zum Eintreffen des Tierarztes oder zur Nachbehandlung und bei kleinen Problemen als alleinige Therapie. Sie sprühen das Silberwasser auf, säubern damit die Wunde, legen einen Verband damit an, je nachdem, wie es der Fall erfordert.

Verbinden Sie die äußerliche Anwendung mit der innerlichen Verabreichung, denn so erzielen Sie eine antibiotische Wirkung von außen und von innen. Diese Anwendung geschieht in Abhängigkeit von der Größe des Tieres und der Art der Erkrankung.

Bei Infektionskrankheiten aller Art, bei Durchfällen, Husten – Schnupfen – Heiserkeit denken Sie immer an Silberwasser und bauen Sie es mit in die Behandlung ein. Es unterstützt auf jeden Fall das Immunsystem und wirkt gegen die krankmachenden Erreger. Da es allerdings auch *gute* und *nützliche* Einzeller im Verdauungssystem angreift, bitte nicht als Dauermedikation einsetzen, sondern im Bedarfsfall und als zeitlich begrenzte Kur.

Dann hat das Tier wieder die Möglichkeit, in sein gesundes Gleichgewicht zu kommen und das Verdauungssystem ohne krankmachende Erreger aufzubauen.

Dosierung: In der Regel geben Sie 3 Mal täglich einige Milliliter des Silberwassers direkt ins Maul. Bei einem **Kaninchen** reicht schon ½ Milliliter, bei einem **Hund** können es 5–10 ml sein und ein **Pony** verträgt 30 ml.

Bei einer schweren Erkrankung setzen Sie die Gaben häufiger ein und wählen die Konzentration des Silberwassers höher als bei einer leichten Verstimmung oder der vorbeugenden Gabe zur Stärkung des Immunsystems. Die ersten Gaben wählen Sie mengenmäßig etwas höher und bei eintretender Wirkung verringern Sie die Menge. Geben Sie das Silberwasser einige Zeit weiter, auch wenn keine Symptome mehr sichtbar sind.

Je nachdem, welche Stärke bzw. Konzentration man hat, ob viel oder wenig ppm also, variieren Sie auch hier und passen Sie die Menge und Häufigkeit an.

Bei **Vögeln** und **Kleintieren** arbeiten Sie mit der Gabe von Silberwasser über das Trinkwasser und den Wasserbehälter. Hier reichen 20–40 ml Silberwasser je Liter.

Wichtig: Begleitend zu der Gabe von Silberwasser ist eine Entgiftung über Nieren und Leber sinnvoll, denn die abgestorbenen Erreger und ihre Giftstoffe sollen ja aus dem Körper transportiert werden. Hier bieten sich Schüssler-Salze, homöopathische Kombimittel oder Kräuter an.

Die **Aufbewahrung** des Silberwassers erfolgt am besten in einem undurchsichtigen Behälter, in einer Braunglasflasche oder Ähnlichem. Die Nähe von elektrischen Geräten und direkte Lichtbestrahlung sind zu vermeiden! Lange stehen lassen soll man sein Silberwasser nicht, es hält schon ein paar Tage, aber am besten ist seine frische Verwendung.

Praxisfall:

Die Lämmer haben Durchfall, nicht alle, ein paar, sie wurden alle vor einigen Tagen entwurmt und eine Ursache ist nicht zu erkennen. Ich mache eine Flasche mit Silberwasser und nehme sie mit zum Stall. Nun bekommen die Kacker 3 Mal am Tag eine 10-ml-Spritze mit Silberwasser vorsichtig und behutsam (wegen der Gefahr des Verschluckens bei einer solchen Zwangsmaßnahme) ins Maul. Der Durchfall hat nach kurzer Zeit und einigen Silber-Gaben ein Ende. Ich gebe das Silberwasser die nächsten Tage weiter, jetzt nur noch 2 Mal täglich und weniger Milliliter, gebe dafür aber bis jetzt unauffälligen Lämmchen ihre Portion mit – als Prophylaxe und zur Stärkung des Immunsystems.

Kurz und knapp: „Silberwasser“ als natürliches und sanftes „Antibiotikum“, unbedenklich innerlich und äußerlich anzuwenden und als Erste Hilfe bei Verletzungen und Entzündungen – mein Tipp für Sie.

geeignet für: 

Kolostrum

Kolostrum ist die Erstmilch, die neugeborene Säugetiere von ihrer Mutter als ein kostbares Kraft- und Schutzpaket in den ersten Tagen nach der Geburt bekommen. Es ist ein natürliches Konzentrat aus Immunglobulinen, Wachstumsfaktoren, Zytokinen, Mikronährstoffen, Abwehrstoffen und Antioxidantien. Es macht das Neugeborene schnell vital und fit für das neue Leben außerhalb des Muttertiers.

Wichtig ist der Schutz vor Infektionen, bis sich das eigene Immunsystem entwickelt hat. Dies ist vor allem bei den Wiederkäuern der Fall, die keine passive Immunität über die Plazenta im Mutterleib erhalten, sondern ungeschützt auf die Welt kommen. Die Natur hat dafür eine Kombination an lebenswichtigen Stoffen in diese erste Milch gepackt, die nach einigen Tagen zur *normalen* Milch wird und das Jungtier dann *nur* noch ernährt und wachsen lässt.

Das Kolostrum von Kühen ist besonders wertvoll und intensiv untersucht worden. Viele wichtige Bestandteile aus dem Kolostrum passieren direkt die Darmwand, gelangen in den Blutkreislauf und unterstützen das Immunsystem. Andere Stoffe lagern sich an der Darmwand ab und greifen gezielt krankmachende Keime an. Wachstumsfaktoren fördern zahlreiche Stoffwechselvorgänge des Körpers, beeinflussen Zellstoffwechsel und Zellwachstum, die Regeneration der Zellen und die Zellalterung positiv. Daneben enthält das Kolostrum viele Vitamine, Mineralstoffe, Aminosäuren und Enzyme in optimaler Kombination.

Das Kolostrum, das wir kaufen und einsetzen können, wird von Kühen in speziellen Betrieben gewonnen, die streng biologisch arbeiten und überwacht werden, damit in der Milch keine Rückstände von Antibiotika oder Hormonen sind. Aber keine Sorge, das Kalb bekommt auch in diesen Betrieben immer ausreichend von der allerersten Milch. Für die Kolostrumproduktion wird ausschließlich der Überschuss genommen. Direkt nach der Gewinnung wird es zu einem **Flüssigextrakt** oder **Pulver** weiterverarbeitet. Dieses Herstellungsverfahren ist schonend, damit die Inhaltsstoffe erhalten bleiben.

Wichtig: Achten Sie beim Einkauf auf Produkte aus Europa und aus der Kaltherstellung und bevorzugen Sie renommierte Firmen.

Sie setzen Kolostrum zur Stärkung des Immunsystems ein, bei Infektionen, zur schnelleren Erholung nach langer Erkrankung oder bei schweren Belastungen, begleitend und vorbeugend bei Darmerkrankungen, bei Knorpel-, Bänder- oder Muskelproblemen, bei Gelenkproblemen aller Art, bei Hauterkrankungen und Verbrennungen zur besseren Heilung, bei degenerativen Erkrankungen und bei der Therapie von Allergien sowie bei Krebserkrankungen.

Kolostrum wird gut in Verbindung mit anderen Naturheilverfahren eingesetzt, in Kombination mit Heilkräutern oder Homöopathie. Kolostrum hat keine Nebenwirkungen und kann immer eingesetzt werden. Ein natürliches Medikament oder Futterergänzungsmittel für unsere Apotheke.

Das **Kolostrum von Ziegen** ist noch hochwertiger und besitzt mehr Inhaltsstoffe als das *normale* von Kühen. Bei einer Allergie von Hund oder Katze gegen Rind ist das Ziegenkolostrum eine Alternative.

Dosierung: Sie geben einem **Hund** von 10 kg Gewicht im Krankheitsfall etwa 2 Mal täglich je 5 g Kolostrumpulver, später reicht dies 1 Mal am Tag.

Kleine Tiere wie **Hühner**, **Katzen** oder **Kaninchen** bekommen 2 Mal täglich 2–3 g im Krankheitsfall, sonst 1 Mal am Tag.

Große Tiere wie ein **Pferd** etwa 25 g 2 Mal täglich bei einer Erkrankung und sonst 1 Mal täglich. Ein **Pony** wird die halbe Menge davon bekommen. Hier schätzen Sie in etwa die Relation der Größe des Tieres für die erforderliche Kolostrummenge ab.

Das Pulver lösen Sie in Wasser auf oder geben es über das Futter. Das flüssige Kolostrum ist nicht so hochkonzentriert wie das Pulver und hat den Nachteil, dass es nicht so lange haltbar ist. Hier geben Sie größeren Hunden ½ Teelöffel, kleineren Hunden und Katzen, Hühnern und Vögeln bzw. Kleintieren bis zu ¼ Teelöffel und großen Tieren 1 Esslöffel.

Tipp: Bei der Aufzucht kleiner Hunde und Katzen haben Sie mit Kolostrum eine hervorragende Ergänzung der Fütterung und die zarten, unter- oder mangelernährten oder kranken Problem-Jungtiere profitieren von dieser Extra-Portion Gesundheit. Waisen- und Findelkinder aller Tierarten sprechen gut auf Kolostrumgaben an und bei der Aufzucht von Lämmern und Kälbern wirkt Kolostrum unterstützend, besonders bei einem Mangel an Muttermilch.

Aus der Praxis:

Bei den Lämmern achte ich immer darauf, dass jedes Lämmchen nach der Geburt getrunken hat. Oft sind die Zitzen mit einer Art Pfropfen verschlossen und ich melke das Mutterschaf erst behutsam an, damit überhaupt Milch fließen und das Lamm trinken kann. Jetzt macht es sich bezahlt, dass alle meine Tiere handzahm sind, keine Probleme mit Nähe und dem Handanlegen haben und ich das Euter gut anfassen und melken kann. Zur Not helfe ich den Lämmern die ersten Male beim Trinken und bin mir dann sicher, dass sie ihre unbedingt wichtige Menge an Kolostrum aufgenommen haben. Habe ich mal ein Flaschenkind, dann bekommt es aus meinem Tiefkühlvorrat Reserve-Biestmilch von einem Schaf und zur Not von einer Kuh. Jetzt und in den kommenden Wochen kann ich prima Kolostrum zusetzen und das Jungtier unterstützen. Hier zahlt sich immer einen Vorrat an Biestmilch im Tiefkühler aus, denn diese Notfälle hat man gerne zum Wochenende oder in der Nacht, wo man sich selbst helfen muss und keine Zeit verlieren soll.

Kurz und knapp:
Kolostrum, eine ***tierische*** *Möglichkeit zur Unterstützung und Heilung kranker und schwacher Tiere, besonders bei Jungtieren oder sehr alten Tieren empfehlenswert und gut in die Fütterung zu integrieren.*

geeignet für: 

Propolis

Propolis ist ein Teil der Api-Therapie, der Behandlung mit Bienenprodukten. *Apis* ist lateinisch und bedeutet *Biene*. Das Propolis, *Tränen der Bäume*, hat viele Namen: *schwarzes Wachs, russisches Penicillin, Bienenbalsam, -kleber, -leim* oder *Bienenkittharz*. Das Wort Propolis kommt aus dem Griechischen von *pro* für *vor* und *polis* für *Stadt*, weil die Substanz am Eingang des Bienenstockes, der *Stadt der Bienen*, gehäuft vorkommt.

Propolis ist eine braungelbe, harzige und recht klebrige Substanz im Bienenstock, die aromatisch bis scharf riecht. Sie wird von den Bienen hergestellt, genau wie Honig, Wachs oder Gelée royale, und der Imker entnimmt sie dem Bienenstock.

Propolis besteht aus pflanzlichen Stoffen wie Harzen, Balsamen, Bioflavonoiden und den Mineralstoffen aus Knospen und Baumrinde, aus dem Bienenspeichel und Bienenwachs. Insgesamt finden wir eine Vielzahl an Stoffen, davon etwa 50 % Harz, 30 % Bienenwachs, 10 % ätherische Öle, 5 % Pollenanteile und 3 % organische Teile im Propolis. Dazu kommen 2 % Mineralstoffe und Spurenelemente wie Calcium, Kalium, Natrium, Magnesium, Eisen und einige Vitamine, Aminosäuren, Enzyme und Flavonoide (sekundäre Pflanzenstoffe). Eine breite Mischung mit vielen Wirkungen.

Propolis ist temperaturabhängig. Zwischen 0 und 15 °C ist es hart und brüchig, bei 30 °C wird es formbar, zwischen 30 und 60 °C viskös und flüssig bei 60–70 °C.

Die Farbe wechselt von Rot bis Dunkelbraun und ins Schwarze, kann auch gelb oder grünlich sein. Der Geruch ist aromatisch, wie Vanillin, ein bisschen wie Honig und Wachs, aber mit einer gewissen Schärfe. Jeder Imker wird von seinen Bienen ein anderes Propolis ernten, genau wie der Honig immer ein anderer ist. Propolis ist das Baumaterial der Bienen für die Ausbesserung und Isolierung im Bienenstock, ebenso die Verkleidung der Innenwände der Waben, Anstrich und Desinfektion am Eingang zum Stock bzw. überall im Stock. Propolis wird von Spezialbienen hergestellt. Sie nagen mit ihren Mundwerkzeugen Harzstückchen aus einem Baum, ziehen sie lang, bis sie brechen, und bringen sie in den Stock. Hier helfen andere Bienen, das Harz von den Beinen der Sammelbienen abzuziehen und aufzubereiten. Diese Propolissammlung findet im Frühling und Herbst bei Temperaturen von über 20 °C statt, bevorzugt in Gebirgsgegenden. Der Imker gewinnt es vorsichtig und in kleinen Mengen aus dem Bienenstock, ohne den Bienen und dem Stock zu schaden. Er kann Propolisfallen einsetzen, engmaschige Kunststoff-Gitter, die die Bienen auffüllen. So gewinnt er pro Jahr und Stock oder Volk etwa 100 g (50–500 g) Propolis, ein rarer und kostbarer Rohstoff.

Wichtig: *Die Wirkung des Propolis ist abhängig von der Qualität, wie fast immer! Das Wirkungsspektrum ist breit und reicht von der antioxidativen Wirkung als Radikalfänger und Entzündungshemmer über die Bindung von Schwermetallen – die Flavonoide binden besonders Blei und Quecksilber zur Blut- und Körperreinigung. Propolis wirkt gegen Bakterien, Viren, Pilze und Parasiten und ist ein natürliches Antibiotikum. Es steigert die Kollagen- und Elastin-Produktion und schützt die Zellmembrane, Epithelien, Schleimhäute und das vaskulären Endothel. Es unterstützt damit die Wundheilung und Granulation. Propolis regt den Stoffwechsel an und wirkt immunmodulatorisch durch die Aktivierung der Thymusdrüse. Es ist ein Konservierungsmittel. Propolis erhöht die Harnproduktion und führt zu einer Reduktion von Ödemen. Es kann Fieber senken und lokale Schmerzen lindern, es hat eine zusammenziehende Wirkung, mindert Blutungen, entkrampft. Außerdem verbessert es die Verdauung, da die Produktion der Verdauungssäfte gesteigert wird.*

Alle Inhaltsstoffe haben nicht nur EINE Wirkung, sondern etliche, die durch das Zusammenwirken mehrerer Stoffe zu erklären sind.

Vorsicht: *Bei der Anwendung von diesem Allheilmittel Vorsicht bei einer Propolis-Allergie oder -Intoleranz (Kontaktallergen) und dem Risiko der Ausbildung einer Allergie bei Kontakt! Erst austesten und kleinste Mengen probieren, bevor man großzügig austeilt.*

Anwendungsmöglichkeiten:
INNERLICH können Sie Propolis einsetzen bei Allergien, Abwehrschwäche, Altersbeschwerden (über die Stärkung des Immunsystems und gesteigerte Durchblutung), Asthma, Bronchitis, Darminfektion und Durchfall, Entzündungen aller Art – von den Ohren über Haut, Blase, Gelenke, Erkältung und Verkühlung, Leber- und Magenprobleme und Schmerzen.

ÄUSSERLICH wird Propolis eingesetzt bei allen Abszessen und Furunkeln, Bindehautentzündung (Kompressen mit der verdünnten Tinktur), Ekzem und Hautpilzerkrankung, Juckreiz, Narben, Verbrennung und Wunden sowie Wundheilungsstörungen.

Haben Sie **Harz** als die ursprünglichste und natürlichste Propolisart, geben Sie es dem Tier zum Kauen, etwa 3 Mal am Tag eine erbsengroße Menge. Zur äußerlichen Anwendung erst in der Hand aufwärmen und weich kneten, dann auf die Haut oder die Warze legen und mit einem Pflaster befestigen.

Das **Pulver** bekommt man aus eingefrorenem Harz, jetzt wird es spröde und wird gemahlen. Sie streuen es dem Tier direkt auf eine Hautverletzung oder rühren es zum Einnehmen in Flüssigkeit oder das Futter ein. Das **Granulat** sind kleine Körnchen.

Eine **Propolis-Tinktur** stellen Sie aus 30–40 g Pulver oder Granulat mit 60–70 ml Alkohol (70–80 %) her. Sie lassen das Fläschchen mindestens zwei Wochen dunkel und kühl stehen, nicht im Kühlschrank, und schütteln öfter, damit sich alles durchmischt. Dann filtrieren Sie den Inhalt ab und verwahren die Flüssigkeit in dunklen Gläsern kühl und ruhig. Sie haben jetzt eine 20–30 %ige Tinktur, die intensiv und kraftvoll ist und zum Weiterverbrauch verdünnt wird.

Der **Extrakt** wird aus der Tinktur hergestellt, der alkoholische Anteil verdampft und es bleibt ein dickflüssiger Sirup. Dieser wird angewendet wie die Tinktur und Harz und ist zur Salbenherstellung geeignet.

Ein **Propolisöl** bekommen Sie von 20 ml dieser Tinktur, die Sie in eine flache Schüssel geben, die mit Watte abgedeckt wird. Der Alkohol verdunstet und den verbleibenden Rest mischen Sie im Verhältnis 1:5 mit einem hochwertigen Pflanzenöl.

Eine **Propolis-Salbe** selber herstellen ist recht einfach. Sie nehmen 50 ml Pflanzenöl mit 3 g Bienenwachs, 2 g Honig und 20–30 Tropfen Propolis-Tinktur oder 50 ml Pflanzenöl mit 2 g Bienenwachs, 2–4 g Shea-Butter und 20–50 Tropfen Tinktur oder eine Variante mit 50 ml Pflanzenöl mit 3 g Bienenwachs, 2 g Honig und 20–30 Tropfen Tinktur und 10–30 Tropfen eines ätherischen Öls.

> Kurz und knapp: *Ein kleines Fläschen Propolis steht griffbereit und kann den Tieren bei einer Infektion oder Entzündung helfen. Es lässt sich prima mit Honig und den ätherischen Ölen kombinieren und bringt die konzentrierte Kraft eines Bienenvolkes in den Stall.*

geeignet für:

Schüssler-Salze

Schüssler-Salze sind homöopathisch aufbereitete Mineralsalze zur Behandlung von gesundheitlichen Problemen. Die Mittel sind in ihrer Anzahl übersichtlich und bieten sich bei akuten und chronischen Erkrankungen oder als vorbeugende Maßnahme an.

Die Behandlung besteht bei Schüssler durch die Zufuhr von wichtigen Mineralstoffen, die homöopathisch hergestellt werden und den Organismus innerhalb der Zellen versorgen, damit diese normal und gesund funktionieren können. Seine Therapie ist weit verbreitet und anerkannt. In den letzten Jahren ist diese Behandlungsform auch in der Tiermedizin populär geworden.

*Wichtig: Die **Homöopathie** und die **Schüssler-Therapie** ähneln sich, sind aber nicht einander gleichzusetzen. Die Gemeinsamkeiten sind das Bestreben, mit Hilfe von natürlichen Arzneimitteln Gesundheit und Wohlbefinden zu erhalten und stärken und auftretende Krankheiten ganzheitlich zu behandeln. Die Herstellung der Arzneien durch die homöopathische Potenzierung ist bei diesen beiden Behandlungsarten im Grundsatz gleich. Diese Einheitlichkeit wird dadurch verstärkt, dass Dr. Schüssler erst als Homöopath arbeitete, bevor er seine Biochemie und die Schüssler-Salze entwickelte.*

In der Biochemie nach Schüssler werden bei chronischen Krankheiten von einem Mineralstoff 5–10 Tabletten täglich eingenommen und in akuten Situationen bis zu 20 Tabletten pro Stunde. Im Vergleich zur Homöopathie wird deshalb von einem Mineralstoff in der gleichen Potenzstufe ein Mehrfaches an energetischer Substanz zugeführt. Die Biochemie nach Schüssler ist stärker naturwissenschaftlich orientiert als die Homöopathie, die vorwiegend auf der individuellen Beobachtung der Patienten basiert. Diese Unterschiede eröffnen die Möglichkeit, dass sich beide sinnvoll ergänzen und gemeinsam der Gesundheit dienen.

Wie wirken die Schüssler-Salze? Diese Therapie ist nicht nur ein rein symptomorientiertes Verordnen, sondern eine Grundbehandlung zur Verbesserung der Informationsübertragung und Lösung von Blockaden, Optimierung des Zellstoffwechsels und Erhöhung des Membranpotentials der Zellen, Steigerung der Wirkung von Heilmitteln, Regulation des Säure-Basen-Haushalts und Entsäuerung sowie eine Aktivierung des Immunsystems.

Dem ersten homöopathischen Reiz der Salze folgt eine zeitnahe Reaktion mit erhöhter Zelltätigkeit, die im günstigen Fall den Heilungsprozess einleitet. Die gesteigerte Tätigkeit ist nur möglich, wenn die Zellen ausreichend mit Mineralsalzen ausgestattet sind. Fehlen diese, verpufft der Reiz des homöopathischen Arzneimittels ohne Wirkung. Erhalten die Zellen fehlende Stoffe, können sie wieder auf Reize reagieren.

Die einzelnen Schüssler-Salze im Überblick:

Nr. 1 Calcium fluoratum: Elastizität und Festigkeit von Knochen und Geweben.

Es findet sich im Zahnschmelz, in den Knochen und in der Oberhaut, in den elastischen Fasern, wie Sehnen und Bändern. Dieses Salz entlastet den Kreislauf, kräftigt die kleinen Blutgefäße und löst Gewebeverhärtungen auf. Es wird eingesetzt bei Verlust der Gewebeelastizität, bei Verhärtungen von Drüsen, bei Knochen-, Gelenks- und Zahnerkrankungen sowie bei Geschwülsten. Besserung der Beschwerden bei Wärme und Bewegung und nach dem Fressen. Verschlechterung bei Kälte und Nässe, bei extremen Temperaturen, in Ruhe und zu Beginn der Bewegung. Muss lange gegeben werden.

Nr. 2 Calcium phosphoricum: Aufbau der Knochensubstanz und Wachstumsunterstützung.

Dieses Salz kommt im Körper am meisten vor und ist ein Aufbau- und Kräftigungsmittel der Knochen u.a. Zellen. Es wird bei Störungen im Wachstum und in der Reifung der Knochen und des Bindegewebes eingesetzt, bei schlecht heilenden Brüchen, Blutarmut, raschem Ermüden und Lungenerkrankungen. Es passt bei schwachem, kränklichem und nervösem Gesamteindruck und dient der Ausheilung und Erholung. Verbesserung bei Wärme und Trockenheit und beim Fressen. Verschlimmerung der Beschwerden nachts und in der Ruhe. Gut in Kombination mit Nr. 1 Calcium fluoratum zu verwenden.

Nr. 3 Ferrum phosphoricum: Anregung der Durchblutung, bei Fieber und Krankheitsbeginn.

Eisenphosphat ist wichtig für den Stoffwechsel, das Immunsystem und das Blut. Es ist zentraler Regelstoff und ein klassisches Jungtiermittel. Vor allem im Anfangsstadium bei plötzlicher Entzündung und Fieber, bei hoch-fieberhaften Erkrankungen, bei allen Schmerzen, Wunden, Blutungen, Quetschungen, Gelenksverstauchung oder körperlicher Überanstrengung einzusetzen. Hilfreich bei einem akuten Magenkatarrh mit Schmerzen oder Durchfall mit Fieber. Es passt zu empfindlichen, erschöpften Tieren, die leicht erkranken. Verbesserung frühmorgens und in der Ruhe, Verschlechterung nachts und durch Kälte.

Nr. 4 Kalium chloratum: Entzündung mit Exsudat, zähem Schleim und Drüsenmittel.

Auch dieses Salz ist ein Zellbaustein und wichtig für das Blut, den Eiweißaufbau und die Kohlenhydratverwertung. Wie Natrium ist es bedeutsam für die Erregbarkeit der Nerven und Muskeln. Mit seiner Wirkung auf die Schleimhäute ist es bei Katarrhen mit zähflüssigen und fibrinösen Absonderungen und im zweiten Entzündungsstadium hilfreich. Auffallend sind weiße, weißgraue oder weißschleimige Ausscheidungen als Schuppen auf der Haut oder als Membrane auf der Schleimhaut. Hier kommen Augenerkrankungen, Lungen- und Rippenfellentzündung, Bronchitis, Impfbeschwerden und Verbrennungen als Behandlungsschwerpunkte in Frage. Es passt zu trägen, aber reizbaren Tieren, die eher zu dick und immer hungrig sind. Die Beschwerden werden bei Wärme besser, bei Bewegung und feuchtkalter Luft verschlechtern sie sich. Gut nach Impfungen und Narkosen.

Nr. 5 Kalium phosphoricum: Rekonvaleszensmittel, Antibiotikum und ein *Nervensalz*.

Dieses Mittel ist wichtig für das Blut, die Gewebe und Zellen. Es wirkt bei akuten und chronischen Erkrankungen und erhöht die Nervenkraft. Hilfreich ist es bei Erschöpfungszuständen oder nach schweren Krankheiten und Fieber, Muskelschwäche, Blutungen und Lähmungen oder Lahmheiten. Angesagt bei Kräfteverfall während Infektionskrankheiten und wenn die Absonderungen faulig riechen, denn es ist eine Art innerliches Antiseptikum. Es passt bei mageren Tieren, die matt und ängstlich sind. Verbesserung der Beschwerden bei mäßiger Bewegung und Wärme, Verschlimmerung bei Anstrengung und Kälte.

Nr. 6 Kalium sulfuricum: Entgiftung und Entschlackung, chronische Erkrankung. Es findet sich in der Haut und im Blut und aktiviert den Zellstoffwechsel. Hilfreich ist es im dritten Entzündungsstadium mit gelb-schleimigen Absonderungen und bei lang andauernden Erkrankungen. Das Mittel wird bei Hautleiden mit Abschuppung, chronisch-eitrigen Schleimhautkatarrhen, Katarrhen von Magen und Darm, Entzündung von Leber und Niere und allgemein zur Förderung der Entgiftung eingesetzt. Auffallend ist die Traurigkeit und Ängstlichkeit der betroffenen Tiere. Verschlimmerung der Beschwerden abends und im Warmen, Verbesserung im Frischen und Kühlen.

Wichtig:

1. Entzündungsstadium: Die trockene Schwellung ohne Sekretion erfordert Ferrum phosphoricum.
2. Entzündungsstadium: Die zähflüssigen Sekrete braucht jetzt Kalium chloratum.
3. Entzündungsstadium: Die gelben und schleimigen Sekrete erfordern Kalium sulfuricum.

Nr. 7 Magnesium phosphoricum: Krämpfe und Schmerzen, Herz und Nerven.

Magnesium ist in den Knochen und Muskeln, den Nerven, in Blut und Leber, und an vielen Stoffwechselvorgängen beteiligt. Es steuert die neuromuskuläre Erregbarkeit und Herzfunktion und wirkt gegen Krämpfe aller Art, Koliken und Schmerzen. Aufgelöst in heißem Wasser wird es *Heiße Sieben* und *homöopathisches Aspirin* bezeichnet. Magnesium passt bei Tieren, die nervös, unsicher und schmerzempfindlich sind, die sich nicht gerne berühren lassen. Verbesserung der Beschwerden bei Wärme und Druck, Verschlechterung bei Kälte. **Vorsicht:** Kann Wehen auslösen!

Nr. 8 Natrium chloratum: Regulation des Flüssigkeitshaushalts.

Es ist lebenswichtig und findet sich vor allem in der Flüssigkeit außerhalb der Zellen. Es regelt den Wasserhaushalt, den Säure-Basen-Haushalt, die Erregbarkeit der Nerven und Muskeln, die Neubildung der Zellen und der Blutkörperchen. Es wird bei Allergien, Blutarmut, Appetitlosigkeit und Abmagerung, bei wässrigen Katarrhen und nässenden Ekzemen eingesetzt. Verschlimmerung der Beschwerden morgens und bei feucht-kühlem Wetter. Verbesserung bei trockenem, warmem oder kühlem frischen Wetter. Oft zeigen die Tiere auffallenden Durst und das Verlangen nach Salzigem! Wichtig bei allen Vergiftungen!

Nr. 9 Natrium phosphoricum: Regulation des Säurehaushalts.

Dieses Mittel ist in den Nerven, Muskeln, dem Blut und Bindegewebe. Es ist wichtig zur Ausscheidung von Stoffwechselprodukten und allgemein für den Stoffwechsel. Bei einem Überschuss an Säuren aller Art sowie bei Krankheiten, die auf einer Stoffwechselstörung beruhen, ist es das Mittel der Wahl. Hilfreich bei Drüsenschwellungen, Magenentzündung, Blasenkatarrh, Nierensteinen und Ekzemen mit gelblichen und rahmigen Sekreten.

Die Tiere erscheinen übergewichtig, nervös und übel gelaunt. Verbesserung bei Wärme und Schwitzen und durch Trinken. Verschlimmerung bei Bewegung und feuchtem, kaltem Wetter.

Nr. 10 Natrium sulfuricum: Entschlackung und Lebermittel.

Dieses Salz reguliert den Flüssigkeitshaushalt und die Ausscheidung über Nieren und Haut. Es hilft bei der Auflösung von Ödemen, bei Erkrankungen von Leber, Niere und Blase, bei alten und schlecht heilenden Wunden und bei Infektionen. Natrium passt bei gelb-grünlichen und wässrigen Absonderungen und für frostige Tiere, die reizbar oder niedergeschlagen sind. Verbesserung bei frischer Luft, trockenem Wetter und bei Lagewechsel. Verschlimmerung der Beschwerden gegen Morgen und im feuchten Milieu.

Nr. 11 Silicea: wirkt auf Haut, Haare und Klauen, gegen Entzündungen mit Eiter.

Dies ist ein Baustein des Bindegewebes und damit wichtig für den Aufbau von Haut und Schleimhaut, der Klauen, Wolle bzw. Haare und Knochen. Es steigert die Widerstandsfähigkeit und Festigkeit der Gewebe. Silicea hat eine enge Verbindung zum Calcium-Stoffwechsel und ist wichtig für das Immunsystem. Dadurch ist es neben Calcium sulfuricum ein Mittel bei akuten und chronischen Entzündungen mit Eiterungen. Es hilft bei schwachen Gefäßen, bei Klauen- und Haarproblemen, bei Drüsenentzündungen, Verhärtungen oder Narben. Außerdem unterstützt es den schnelleren Abbau von Schwellungen und Ergüssen. Die Tiere erscheinen zart und etwas zurückgeblieben. Verschlimmerung der Beschwerden durch Kälte, Bewegung, Aufregung und in der Nacht. Verbesserung im Warmen und durch Zudecken.

Nr. 12 Calcium sulfuricum: Haut- und Schleimhautmittel, gegen Eiterungen.

Es ist vor allem in der Leber zu finden, steigert die Blutgerinnung und regt den Stoffwechsel an. Es heilt Abszesse und Furunkel, Bindehautentzündung, eitrige Bronchitis, Blasen- oder Nierenentzündung und chronischen Schnupfen mit Beteiligung der Kieferhöhlen und stinkendem, blutig-eitrigem Sekret. Verbesserung bei Frischluft und trockener Luft. Verschlechterung bei Zugluft oder Feuchtigkeit.

Später wurden **weitere 13 Ergänzungsmittel** hinzugefügt: Kalium sulfuricum, Kalium bromatum, Kalium iodatum, Lithium chloratum, Manganum sulfuricum, Calcium sulfuratum, Cuprum arsenicosum, Kalium aluminium sulfuricum, Zincum chloratum, Calcium carbonicum, Natrium bicarbonicum, Arsenum iodatum, Aurum chloratum natronatum, Selenium und Kalium bichromicum

Wichtig: Eine artgerechte Fütterung und Haltung des Tieres bleibt die Grundlage von Gesundheit und Vitalität. Sie können mit den Schüssler-Salzen nicht stofflich einen Mangel beheben, denn Sie führen keine Baustoffe zu, sondern Funktionsmittel. Bei einer Erkrankung suchen Sie die Ursache, den Mangel an einem oder – in der Regel mehreren – Mineralstoffen, der sich mit den jeweiligen Symptomen abzeichnet.

Neben der zuerst erfolgten Verbesserung von Fütterung und Haltung kommt dann eine ausgewählte Anzahl an Mineralsalzen zum Einsatz. Nach der ersten Heilungsphase tritt oft eine Entgiftungsreaktion ein und alte Symptome treten wieder auf. Nun heißt es, nicht verzagen, sondern weiter therapieren und den Körper bei der Entgiftung unterstützen. Dieser Prozess dauert lange, es treten Pausen ein, der Heilungsfortschritt steht vermeintlich still, aber der Organismus braucht seine Zeit und wir die Geduld bei der Behandlung. Wichtig ist, diese nicht zu früh wieder abzusetzen, getreu dem Motto: Beschwerden weg – Therapie am Ende. Die Mängel an Betriebsstoffen, welche die Ursache der Erkrankung darstellten, waren groß und es dauert, bis alle Speicher wieder gefüllt sind. Das heißt, bei akuten Problemen gibt man die Mineralsalze meist 2–4 Wochen und bei chronischen mindestens zwei Monate nach der Genesung weiter.

Die Schüssler-Mittel werden meist in **Tablettenform** angeboten, bestehen aus Milchzucker und sind für viele Tiere ein Leckerchen der besonderen Art, das auch aus der Hand gefressen wird. Sie können die Tabletten ebenso mit dem Futter oder in Wasser aufgelöst verabreichen. Man kann sie gut zerreiben, zermahlen oder mörsern und dann dem Futter untermischen.

Als weitere Möglichkeit lösen Sie die Tabletten in ein wenig Wasser auf und geben Sie sie mit einer Spritze ein. Die sich ergänzenden Mittel verabreichen Sie zusammen oder lösen sie auf. Es muss nicht nur ein Salz gegeben werden, das ist bei chronischen Erkrankungen eher die Ausnahme, sondern kombinieren Sie 4–5 Einzelmittel miteinander.

Dosierung: Je nach der Größe des Tieres passen Sie die Anzahl der Tabletten von einer halben für ein Zwergkaninchen oder Zwerghuhn bis zu 10 Tabletten für ein Pferd an. Eine Überdosierung ist nicht möglich! Neben der innerlichen Verabreichung können Sie die aufgelösten Mineralstoffe auf die Haut aufsprühen oder damit Kompressen tränken und diese auflegen oder in einer breiigen Form als Einreibung nutzen. Über den Brei geben Sie am besten eine Frischhaltefolie, damit er nicht zu schnell aus- und abtrocknet.

Als Waschung behandeln Sie Teilbereiche des Körpers oder das ganze Tier. Dies dient der Haut- und Fellpflege und hilft bei fieberhaften Erkrankungen und Hautproblemen.

Für die Herstellung von Augen-, Nasen- oder Ohrentropfen kochen Sie 50 ml Wasser ab und lösen darin 5–6 der entsprechenden Tabletten auf. Anschließend geben Sie die Flüssigkeit in eine Pipettenflasche und verabreichen daraus die gewünschte Menge.

Es gibt **Schüssler-Salben**, die Sie fertig in der Apotheke kaufen können, oder Sie stellen diese selbst mit gemörserten Tabletten und einer geeigneten Salbengrundlage her.

Der Sonderfall der Bicomplexe:

Hier handelt es sich um eine Mischung verschiedener Salze. Der Vorteil liegt auf der Hand, denn mit einem Präparat hat man krankheitsbezogen mehrere Mittel in einem zielgerichtet verbunden. Wie in der Komplex-Homöopathie werden die verschiedenen Aspekte einer Erkrankung mit einem Kombimittel behandelt.

JSO Bicomplex 1 – Abführmittel bei chronischer Verstopfung, Mastdarmerschlaffung und Stuhlträgheit

JSO Bicomplex 2 – Blutmittel bei Blutarmut und Stärkungsmittel nach schweren Krankheiten, nicht gegen Blutungen!

JSO Bicomplex 3 – Darmmittel bei Verstopfung, Darmträgheit, Blähungskolik und unterstützend bei Cholezystitis

JSO Bicomplex 4 – Drüsenmittel bei Drüsenschwellungen, Zahnfäule

JSO Bicomplex 5 – Krampfmittel bei Krämpfen aller Art und allgemeiner Nervenschwäche

JSO Bicomplex 6 – Fiebermittel bei Fieber am Beginn von Infektionskrankheiten, bei Entzündungen und Katarrhen der Schleimhäute

JSO Bicomplex 7 – Innersekretorisches Mittel bei den betreffenden hormonellen Unregelmäßigkeiten, besonders bei weiblichen Tieren

JSO Bicomplex 8 – Gefäßmittel bei Arterienverkalkung, Krampfadern, Unterschenkelgeschwür

JSO Bicomplex 9 – Gicht- und Rheumatismus-Mittel bei akutem und chronischem Gelenks- und Muskelrheumatismus, Gicht und Nierengrieß

JSO Bicomplex 10 – Haarmittel bei Haar- und Federausfall in Verbindung mit Brüchigkeit von Haaren/Federn/Hufen/Klauen/Krallen

JSO Bicomplex 11 – Hautmittel bei allen Entzündungen der Haut, trockenen, nässenden und zur Eiterung neigenden Ekzemen, atopischer Dermatitis, nassen und trockenen Flechten und Schorf

JSO Bicomplex 12 – Herzmittel bei Herzschwäche, Arrhythmie, Herzneurose

JSO Bicomplex 13 – Knochenmittel zur Unterstützung der Kallusbildung bei Knochenbrüchen und Osteoporose

JSO Bicomplex 14 – Geschwürmittel bei Furunkeln und Karbunkeln

JSO Bicomplex 15 – Hustenmittel bei Husten, Asthma, Bronchitis

JSO Bicomplex 16 – Magenmittel 1 (Hyperacidität) bei Aufstoßen, Blähungen und Verstopfung

JSO Bicomplex 17 – Magenmittel 2 (Hypacidität) bei nervöser Dyspepsie und zu geringer Magensäurebildung, Durchfall, Appetitlosigkeit und Blähungen

JSO Bicomplex 18 – Kräftigungsmittel bei Nervenschwäche, geschlechtlicher Reizbarkeit und neurasthenischer Impotenz

JSO Bicomplex 19 – Nerven- und Gehirnmittel bei Neurasthenie, nervösen Schlafstörungen und Angstzuständen

JSO Bicomplex 20 – Nierenmittel bei akuter und chronischer Nierenentzündung, Eiweißharnen, Urinverhaltung, Nierengrieß, Rheumatismus und Blasenleiden

JSO Bicomplex 21 – Schleimhautmittel bei allen Schleimhauterkrankungen von Augen, Ohren, Hals, Rachen, Nase, Lungen, Verdauungsorganen, Katarrhen der Luftwege, Heiserkeit, Husten und Schnupfen

JSO Bicomplex 22 – Trächtigkeitsmittel und zur Förderung des Mineralaufbaus in der Trächtigkeit

JSO Bicomplex 23 – Konstitutionsmittel bei allen entzündlichen Drüsen- und Gewebeschwellungen

JSO Bicomplex 24 – Ausscheidungsmittel bei Blasen- und Mastdarmkatarrh

JSO Bicomplex 25 – Wassersuchtmittel bei Ödemen während Herz-, Leber- und Nierenleiden

JSO Bicomplex 26 – Blasenmittel bei akuten und chronischen Blasenkatarrhen, Blasenkrampf, Harndrang und Blasenschwäche

JSO Bicomplex 27 – Lebermittel bei Lebererkrankung, Gelbsucht, Gallensteinen

JSO Bicomplex 28 – Lymphmittel bei chronischen Lymphdrüsen- und Schleimhauterkrankungen

JSO Bicomplex 29 – Muskelmittel bei allen Muskelerkrankungen, Muskelschwund und -schwäche

JSO Bicomplex 30 – Zahnmittel bei erschwertem Zahnen der Jungtiere und zur Festigung der Zähne

Kurz und knapp:

Mit den Schüssler-Salzen oder einer Auswahl an Bicomplexen haben Sie immer Mittel in Ihrer Apotheke, die Ihnen und Ihren Tieren im Notfall einer akuten Entzündung, aber auch bei lang andauernden Erkrankungen hilft.

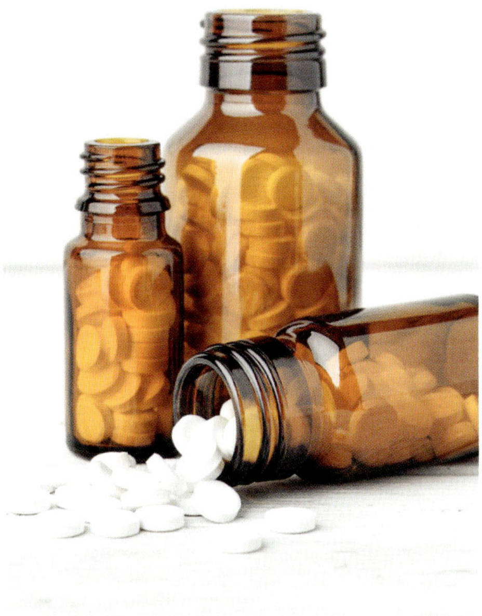

geeignet für:

Spagyrik

Die Spagyrik vergleiche ich gerne mit der Homöopathie, doch sie hat eine andere Denkweise und Mittelherstellung. Das Wort kommt aus dem Griechischen von *spao – (heraus)ziehen, trennen* und *ageiro – vereinigen, zusammenführen.*

In der Spagyrik werden pflanzliche, mineralische und tierische Ausgangsstoffe mit Hilfe chemischer Verfahrenstechniken zu den Spagyrika (Einzahl *Spagyrikum*) verarbeitet.

Die Herstellung dieser Heilmittel ist kompliziert und aufwendig: Nach jahrhundertealten Rezepturen werden Kräuter, Blüten und Wurzeln in Alkohol ausgezogen, wochenlang vergoren und immer wieder nach dem Rhythmus von Sonne und Mond gerührt und geschüttelt. Dann wird das Gebräu bis zu 144 Mal destilliert und die Reste verascht und ausgelaugt. Bis die Tinktur fertig ist, vergehen etliche Monate. In ähnlicher Weise wird aus Metallen wie Gold, Silber und Eisen oder anderen Stoffen wie Weinstein eine Arznei hergestellt.

Das Ziel der Spagyrik ist die positive Beeinflussung der Lebenskraft und Aktivierung der Selbstheilungskräfte, ähnlich wie in der Homöopathie. Im Mittelpunkt stehen die aus frischen Heilpflanzen hergestellten Essenzen, die veredelt und mit hohem energetischem Potential zur Verfügung stehen. Die spagyrischen Mittel vereinen in sich das Gute aus der Pflanzenmedizin und der Homöopathie und entfalten ihre Heilkraft gleichzeitig auf allen Ebenen des Organismus – in Körper, Geist und Seele.

Einige Hersteller wie zum Beispiel das *Laboratorium Soluna* bauen ihre Heilpflanzen selbst an, unter ökologischen Richtlinien und mit dem Lauf der Gestirne, in der ganzheitlichen Verbindung mit der Natur.

Wichtig: *Der Unterschied zwischen Homöopathie und Spagyrik liegt in der Zubereitung der Mittel, denn in der Homöopathie werden die Ausgangssubstanzen potenziert und die feinstoffliche Information hervorgehoben, während in der Spagyrik die Stoffe nach philosophischen Prinzipien verarbeitet werden und die entstandenen Tinkturen substanzielle* ***und*** *feinstoffliche Anteile enthalten. Es ist möglich, aus einer spagyrischen Substanz ein homöopathisches Mittel herzustellen.*

Aus der Praxis:

Ich arbeite mit den Präparaten den Firma Soluna, den sogenannten Solunaten. Hier gibt es 29 verschiedene Mittel, die je nach Zielsetzung und Erkrankung einzeln oder in Kombination gegeben werden.

Wichtige Mittel:

Solunat Nr.1 (Alcangrol) wird bei Stoffwechselerkrankungen und zur unterstützenden Therapie bei Geschwüren und Geschwülsten gegeben.

Solunat Nr. 2 (Aquavit) ist ein *Lebenselixier* und Tonikum, regt an und aktiviert, ein Mittel der Prophylaxe und in der Erholungszeit nach langer Krankheit oder Beanspruchung.

Solunat Nr. 3 (Azinat) ist ein Entzündungsmittel und stärkt das Immunsystem.

Solunat Nr. 4 (Cerebretik) beruhigt, entspannt und entkrampft.

Solunat Nr. 5 (Cordiak) wirkt bei Herz-Kreislauf-Problemen.

Solunat Nr. 6 ist ein Entgiftungsmittel und Regulationsmittel für die Haut.

Solunat Nr. 7 (Epidemik) gilt als *Fiebermittel.*

Solunat Nr. 8 (Hepatik) gilt als Mittel für Leber und Gallenblase.

Solunat Nr. 9 (Lymphytik) fördert die Ausleitung über das Drüsen- und Lymphsystem.

Solunat Nr. 12 (Ophtalmik) ist ein Augenmittel und

Solunat Nr. 13 (Polypathik) hilft bei Krämpfen und Ödemen.

Solunat Nr. 15 (Pulmonik) ist für die Atemwege und

Solunat Nr. 16 (Reanlin) für die Niere und das Urogenitalsystem zuständig.

Solunat Nr. 19 (Stomachik I) und **Nr. 20** (Stomachik II) für den Magen-Darm-Bereich.

Solunat Nr. 21 (Styptik) stillt Blutungen und Durchfall.

Die Solunate sind miteinander kombinierbar und unterstützen sich in vielen Fällen.

Die **Erholung** nach einer Infektionserkrankung und OP kann mit Solunat Nr. 2 morgens und mittags, Solunat Nr. 4 abends und Solunat Nr. 17 morgens und mittags unterstützt werden.

Eine andere Kombination sind Solunat Nr. 2 morgens und mittags, Solunat Nr. 3 morgens und abends und Solunat Nr. 4 spät abends.

Bei einer **Ausleitungskur** geben Sie Solunat Nr. 6 und Nr. 9 morgens und abends, dazu Solunat Nr. 8 mittags und abends und Solunat Nr. 16 morgens und mittags.

Bei einem **akuten Infekt** setzen Sie Solunat Nr. 3, Nr. 4, Nr. 7 und Nr. 9 über den Tag verteilt ein.

Bei einer **akuten Bronchitis** sind Solunat Nr. 3 und 15 über den Tag verteilt zu geben, dazu Solunat Nr. 4 zur Nacht und Solunat Nr. 6 morgens und abends.

Eine **Rhinitis**, ein Schnupfen, erfordert Solunat Nr. 3 und Nr. 9 über den Tag verteilt, dazu Solunat Nr. 16 morgens und abends. Solunat Nr. 3 ist ein Mittel gegen **Entzündungen**,

Solunat Nr. 5 ist für das **Herz** und

Solunat Nr. 21 ein **Blutstiller** in Ihrer Apotheke.

Dosierung: Die Anzahl der Tropfen geben Sie in Abhängigkeit vom Alter und Gewicht des Tieres.

Bei einem kleinen und sehr jungen Tier wird 1 Tropfen reichen, bei größeren etwa 5 Tropfen und bei großen 10–15 Tropfen.

Gibt man die Tropfen in ein Glas mit heißem Wasser, verdampft der Alkohol und man kann das Mittel oder die Mittelkombination dann lauwarm bis abgekühlt dem Tier geben.

Allgemein ist es ratsam, mit einer geringen Dosierung anzufangen und diese dann langsam zu steigern.

Akute Erkrankungen erfordern häufige und höhere Gaben als **lang andauernde Krankheiten**, die Zeit und Geduld benötigen und über einige Monate hin durchgeführt werden, wobei Sie hier ein paar Wochen Pause einschalten sollten, um den Körper anzuregen. Das ist ähnlich wie in der Homöopathie.

Beispiel Solunat Nr. 21 – ein Notfall-Mittel, das Blutungen und Durchfall stoppt, besteht aus Heilpflanzen wie Brennnessel, Eichenrinde, Hirtentäschel, Johanniskraut, Ratanhia, Schafgarbe, Spitzwegerich, Tormentill und Wiesenknöterich. Wir haben ein großes Bündel an Heilpflanzen mit weitem Wirkungsfeld, die eine aufwendige und intensive Herstellung bis zum fertigen Arzneimittel durchlaufen.

Es gibt es eine Vielzahl anderer Hersteller spagyrischer Mittel, die nicht besser oder schlechter als die von mir erwähnten sind, hier werden Ihnen Ihr Therapeut und Infos im Internet sicher weiterhelfen.

> Kurz und knapp: *Spagyrische Mittel schlagen eine Brücke zwischen der stofflichen und der energetischen Therapie und vereinen die Heilkraft der Natur in ihren Mitteln. Ob Hautprobleme, Verdauungsschwäche oder Blutungen, hier finden Sie eine wunderbare Hilfe für Ihre Tiere.*

geeignet für: 

Wassertherapie

Wasser in der Stallapotheke und ein Heilmittel? Ja, genau und richtig gelesen. Für mich gehören nicht nur die klassischen Heilmittel in die Naturapotheke, sondern auch der Hinweis auf die Bedeutung des Wassers.

Wassertrinken ist wichtig für die Gesundheit, für uns Tierbesitzer und für die Tiere.

Im Falle einer Erkrankung oder erster körperlicher Veränderungen bei Ihrem Tier überprüfen Sie, wie es um das Trinkverhalten steht. Was für eine Wasserqualität bieten Sie an? Hat das Tier die Wahl zwischen normalem Leitungswasser, einem mit Edelsteinen oder EM-Pipes versehenen, einem mit Homöopathie oder Schüssler-Salzen, mit Silberwasser oder Grapefruitkern-Extrakt, mit einem Schuss Obstessig oder Tee versetzten Wasser?

Der Fantasie sind kaum Grenzen gesetzt und Sie sehen, was alles möglich ist mit *einfachem* Wasser.

Wichtig: *Wasser ist ein exzellenter Informationsträger und bringt nicht nur die Infos der Globuli bei einer homöopathischen Therapie ins Tier, sondern übermittelt Symbole und Farben, Sprüche und Gebete und kann als Heilmittel wirken.*

Überlegen Sie, aus welchem **Behälter** das Tier trinken soll.

Bei Kleintieren ist es einfach, den Plastiknapf gegen eine Schale aus Edelstahl, Glas oder Porzellan auszutauschen. Bei großen Tieren hat man einen großen Behälter und ich sehe immer noch die schwarzen Kübel auf den Wiesen, aus denen Schafe, Pferde und Ponys trinken. Hatte ich früher aus Unkenntnis auch und es war praktisch und preiswert. Bis eine Warnung die Runde machte, dass dieses Plastik seine Weichmacher an das Wasser abgibt, die dem Tier gar nicht gut bekommen. Ich begab mich auf die Suche nach lebensmittelechten Alternativen, die heutzutage auf dem Pferdezubehörmarkt (zum Teil als Futtereimer oder Wasser- und Futterbottich deklariert) zu finden sind. Fragen Sie einen Landwirt, ob Sie nicht den Behälter von Leckmassen für Rinder bekommen, die sich nach dem Gebrauch meist leer im Stall auftürmen. Diese sind stabil, haltbar und vielseitig zu verwenden.

Neben dem Trinkwasser setzen wir Wasser in Form von **Güssen**, **Bädern** und **Teilbädern**, als **Wickel**, **Kompresse** (im nächsten Kapitel dazu mehr) oder **Dampf** bzw. **Inhalation** ein. Dies ist der Bereich der **Wasserheilkunde**, **Hydrotherapie** oder **Hydropathie**, die **Sebastian Kneipp** nach einem Buch des *Wasserarztes* **Johann Siegmund Hahn** an sich selbst erprobte und publik machte.

Eine milde **Reiztherapie** entsteht so durch die Temperatur des Wassers, den Wasserdruck, die Bestandteile der Zusätze und die mechanischen Reize wie Bürsten oder Massage, die alle zusammen eine vielseitige Anwendung bieten.

Katze, Kaninchen und **Co.** wollen und sollen, bis auf einige seltene Ausnahmen, nicht gewaschen und gebadet werden.

Der **Hund** nach einer Wälzorgie auf einer frisch gedüngten Wiese oder einer langen Wanderung bei nasser Witterung muss in Wasserkontakt kommen.

Hier haben wir naturgemäß große Unterschiede bei den Tierarten in der Anwendung von Wasser, aber eine schmerzende Pfote oder ein entzündeter Huf bzw. Klaue kann bei allen Tieren gebadet werden, um die Heilung zu fördern.

Güsse sind Begießungen mit kaltem Wasser und im **Pferde**bereich und an den Pferdebeinen bekannt und sinnvoll. Der Wasserstrahl aus dem Schlauch trifft mit mildem Druck auf die Haut und legt einen Wassermantel darüber. Das Wasser regt Kreislauf- und Nervensystem und die Entgiftung an. Am wirksamsten ist hier kaltes Wasser, Wechselgüsse (erst warm, dann kalt) setzen stärkere Reize auf den Körper und warme Güsse sind bei kälteempfindlichen Tieren angesagt.

Wichtig: Wenden Sie Güsse nur bei milden Außentemperaturen und nicht bei Eis und Schnee an. Geben Sie nie kaltes Wasser auf kalte Körper. Danach wird nicht abgetrocknet, sondern Sie streifen das Wasser mit der Hand oder einem Schweißmesser ab und lassen den Rest von alleine und unter leichter Bewegung trocknen.

Der Wasserstrahl setzt unten am Bein an und bewegt sich nach oben, an der anderen Seite wieder herab und dann das andere Bein. Die Dauer beträgt einige Minuten. Hilft bei allen Entzündungen im Beinbereich, schlechter Durchblutung oder nach großer Belastung.

Bei **Prellungen** begießen Sie die verletzte Stelle mindestens eine Viertelstunde mit kaltem Wasser. Nicht kürzer, denn sonst erzeugen Sie eine rasche Erwärmung auf diesen Kältereiz, die jetzt nicht erwünscht ist!

Akute Krankheitsprozesse und frische Entzündungen erfordern kalte Reize und chronische Krankheitsprozesse eher warme Wasseranwendungen.

Bäder des Körpers, wie für uns das Wannenbad am Samstagabend, werden bei Tieren weniger sinnvoll sein, da denken Sie eher ein **Teilbad** an, wie zum Beispiel bei einer Erkrankung der unteren Gliedmaßen.

Hat Ihr **Hund** eine verletzte Pfote, lahmt das **Pony**, hat die **Kuh** eine Entzündung im Bereich der Klauen, baden Sie diesen Körperteil in einem Eimer mit entsprechend temperiertem Wasser und Zusätzen aus der Kräuterheilkunde, wie Heublumen, ätherischen Ölen, Salz, Heilerde oder Heilmoor.

Was bewirken wir mit der Wassertherapie? Zum einen die Harmonisierung und Stabilisierung von Atmung, Kreislauf, Wärmehaushalt, Stoffwechsel, Verdauung, Nerven- und Hormonsystem sowie eine Anregung und Stärkung des Immunsystems, der Wundheilung, der Organe und damit der Gesundheit.

Ein **Bewegungsbad** gibt es auch für Tiere, Wassergymnastik für Vierbeiner, aber hier eher Training und Konditionsaufbau für Tiere mit Gelenksproblemen oder Bewegungseinschränkungen mit Hilfe des Unterwasserlaufbandes. Dieses wird vor allem bei Pferden und Hunden mit Erfolg eingesetzt und von erfahrenen Tierphysiotherapeuten durchgeführt. Die Bewegung im Wasser ist für das Tier wunderbar leicht, weil der größte Teil seines Körpergewichtes durch den Wasserauftrieb wegfällt. Durch den Widerstand des Wassers werden Muskulatur und Herz-Kreislauf-System trainiert. Gleichzeitig werden durch den hydrostatischen Druck die Durchblutung und der Fluss der Lymphflüssigkeit gestärkt. Die Therapie im Unterwasserlaufband unterstützt bei Rehabilitation nach Frakturen und Operationen, Krankheiten des Bewegungsapparates (Hüft- und Ellenbogendysplasie, Kreuzbandriss, Arthrosen, Spondylosen), neurologischen Erkrankungen und Lähmungen (Bandscheibenvorfall, Cauda-Equina-Kompressionssyndrom), Ausdauer- und Muskeltraining bei Sport- und Arbeitshunden, bei einer Gewichtsreduktion und dient allgemein der Gesunderhaltung. Schwimmen und Unterwassermassage sind in einem Schwimmbad für Tiere möglich.

> Kurz und knapp: *Wasser ist immer da. Wasser ist ein Informationsträger und kann mit so vielem kombiniert und in allen Varianten eingesetzt werden. Ob als Waschung, als Huf- oder Pfotenbad, als Wickel, Wasser gehört zum Leben und zur Gesundheit.*

geeignet für: 

Wickel und Packung

Wickel sind Bestandteil der Wasserheilkunde des Landwirts **Vincenz Prießnitz**, der die Wirkung von Wickel und Packung erprobte und sie als die mildeste Variante der Hydrotherapie bezeichnete. Hier ist, wie bei den Güssen, die Temperatur entscheidend, die den Reiz auf den Körper ausübt.

In der Regel werden **kalte Wickel** verwendet, denn diese ziehen Wärme an, was bei Fieber und Entzündungen oder Brandverletzungen hilft. Der Wickel wird gewechselt, sobald er durch die Körperwärme des Tieres warm geworden ist, was nach 20–30 Minuten der Fall sein wird. Seine Wirkung hält länger an, wenn er relativ nass aufgelegt wird. Der Wickel fördert die Durchblutung der äußeren Blutgefäße und ruft eine lokale Heilwärme und einen Heilreiz hervor. Lassen wir den Wickel länger als eine Stunde am Tier, wirkt er erwärmend und entgiftend.

Warme Wickel kräftigen und fördern direkt die lokale Durchblutung. Hier machen Sie statt warmen bis lauwarmen ruhig warme bis heiße Wickel, wenn Sie den Wickel vorher selbst ausprobieren und das Tier genauestens beobachten.

Der Wickel besteht aus drei Lagen. Auf die Haut kommen das feuchte bis nasse Innentuch aus Baumwolle oder Leinen (Geschirrtuch), darüber ein breiteres und überdeckendes Baumwolltuch und als oberste Schicht ein Außentuch aus Baumwolle oder Wolle als Wärmespeicher und Isolation. Sie werden immer dicht und straff an den Körper gelegt, fast luftdicht.

Ein warmer Wickel stillt die Schmerzen, beruhigt bei Erkrankungen der Bauchorgane, chronischen Entzündungen der Muskeln und Gelenke, Arthritis, Arthrose, Abszessen und Phlegmonen.

Der **Brustwickel** ist der eigentliche Prießnitz-Wickel und umhüllt Brust und Rippen. Prießnitz empfiehlt als Wickel nur ein grobes Leinentuch und darüber ein Wolltuch.

Einen **Hals-Wickel** legen Sie bei Halsentzündungen an, ebenso bei Erkrankungen der Nebenhöhlen und Nase.

Bein- und Pfotenwickel legen Sie bei Verletzungen und Wunden an, bei Entzündungen der Gelenke, Sehnen oder Nerven. Hier können Sie je nach Größe des Tieres auch einen Socken oder Strumpf nehmen. Pfotenwickel leiten ab, sie entgiften und helfen bei Lungenentzündung oder Problemen im Unterleib. Sie fördern den Kreislauf und beruhigen. Als Zusatz verwenden Sie bei den warmen Wickeln einen Kräutersud.

Bei kalten Wickeln nehmen Sie Essig im Verhältnis ein Teil Essig auf zwei Teile Wasser als Zusatz. Bei einem Zusatz von Salz geben Sie eine Handvoll auf einen kleinen 5-l-Eimer Wasser.

Eine **Kompresse oder Auflage** ist ein Halbwickel. Er umhüllt nicht wie der Wickel den Körper, sondern liegt oben oder unten auf. Sie nehmen feuchtnasse, mehrfach gefaltete Tücher, die zur Abdichtung und Befestigung mit Wolltüchern umgeben werden.

Prießnitz unterschied zwischen entzündungshemmenden und entzündungssteigernden Kompressen. Beide sind kalt, aber bei Entzündungen nach der Überschreitung ihres Höhepunktes werden sie recht nass angelegt und nach 10–15 Minuten gewechselt, bevor sie warm werden, um die Entzündung abklingen zu lassen. Möchten Sie die Entzündung steigern, um die Heilung zu verstärken, lassen Sie die gut ausgewrungenen Kompressen auf der Stelle liegen, bis als Reaktion eine starke Wärme entsteht, die durch die Auflage von Wärmflasche oder Kräuterzusätzen gesteigert wird.

Vorsicht: Ein Tier mit einer Auflage, einem Wickel oder einer Kompresse, das heißt mit einer Fixierung, ***nie alleine lassen****! Zeigt das Tier Unruhe oder Unwohlsein, entfernen Sie alles. Bei langen Haaren kann es nötig sein, das Fell an dieser Stelle zu kürzen, um eine ausreichende Wirkung zu erzielen.*

Bei den Kompressen können Sie Heilerde mit Wasser verrühren und auf einem Tuch auftragen und wie bei einem Wickel alles schön ein- und verpacken. Empfindliche Haut wird mit einer Fettcreme, Olivenöl oder Kokosfett geschützt. Dieser Wickel trocknet langsam aus und wird alle drei Stunden gewechselt. Er hilft bei Gelenkerkrankungen, Verstauchungen und Quetschungen sowie Hauterkrankungen. Ein heißer Lehm- oder Heilerdewickel lindert Schmerzen und hilft bei Koliken.

Vorsicht: Die Wassertherapie ist nichts bei akuten und chronischen Herz-Kreislauf-Erkrankungen, schweren Infektionskrankheiten oder offenen Wunden.

*Wichtig: **Kalt** bedeutet in der Hydrotherapie bis 18 °C, **warm** ist zwischen 36 und 38 °C, **heiß** sind Temperaturen zwischen 39 und 41 °C.*

Vor dem Anlegen der warmen Wickel immer erst am eigenen Arm prüfen, wie warm oder heiß er ist! Sorgsame Beobachtung des vierbeinigen Patienten ist oberstes Gebot!

Kaltes Wasser kommt bei akutem Geschehen wie akuten Entzündungen zum Einsatz.

Warmes Wasser wird eher bei chronischen Leiden verwendet.

Kalte Anwendungen werden niemals auf kalter Haut gemacht. Vorher wird die Haut durch Bewegung oder warme Auflagen erwärmt.

Beispiele für praktische Wickel:

Der ZITRONENHALSWICKEL eignet sich bei beginnenden Halsentzündungen ohne Fieber, wenn das Tier zeigt, dass Wärme angenehm ist. Geben Sie den Saft ½ Zitrone in ½ Liter heißes Wasser, tauchen Sie ein Baumwolltuch in das heiße Zitronenwasser und wringen Sie es aus. Legen Sie es von vorn an den Hals des **Hundes** und umwickeln Sie es mit einem Wolltuch oder -schal. Nicht zu eng! Das Innentuch überdeckt die Wirbelsäule nicht, da später der feuchte und abkühlende Wickel zu Verspannungen im Nackenbereich führen kann. Der heiße Wickel bleibt bis zu einer halben Stunde liegen. Bei empfindlichen Hunden ist es möglich, dass nach wenigen Minuten aufgrund der Hautreizung durch die Zitrone ein leichtes Brennen auftritt. Wird dem Hund der Wickel zu unangenehm, entfernen Sie ihn und wickeln Sie nur den Schal zum Warmhalten um den Hals.

Der KAMILLENWICKEL ist der Wickel bei Bauchschmerzen. Er lindert Schmerzen und Krämpfe und entspannt. Übergießen Sie 2 Teelöffel Kamillenblüten mit ½ Liter kochendem Wasser und lassen Sie den Tee 10 Minuten zugedeckt ziehen. Das Innentuch wird mit dem Kamillentee getränkt und ausgewrungen. Dann den Wickel um den Bauch anlegen. Wenn es sich der Hund gefallen lässt, zusätzlich zur Steigerung der Wärme eine Wärmflasche oder ein Körnerkissen dazulegen.

Der KARTOFFELWICKEL ist ein Wärmeträger. Kartoffelwickel helfen bei Muskelverspannungen und Arthrosen. Um den Wickel herzustellen, kochen Sie etwa 3–4 Kartoffeln mit der Schale, legen Sie diese auf das Innentuch und zerdrücken Sie sie zu Kartoffelbrei. Dann geht es weiter wie beim Kamillenwickel, aber Vorsicht walten lassen, denn die Kartoffeln sind wirklich sehr heiß und speichern ihre Heizkraft mehr als nur ein Tee.

Das LEINSAMENKATAPLASMA ist ein Breiumschlag aus Leinsamen. Dieser wirkt spannungslösend und schmerzreduzierend. Anwendungsgebiete beim Hund sind Bandscheibenprobleme, Muskel- und Gelenkschmerzen und lokale Entzündungen.

Sie geben etwa 150 g möglichst frisch geschroteten Leinsamen und 200–250 ml Wasser in einen Kochtopf und kochen alles in 5 Minuten zu einem zähen Brei. Dieser kommt dann auf eine Mullkompresse oder ein kleines, dünnes Tuch und wird zu einem Päckchen gefaltet. Die Kompresse wird mit einem Zwischentuch umwickelt, dann auf die erkrankte Körperstelle aufgelegt und mit einem Wolltuch abgedeckt. Wichtig ist hier die Temperaturkontrolle. Günstig ist es, den Brei direkt auf 5–6 kleine Tücher zu verteilen und während das erste Päckchen 5–10 Minuten auf dem Körper aufliegt, die anderen auf einem Topfdeckel oder der Heizung warmzuhalten. Dann ein „fliegender Wechsel". Eine Behandlung dauert somit etwa 30–60 Minuten.

Salben- und Ölkompressen eignen sich bei allen Tieren für die Extremitäten oder kleine Hautareale. Größere Hautstellen sind unpraktisch, da man alles wieder aus dem Fell entfernen muss. Die ausgewählte Pflanzensalbe wird messerrückendick auf ein Baumwoll- oder Leinentuch gestrichen, den Rand lassen Sie frei. Darüber das Wolltuch zum Warmhalten und Befestigen geben. Die Kompresse können Sie täglich oder alle zwei Tage nachstreichen und zwei Wochen anwenden. Denkbar sind Salbenkompressen mit Beinwell (Kytta-Salbe), Ringelblume (Calendula-Salbe) und Arnika (**Achtung:** Arnika nicht auf offene Hautstellen geben, da dies zu Entzündungen führen kann!). Wunderbar sind Kompressen mit Johanniskrautöl (Rotöl) bei Verletzungen, Verbrennungen, Neuralgien und Ischiasschmerzen. Einige Tropfen Johanniskrautöl auf ein Baumwolltuch geben, auf die Körperstelle legen und befestigen.

Bienenwachs-Auflagen gibt es im Handel mit einem Träger aus Seide oder Papier. Diese werden mit einem vorgewärmten Tuch bedeckt und bringen bei Husten, Magen-Darm-Problemen, Muskel- oder Gelenkschmerzen Linderung. Zusätze wie Olivenöl und ätherische Öle decken die speziellen Indikationen ab. Bienenwachs wirkt durch den in geringen Mengen enthaltenen Propolis gegen die Entzündung.

Wickel mit ätherischen Ölen

Hier geben Sie verdünntes ätherisches Öl (1–5 Tropfen ätherisches Öl mit einem knappen Esslöffel Pflanzenöl vermischen) auf ein doppelt gefaltetes Baumwolltuch, falten es wieder und geben es in einen Plastikbeutel. Dieses Päckchen wird mit einer Wärmeflasche erwärmt und ohne die Plastiktüte auf die betroffene Hautstelle gelegt, denn jetzt dürfen die ätherischen Öle ja austreten. Das vorgewärmte wollene Außentuch kommt um die Kompresse herum.

- **Arnika** ist bei stumpfen Verletzungen wie Prellungen, Zerrungen und chronischen Gelenkerkrankungen sehr gut,
- **Kümmel, Kamille, Fenchel** bei Blähungen,
- **Lavendel** bei Bronchitis,
- **Melisse** bei nervösen Magen-Darm-Beschwerden und Unruhe und
- **Thymian** bei Husten oder Bronchitis.

Weitere Anregungen finden Sie im Kapitel mit den ätherischen Ölen.

Der QUARKWICKEL hat bei der Anwendung Zimmertemperatur und kommt nicht direkt aus dem Kühlschrank. Er wirkt entzündungshemmend, fiebersenkend, kühlend, schleimlösend und schmerzlindernd und ist daher bei heißen Gelenkentzündungen, Zitzenentzündungen, Euterverletzungen, Insektenstichen und Ekzemen hilfreich.

Der Quark kommt auf ein dünnes Innentuch oder ein Stück Küchenrolle, darüber legt man ein Zwischen- und Außentuch. Der Wickel wird nach 1–2 Stunden abgenommen, wenn der Quark trocken ist. Sobald die Haut unter dem Wickel kalt ist, entfernen Sie ihn. In der akuten Phase wird der Quarkwickel 2 Mal täglich aufgelegt. Ein paar Tropfen eines passenden ätherischen Öls im Quark erhöhen die Heilkraft.

Die KOHLAUFLAGE mit ihrer desinfizierenden und schmerzlindernden Wirkung hat ein breites Anwendungsspektrum und hilft bei Halsentzündung, Gelenkschmerzen, Fieber, Quetschung, Insektenstichen, Bronchitis, Abszessen und schlecht heilenden geschwürigen Wunden. Unter Umständen bewirkt Kohl zunächst eine kurzfristige Verschlimmerung, die aber schon bald wieder vergeht. Vor allem Wirsing und Weißkohl sind hier geeignet.

Die dicke Mittelrippe wird aus den Blättern geschnitten und mit einer Teigrolle oder Flasche gequetscht, bis Saft austritt. Anschließend kommen die recht intensiv riechenden Blätter dachziegelartig auf die entsprechende Körperstelle und werden mit einem Schutztuch eingepackt. Nach dem Abnehmen des Wickels waschen Sie die Haut mit lauwarmem Wasser, damit sie nicht gereizt wird. In der Regel sind 1–2 Wickel am Tag, die man jeweils 1–2 Stunden liegen lässt, ausreichend. Kohlblätter nicht auf offene Wunden legen!

Extra: **INHALATIONEN** oder ein **KOPFDAMPF** helfen bei Erkrankungen der Atemwege. Hier stellen Sie mit besonderer Vorsicht ähnlich wie bei uns Menschen ein Dampfbad mit einem Gefäß mit heißem, dampfendem Wasser unter eine Decke oder ein Tuch und nehmen das Tier mit darunter. Für **Pferde** gibt es spezielle Inhaliergeräte, die extrem fein verdampfen und einen tieferen Effekt als ein normales Dampfbad haben.

Zusätze von Kamille, Eukalyptus, Pfefferminze oder Meersalz bzw. Emsersalz unterstützen die Wirkung.

Vorsicht: Nicht alle Tiere lieben und vertragen die ätherischen Öle und im Zweifelsfall besser auf die Salzvariante zurückgreifen!

Extra: **RETTERSPITZ** ist ein traditionelles Arzneimittel gegen unterschiedliche Erkrankungen und wird **innerlich** und **äußerlich** verwendet. Beide Retterspitzvarianten enthalten eine Mischung ätherischer Öle, zum Beispiel Orangenöl und Thymianöl. Die Lösung zur innerlichen Anwendung hilft bei Beschwerden mit Übersäuerung. Die Zubereitung für die äußerliche Nutzung enthält Arnika und Bergamotte, die durchblutungsfördernd und schmerzstillend wirken, außerdem Thymol gegen Entzündungen und Rosmarin für die Durchblutung. Retterspitz verwenden Sie bei stumpfen Verletzungen und Verletzungsfolgen wie Zerrung oder Bänderdehnung und bei Blutergüssen. Daneben haben Sie ein Mittel gegen Arthrose, Polyarthritis und Gelenkschwellungen. Bei Brustentzündungen sorgen die entzündungshemmenden Stoffe schnell für Linderung, besonders gut ist hier ein Wickel mit Retterspitz.

Kurz und knapp: Bei den Wickeln und Packungen kombinieren Sie je nach Tierart und Erkrankung die verschiedensten Mittel und bringen Sie am Tier an. Sie können zwischen kalt und warm wählen, zwischen einer anregenden oder beruhigenden Wirkung, eine Entzündung heilen oder die Durchblutung eines Körperteils fördern. Viele dieser Möglichkeiten sind sicher eher für Pferde und Hunde praktikabel und nicht so der Tipp für kleine Tiere, Katzen oder Geflügel.

Zusätzliche Methoden

MSM, Glucosamine und Co.

MSM ist die Abkürzung für Methylsulfonylmethan oder Dimethylsulfon. Eine organische Schwefelverbindung aus Schwefel und Methylgruppen, die in allem Lebenden vorkommt, keine Chemie aus dem Labor. Schwefel ist im Stoffwechsel ein unverzichtbarer Baustein.

MSM ist ein Metabolit (Zwischenprodukt) von DMSO, das ist Dimethylsulfoxid. DMSO ist ein registriertes Arzneimittel mit untersuchten und abgesicherten biochemischen Eigenschaften und biologischen Anwendungsbereichen. MSM wird dagegen momentan nicht in der Medizin anerkannt.

Wir nutzen MSM als Schwefelspender und da Schwefel ein entscheidender und struktureller Bestandteil des Bindegewebes ist, wozu auch der Knorpel in den Gelenken und die Haut zählen, tun wir damit viel für den Bewegungsapparat. Daneben ist MSM ein Methylspender, wichtig bei vielen Stoffwechselprozessen.

MSM hilft bei Allergien und schwachem Immunsystem, Arthrose und allen Erkrankungen des Bewegungsapparates, bei vielfältigen Hauterkrankungen, Verdauungsproblemen, Geschwüren. MSM dient der Entgiftung, der besseren Durchblutung und fördert die Wundheilung und Geweberegenerierung.

Ich setze es in meiner Praxis gerne als *gesundes Schmerzmittel* ein und kombiniere es für viele Arthrose- und Osteoarthritis-Patienten mit Glucosamin, Vitamin C und einer bunten Palette an Kräutern, die alle in dieselbe Richtung arbeiten: gegen die Schmerzen und das Fortschreiten der Gelenkerkrankung.

GLUCOSAMIN ist ein im Körper vorkommender Aminozucker und Bestandteil des Bindegewebes, des Knorpels und der Gelenkflüssigkeit. Sie können zu diesen beiden Komponenten zusätzlich **Chondroitin** zufügen. Chondroitinsulfat oder Chondritinsulfat ist ein biologisches Makromolekül. Es ist ein wichtiger Bestandteil des Knorpelgewebes und hilft dem Knorpel, den Druck des Körpers und der Bewegungen auszuhalten. Glucosamine und Chondroitin werden als Glykosaminoglykane = **GAG** bezeichnet.

Dosierung: Grundsätzlich sind nur wenige Gramm pro Tag nötig. Bei Beschwerden reichen 1–1,5 g je 100 kg Körpergewicht. Deutlich weniger, also 0,3–0,5 g je 100 kg Gewicht reichen für eine tägliche Versorgung ohne Beschwerden. Da jedes Tier anders reagiert, steigern Sie die Tagesmenge langsam, beobachten Sie das Tier genau und versuchen Sie festzustellen, ab wann die positiven Effekte eintreten und die Schmerzen gelindert werden. Mehr als 3–5 g je 100 kg Körpergewicht soll die Tagesportion nicht betragen.

*Praxistipp: Meine **Arthrose-Kombi** besteht aus 500 g MSM, dazu kommen 250 g Glucosamine und eine Prise Vitamin-C-Pulver für die bessere Verwertung. Dann 20 g Seelagenmehl, 250 g Teufelskralle, 150 g Ingwer, je 50 g Mädesüß und Weidenrinde – die Kräuter möglichst fein zerkleinert oder gemahlen. Alles mischen und dabei Vorsicht: Es ist eine scharfe Mischung durch den Ingwer, da tränen mir Augen und Nase. Von dieser Mischung geben Sie etwa 1 g pro kg Körpergewicht und probieren aus, wie Ihr Tier reagiert und ob es mehr oder weniger benötigt.*

Sie finden unter den Ergänzungsfuttermitteln häufig die **Grünlippmuschel**, die als Konzentrat in Pulver- oder Kapselform angeboten wird. Diese Muscheln sehen ähnlich wie die Miesmuscheln aus und enthalten viele wertvolle Mineralstoffe und Spurenelemente. Die Wirkstoffe der Grünlippmuscheln sind entzündungshemmend und werden bei arthritischen Gelenkserkrankungen empfohlen, um Schmerzen zu lindern und die Produktion der Gelenkschmiere anzuregen.

Das Pulver hilft bei Erkrankungen der Atemwege, da es Glucosaminglykan bzw. Glucosamin sowie Lyprinol, das nur in der Grünlippmuschel vorkommt, enthält. Lyprinol beinhaltet viele unterschiedliche

Omega-3-Fettsäuren mit einer entzündungshemmenden Wirkung. Und Grünlippmuscheln enthalten Antioxidantien, die positiv auf das Immunsystem wirken und entzündliche Prozesse der Gelenke verringern. Eine gute Möglichkeit bei Schmerzen in den Gelenken!

SCHWEFELBLÜTE ODER SCHWEFELBLUME ist ein feines gelbes Schwefelpulver, das innerlich und äußerlich verwendet wird. Die beiden Verabreichungsformen können Sie kombinieren.

Dosierung: Bei **Pferden** reicht 1 g pro 100 Kilo Körpergewicht über zwei Wochen, um Parasiten wie Milben aller Art zu vertreiben und über den Stoffwechsel das Wachstum neuer Haare zu fördern. Wird Schwefelblüte dauerhaft gegeben, reichen 0,5 g für **Ponys** und 1 g für Warmblutpferde am Tag. Zwischendurch wird eine Pause von zwei Wochen eingelegt oder Sie geben Schwefelblüte nach der Besserung des Problems nicht mehr und erst wieder bei Bedarf.

Bei **kleinen Hunden** und **Katzen** ist eine Messerspitze (etwa 0,2 g), bei größeren Hunden bis zu 0,5 g (¼ Teelöffel) täglich über 2–3 Wochen ausreichend, um Hautprobleme wie Milben zu behandeln. Zur äußerlichen Anwendung bei Ekzemen oder *Mauke* der **Pferde** mischen Sie zwei Teile Pflanzenöl mit einem Teil Schwefelblüte und streichen diese Creme mehrmals täglich für eine Woche auf die erkrankte Hautstelle. Der Schwefel wirkt desinfizierend und gegen Bakterien und Parasiten, das Öl pflegt die Haut.

Bei **Geflügel** hilft die Schwefelblüte den Tieren während der Mauser.

> Kurz und knapp: *Ob mit MSM, Glucosaminen oder Schwefel – mit diesen Zusätzen im Futter können Sie bei Stoffwechselproblemen Ihre Tiere unterstützen.*

geeignet für:

Pflanzenöle

Wir kennen eine Vielzahl von Pflanzenölen, die in der Küche zum Einsatz kommen, unterschiedliche Zusammensetzungen und Wirkungen haben und gleichzeitig zur Hautpflege und Behandlung von Gesundheitsproblemen dienen. Die Öle sind mit ätherischen Ölen kombinierbar und auch Bestandteil des Themas Wickel und Packungen, sie sind innerlich und äußerlich einzusetzen.

Extra: **Ungesättigte Fettsäuren** sind essentiell und müssen dem Organismus über die Nahrung zur Verfügung gestellt werden. Sie sind an vielen Stoffwechselvorgängen beteiligt und bilden Substanzen, die Gehirnleistung, Nervenfunktionen, Immun- und Hormonsystem regulieren und das Risiko für Herzkrankheiten verkleinern.

SCHWARZKÜMMEL finden wir in vielen Haushalten, ein exotisches Gewürz aus Ägypten, kleine schwarze Samen, die ein gesundes Öl ergeben. Dieses Öl setzen Sie innerlich und äußerlich ein. Es unterstützt das Immunsystem, ist schmerzlindernd und entzündungshemmend, wirkt gegen Bakterien und Pilze. Ein Öl für die Haut, das äußerlich angewendet auch vor Zecken und Stechfliegen schützt, Juckreiz lindert und Verletzungen oder Verbrennungen schneller heilen lässt. Es entgiftet sanft und fördert die Verdauung. Das Öl besteht im Wesentlichen aus ungesättigten Fettsäuren, ätherischen Ölen und dem Saponin Melanthin, das für seine reinigende und sekretlösende Wirkung bekannt ist.

Dosierung: Hunde bekommen je nach Größe 8–10 Tropfen über das Futter, **Pferden** gibt man 20 ml und **Ponys** 10 ml davon ins Futter (oder direkt ins Maul).

Vorsicht: **Katzen** sollen kein Schwarzkümmelöl bekommen, da sie es nicht abbauen können. **Hühner** und **Vögel** können die Samen fressen.

Tipps aus der Praxis:

*Speziell bei **Pferden** finden Sie häufig den Einsatz von Schwarzkümmelöl, denn die Erfahrung eines ägyptischen Tierarztes, der eine asthmakranke Stute in auffallend kurzer Zeit von ihren Atembeschwerden mit Schwarz-*

kümmelsamen heilte, machte die Runde und das Öl trat einen Siegeszug an. Versuchen Sie es selbst, wenn Sie ein hustendes Tier haben, das wegen Staub Atemwegsprobleme und eine Allergie entwickelte. Geben Sie einige Esslöffel Öl ins Futter und schauen Sie, was passiert.

Wichtig ist es, beim Schwarzkümmelöl auf die Qualität zu achten. Die Pflanzen und das Öl sollen aus biologischem Anbau und von seriösen Herstellern und Verarbeitern stammen. Die größte Heilkraft wird der in Syrien und Ägypten angebauten Sorte „Kara Siva" zugeschrieben. Nur das reine, kalt gepresste Schwarzkümmelöl ohne Rückstände oder Beimischungen erzielt diese Heilwirkung.

Neben dem Öl können Sie die **Schwarzkümmelsamen**, die wir als Gewürz kennen, verwenden. Hier gibt es neben dem ganzen Samen die Möglichkeit, diesen geschrotet zu geben, als Presskuchen in Form von Chips oder Granulat. Der Einsatz erfolgt langfristig und über einige Monate.

NACHTKERZEN sind wunderschöne Pflanzen, die zum Abend ihre gelben und duftenden Blüten entfalten und durch Nachtfalter betäubt werden. Aus ihren Samen wird das Nachtkerzenöl gewonnen, das durch die große Menge an mehrfach ungesättigten Fettsäuren und Linolsäure heilend und entzündungshemmend wirkt. Das Öl eignet sich zur äußerlichen und innerlichen Anwendung und für den längerfristigen Einsatz. Nachtkerzenöl ist ein Öl zur Wundbehandlung, bei Hautentzündung und -trockenheit, Juckreiz, Allergien und zur Regulierung des Stoffwechsels und Stärkung des Immunsystems.

Dosierung: Hunde bekommen in Abhängigkeit vom Körpergewicht 1–5 ml, **Katzen** etwa 1 ml und **Ponys** und **Pferde** je nach Größe 10–30 ml.

Wichtig: Hochwertiges Nachtkerzenöl, das Sauerstoff ausgesetzt ist, wird schnell ranzig. Aus diesem Grund werden die angebrochenen Flaschen und möglichst kleinen Gebinde immer gut verschlossen. Die Lagerung erfolgt an einem kühlen, trockenen und dunklen Ort. Nach dem Öffnen einer Flasche Nachtkerzenöl sollte diese innerhalb von maximal drei Monaten aufgebraucht werden. Eine verschlossene Flasche hält sich bis zu einem Jahr.

Borretschöl ähnelt in seiner Zusammensetzung dem Hautfett und ist ein Öl zur Hautpflege. Innerlich und äußerlich eingesetzt hilft es bei Schmerzen, Unruhe, Hautproblemen und wirkt wie Nachtkerzen- und Schwarzkümmelöl.

Hanföl ähnelt Nachtkerzen- und Borretschöl, ist aber wesentlich preiswerter. Es stärkt bei innerlicher Anwendung das Immunsystem, löst Krämpfe, lindert Schmerzen und Entzündungen und chronische Hauterkrankungen. Gegen Insektenstich oder Warzen mischen Sie 1–2 ml Hanföl mit 1 ml Teebaumöl und tragen dies tropfenweise auf.

Kürbiskernöl wirkt innerlich bei Blasen- und Nierenproblemen oder Muskelkrämpfen und äußerlich zur Hautpflege trockener, rissiger, schuppiger Haut.

Leinöl wird aus Leinsamen gewonnen und pflegt die Haut bei Ekzemen, Trockenheit oder Verletzungen (gut in einer Mischung mit Jojobaöl). Geben wir es mit dem Futter, wirkt es durch seine Omega-3-Fettsäuren entzündungshemmend, stärkt Stoffwechsel, Verdauung und das Immunsystem und unterstützt in Fellwechselzeiten.
Hunden mischen Sie Leinöl mit Quark und geben es unter das Futter, ähnlich der Quark-Leinöl-Creme von Dr. Johanna Budwig.

Weitere Ölsorten zur äußerlichen Anwendung:

Aprikosenkernöl ist gut zur Haut, wirkt leicht antibakteriell.

Avocadoöl eignet sich zur Cremeherstellung.

Distelöl ist ein hautpflegendes Massageöl bei Verstauchungen, Quetschungen, Gelenkentzündung und Rheuma.

Erdnussöl zieht langsam ein, eignet sich als Basis für ein Massageöl, bei Arthritis oder Sonnenbrand.

Hagebuttenöl wird zur Behandlung von trockener, rissiger, schuppiger Haut, bei Ekzemen und Narben verwendet. Es zieht schnell ein und ist entzündungshemmend.

Mandelöl beruhigt und pflegt die Haut, ist sehr mild und kann mit anderen Ölen und ätherischen Ölen gemischt werden.

Olivenöl ist heilend und entzündungshemmend, äußerlich hilft es als Einreibung bei Rheuma und Knochenerkrankungen.

Tipp: Gut in Kombination mit Johanniskraut als selbst gemachtes Rotöl oder Johanniskrautöl bei Muskelschmerzen, Verletzungen und Verbrennungen.

Sonnenblumenöl regt die Durchblutung an und eignet sich aufgrund seiner schleimlösenden Wirkung für Brustwickel bei Erkältungen. Es hat einen leicht blutgerinnenden Effekt und fördert die Gewebeneubildung, wird gerne zur Behandlung von Verletzungen, Ekzemen und Geschwüren genommen.

Weizenkeimöl pflegt die Haut und fördert die Durchblutung.

Tiroler Steinöl enthält viel natürlich gebundenen Schwefel und pflegt Haut und Haare. Es ist ein Hausmittel gegen Schmerzen im Bewegungsapparat und Infektionen. Es fördert die Durchblutung und wird auch als Zugsalbe bei schweren eitrigen Entzündungen eingesetzt.

Wichtig: Einige Öle, wie Sonnenblumen- und Rapsöl, Maiskeimöl, Erdnussöl, Distelöl, Sojaöl, eignen sich weniger für den inneren Einsatz und sollten nur äußerlich verwendet werden.

*Bei **Pferden** bitte sparsam in der Fütterung dosieren, da hier die Fettverdauung anders als bei **Hund** und **Katze** abläuft und eine Verfütterung von Ölen kontrovers diskutiert wird.*

Kurz und knapp: Öle sind für den innerlichen und äußerlichen Einsatz beim Tier wunderbar. Bei der Auswahl sollten Sie sich vorher gut über die speziellen Eigenschaften des Öls und die Verträglichkeit beim Tier informieren und auf eine sehr gute Qualität des Produktes achten.

geeignet für: 

Flohsamen, Leinsamen

FLOHSAMEN stehen weder mit den unerwünschten Flöhen noch mit deren Fortpflanzung in Verbindung, denn die Samen der Wegerich-Gewächse sehen aus wie Flöhe, dunkelbraun glänzend und recht klein.

Flohsamen ist etwas für Tiere mit Verdauungs- und Hautproblemen, er reinigt den Darm, regt den Stoffwechsel an und stärkt die Gesundheit.

Für **Hunde** mit ständig wiederkehrenden Analdrüsenproblemen eine feine Möglichkeit, auf sanfte Art und Weise die Verdauung zu regulieren und den Kot zu festigen. Dann entleeren sich die Analbeutel wieder normal und Entzündungen und Schmerzen sind aus der Welt.

Es gibt den ganzen Flohsamen oder Flohsamenschalen zu kaufen. **Der ganze Samen** hat mehr Nährwerte, da er den Keim enthält, der wiederum reich an Öl ist. Für alle Tiere ist er eine gesunde Futterergänzung, die als Kur im Frühjahr und Herbst Wunder wirkt.

Flohsamenschalen haben weniger Inhaltsstoffe, aber höhere Quelleigenschaften, da sie mehr Ballaststoffe beinhalten. Sie sind ein Darmregulator, für Probleme mit Verstopfung und Durchfall geeignet und als Sattmacher Bestandteil einer Diät.

*Wichtig: Beides, Flohsamen und die Schalen, **immer angefeuchtet** füttern und noch besser **eingeweicht** und **aufgequollen**.*

Die **angefeuchtete Variante der Flohsamen** ist gut für Pferde mit einer Sandproblematik, denn die feuchten Samen binden besser und wirkungsvoller den Sand als gequollene. Viele **Pferde** und **Ponys** nehmen leider auf abgefressenen Weiden oder Paddocks zu viel Erde und Sand auf, der sich dann im Verdauungstrakt ablagert und zu massiven Problemen wie Kolik, Darmentzündung, Durchfall und Ähnlichem führen kann. Dann machen Sie 2 Mal jährlich eine einmonatige Flohsamen-Kur.

Vorsicht: Füttern Sie relativ viel nur leicht angefeuchteten Flohsamen, können die Körnchen im Schlund des Tieres kleben bleiben, dort aufquellen und eine lebensbedrohliche Schlundverstopfung hervorrufen. Gelangen die trockenen Flohsamen in den Verdauungsapparat, verursachen sie dort durch das Aufquellen eine Kolik. Dies gilt aber nur für zu trockenen, zu wenig angefeuchteten und in großen Mengen gefütterten Samen!

Gut gequollener ganzer Flohsamen ist ideal für Verdauung und Gesundheit. Er hat ähnlich wie der Leinsamen schleimbildende Inhaltsstoffe, die sich wie ein Schutzmantel über die Schleimhaut des Verdauungsapparates legen.

Nachteil: Es kann durch diese Schutzwirkung zu Verzögerungen der Resorption von Nährstoffen und Medikamenten kommen. Daher den Flohsamen **getrennt** vom anderen Futter und in zeitlichem Abstand geben! Ähnlich wie bei der Heilerde oder den Vulkanmineralien!

Extra: Sie überprüfen, ob Erde und Sand im Kot Ihres Pferdes ist, indem Sie ein paar Pferdeäpfel und etwas Wasser in eine klare Plastiktüte füllen. Die Tüte schließen und schütteln, bis die Äpfel aufgelöst sind und sich Sand abgesetzt hat. Die Tüte wird dann für eine Viertelstunde in Ruhe gelassen. Ist Sand im Kot, wird der jetzt am Boden der Tüte liegen. Ist er nicht zu sehen, reibt man mit den Fingern auf der Außenseite der Tüte entlang der Unterseite und spürt, ob es sandig knirscht. Sie wiederholen diese Überprüfung über einige Tage, um einen Gesamteindruck zu bekommen, da es wechseln kann, wie viel Sand oder Erde das Pferd mit dem Kot absetzt. Überlegen Sie, warum der viele Sand im Pferd ist und versuchen Sie die Haltung zu optimieren – mehr Weidegang oder mehr Heufütterung auf festem Untergrund.

Dosierung: Wir geben bei einer einmonatigen Kur etwa 50 g für **Ponys**, 50–80 g für **Kleinpferde** und 80–100 g für **Großpferde**.

Zum Aufquellen rechnet man etwa 100 ml Wasser auf 10 g Samen.

Für **Hunde** und **Katzen** nehmen Sie den gequollenen Samen und/oder Schalen und rechnen je nach Gewicht mit 1 g je 5 kg Körpergewicht. Also bekommt ein **kleiner Hund** oder eine **kleine Katze** von 5 kg Gewicht etwa 1 g und ein großer Hund mit etwa 50 kg Körpergewicht 10 g Samen.

Wichtig: *Hier muss die Reaktion des Tieres auf den Flohsamen bzw. die Konsistenz des Kotes im Auge gehalten und die Menge an Samen oder an Feuchtigkeit reguliert werden.*

Ähnlich wie Flohsamen haben viele Pferdebesitzer LEINSAMEN im Futterplan (und in der Küche). Die Samen der Lein- oder Flachspflanze, eine der ältesten Kulturpflanzen, enthalten neben wertvollen Ölen viele Schleimstoffe. Die sind wunderbar für Stoffwechsel und Verdauung.

Hier gibt es immer wieder Diskussionen, ähnlich wie beim Flohsamen, ob überhaupt Leinsamen gegeben wird und wenn ja, welcher, ob hell oder dunkel, als Korn oder geschrotet, gequollen und gekocht oder einfach so aus der Verpackung.

Dabei kommt auch die Blausäure des Leinsamens ins Gespräch, die durch Kochen unschädlich wird. Da **Pferde** größere Mengen Leinsamen bekommen, kochen Sie diesen kurz auf und lassen ihn quellen. So verdampft die wasserlösliche Blausäure und wir sind auf der sicheren Seite.

Hunde und **Katzen** bekommen eine kleine Menge der Samen und da nehmen Sie ruhig die Samen so aus der Tüte, mischen Sie diese in das feuchte Futter und lassen sie dort quellen.

Es gibt **hellen** und **dunklen Leinsamen**. Der helle hat weniger Blausäure, quellt aber mehr und macht Sinn, wenn Sie die Verdauung beschleunigen möchten, denn er regt die Peristaltik an, schützt aber weniger die Schleimhaut als der braune. Geschroteter Leinsamen hat den großen Nachteil, dass er schnell ranzig wird und damit nicht mehr zu gebrauchen ist.

Ich rate zu dunklem und ganzem Leinsamen, den Sie in normaler Dosierung feucht und gequollen oder für das Pferd aufgekocht füttern. Nach dem Kochen haben Sie eine schleimige Masse, die Sie unter das andere Krippenfutter mischen. Der im Handel erhältliche vorbehandelte Leinsamen ist von seiner schleimigen Wirkung nicht mehr so wirkungsvoll, nur praktischer zu füttern.

Setzen Sie Leinsamen weniger für die Verdauung, sondern eher zum Auffüttern magerer Tiere ein, schroten oder mahlen Sie ihn dabei frisch. Dann werden die kostbaren Inhaltsstoffe vom Organismus genutzt, ansonsten flutscht alles nur einmal durch und ist in dieser Hinsicht eher wertlos.

Dosierung: Normalen Leinsamen geben Sie mit 50–100 g je nach der Größe des **Pferdes**.

Ein **Hund** bekommt 5–10 g Leinsamen über das Futter und eine **Katze** 1–3 g.

Im Kapitel der Wickel und Packung wird die äußerliche Anwendung beschrieben (siehe Seite 154).

Für die Pferdehalter: Sonnenblumenkerne mit Schalen sind eine wertvolle Ergänzung der Winterfütterung unserer Pferde und Ponys. Eine Handvoll mit in den Hafer (ganze Körner, eventuell eingeweicht), dazu vielleicht auch Hanfsamen, eine Wildsamen- oder Wildbeerenmischung, Kräuter, Möhren, Äpfel und Heu und das Pferd ist zufrieden und gesund.

Kurz und knapp: *Ob mit Flohsamen, Leinsamen, Sonnenblumenkernen oder andere Sämereien, wir haben so viele wunderbare Möglichkeiten, den Futterplan unserer Tiere zu ergänzen. Was finden sie in der freien Wildbahn, was haben sie da für eine große Auswahl und was können wir ihnen bieten? Hier lohnt ein Blick über den Tellerrand bzw. die Futterschüssel.*

Flohsamen

Leinsamen

Aura Soma

Aura Soma ist ein Heilen mit Farben, Licht, Pflanzen und Edelstein-Energien. Mich begleitet „mein" Aura-Soma-Fläschchen schon einige Jahre. Es gefällt mir nach wie vor und ist das Schönste an Farbkombinationen – für mich, das betone ich. Aura Soma ist eine **Schwingungsmedizin**, ähnlich wie die Homöopathie, und kombiniert die lebendige Energie der Farben auf pflanzlicher Basis mit essentiellen Ölen und Kristallenergie.

Die Wahl der persönlichen Farbkombinationen ist das Zentrum. Das machen wir für uns selbst, aber wie wählen wir für unsere Tiere? Das Tier wählt nicht aus der Vielzahl der Flaschen in einem Geschäft, aus einem Buch oder Karten-Set die für ihn schönste aus, da vermitteln wir und helfen. Dies können wir mit der Möglichkeit der Tier-Kommunikation, dem *Gespräch*, dem Einfühlen in das Tier oder dem Austesten machen oder wir bitten einen Aura-Soma-Therapeuten um Hilfe und Rat. Sie können auch eine Aura-soma-Flasche nach den entsprechenden Symptomen auswählen oder dem Tier den Geruch der Flasche anbieten und ähnlich wie bei den ätherischen Ölen schauen, ob ihm dieser gefällt oder es sich abwendet.

Neben dem Kern von über 100 ein- oder zweifarbigen **Equilibrium- oder Balance-Flaschen** gibt es 15 **Pomander** und 15 **Quintessenzen**. Die Equilibrium-Flaschen bestehen immer aus zwei Schichten. Die untere ist eine wässrige Lösung, die obere eine ölige und deshalb schwimmt sie auch auf der unteren. Die untere Schicht enthält natürliche Farben, Kräuterextrakte und Kristallenergien. Die obere Schicht besteht aus Farbstoffen und Kristallenergien und Aromaölen. Jede Flasche trägt eine eigene Farbbotschaft und eine Zahl, die eine Bedeutung hat. Die Bedeutung jeder Flasche ist in den entsprechenden Fachbüchern nachzulesen. Die Öle werden direkt auf die Haut aufgetragen, nachdem man die Flasche geschüttelt hat, damit sich beide Schichten für kurze Zeit vermischen.

Die Pomander sind die Duftabteilung bei Aura Soma. Sie bestehen aus farbigen, aromatischen, hochkonzentrierten Kräuteressenzen auf

Alkoholbasis und werden wie Parfums verwendet. Bitte vorsichtig, angemessen und sparsam verwenden, ähnlich wie die ätherischen Öle, denn die Tiere riechen besser als wir. Man kann die Pomander auf Akupressurpunkte auftragen, auf den Nabel geben, man kann der Intuition folgen und die passenden Körperbereiche suchen, Sie können sie auf Ihre Hände geben und in der Aura des Tieres verteilen. Die Pomander bieten Schutz vor Negativem und sind Öffner für Positives. Die Fläschchen sind aus Kunststoff und überall anzuwenden.

Extra-Tipp: *Es gibt ein Karten-Set von Aura Soma, mit dem Sie ebenfalls arbeiten können und wo Sie alle 106 Equilibrium-Flaschen praktisch vereint haben. Diese helfen bei der Auswahl der richtigen Flasche und werden zum Energetisieren von Wasser oder Ähnlichem benutzt oder unter den Schlafplatz des Tieres gelegt, um energetisch zu helfen.*

Kurz und knapp: *Aura Soma für Tiere ist sicher noch nicht weit verbreitet, aber die Kombination ist wunderschön und heilkräftig und wird dem einen oder anderen Tierhalter sicher besonders zusagen.*

geeignet für: 

Handauflegen

Neben Reiki gibt es viele Therapien, die unter den Sammelbegriff „Handauflegen“ fallen.

Legen Sie Hand an Ihr Tier. Fassen Sie es an, wenn es gesund ist, fassen Sie es an, wenn es krank ist. Werden Sie ruhig und still, atmen Sie gleichmäßig und kommen Sie immer mehr zur Ruhe. Die Hände liegen auf dem Tier, leicht, entspannt und es ist vollkommen egal, wo sie liegen. Aus Ihrem Gefühl heraus, aus Ihrem Bauch, ohne nachzudenken – und das fällt immens schwer – ruhen Ihre Hände da, wo sie liegen oder Sie legen sie woanders hin und fühlen sich dort ein.

Die Ruhe ist das Wichtigste. Die Harmonie mit dem Tier, das Einfühlen ohne Zwang und das Befolgen irgendwelcher Regeln, das zählt. Denken Sie nicht an die Zeit, die verstreicht. Nicht an Alltagssorgen, nicht an die Umgebung. Denken Sie an NICHTS und wenn die Gedanken abschweifen und wandern, holen Sie sie zurück und gehen Sie wieder ins Nichts. Wie eine Meditation und das im Einklang mit dem Tier.

Wenn das Tier nicht mag, unruhig wird oder nicht zur Ruhe kommt, es weg von Ihnen und Ihren Händen möchte, dann ist das so und dann lassen Sie es. Dann setzen Sie sich neben Ihr Tier oder in seine Nähe, geben ihm die Freiheit zu bleiben oder eine gewisse Distanz zu halten. Und Sie bleiben bei sich selbst, immer in der Ruhe, in Harmonie, in Frieden und in der überaus wichtigen Liebe. In der Liebe zu sich und zu Ihrem Tier.

Senden Sie ihm diese Liebe, positive Gefühle voller Vertrauen und Glauben an die Gesundheit, an Heilung, an Entwicklung, an das Erfüllen dessen, was geschehen wird und was außerhalb von unserem Einfluss liegt. Bleibt das Tier bei Ihnen, wird es sich entspannen, einnicken und dösen. Sie atmen beide im selben Rhythmus, sind eng miteinander verbunden, spüren einander, fühlen und erkennen sich.

Versuchen Sie einmal Energie und Heilung durch Sie hindurch auf das Tier, auf eine erkrankte Körperstelle, auf ein Organ zu schicken. Sie können mit den Händen über den Körper des Tieres streichen, von vorn nach hinten, die Aura glätten. Sie können die Hände beidseits der Wirbelsäule auflegen und sich von vorne nach hinten durcharbeiten. Hier haben Sie den Blasenmeridian unter sich und nutzen seine Wirkung. Legen Sie die Hände auf die Chakren des Tieres oder suchen Sie sich Akupunktur- oder Akupressur-Punkte aus und legen dort die Hände auf. Oder legen Sie die Hände auf die *Dawos*-Punkte, das sind die, *wo es wehtut*.

Alles ist richtig, alles heilt und hilft und unterstützt das Tier in seiner Gesundheit und Heilung.

Ihre Hände helfen heilen, das kann jeder, dafür braucht man keine Ausbildung, sondern nur das Vertrauen in sich und die Energie, die in allem ist und die wir Gott, Engel, Naturgeister, wie auch immer nennen mögen.

Das Loslassen der Sorgen, vor allem im Krankheitsfall, wenn man alles getan hat, was einem zur Verfügung steht, das Abgeben nach *oben*, wer oder was da auch sein mag, sind angebracht und dann in ruhigem Vertrauen abwarten und dem Tier die Möglichkeit geben zu reagieren oder nicht zu reagieren.

Wir können nur helfen, das Tier entscheidet selber, ob es gesund bleiben oder werden will und wenn es nicht sein soll, dann kann das hart sein für uns Menschen, aber es kann die Wahrheit sein und nicht zu ändern. Hier kommen wir an ein Thema, das zu allen Therapiemöglichkeiten und Schätzen unserer Apotheke passt: Wir können unser Bestes geben, den Tierarzt holen, in die Klinik fahren, teure Medikamente geben und Untersuchungen laufen lassen. Im Endeffekt muss das Tier gesund werden wollen und entscheiden, welchen Weg es geht, und da spielen mehr Faktoren mit rein, als wir schulmedizinisch begründen und erklären können.

Wichtig: *Machen Sie sich vor einer Handauflegen-Sitzung mit Ihrem Kopf und Bauch, mit Verstand und Gefühl klar, dass Sie sich vor den Energien des Tieres schützen.*

Übernehmen Sie nicht die Gelenkschmerzen des Ponys oder den Juckreiz des Hundes.

Schützen Sie ebenso das Tier vor Ihren eigenen, menschlichen Energien und stecken Sie es nicht mit Ihren Wehwehchen oder Sorgen und Nöten an.

Geben Sie nur Energie von oben durch Sie hindurch zum Tier, keine eigene Kraft und kein Mitleiden!

Besonders in Situationen wie Geburt, Tod, Unfall und Schock, schwerer Krankheit und Schmerzen legen Sie die Hände auf Ihr Tier und helfen Sie ihm, damit zurechtzukommen. Sprechen Sie, wenn es sich gut anfühlt, mit ihm, singen Sie, beten Sie und seien Sie bei und für Ihr Tier da. Eine wunderbare Möglichkeit, zu der Sie nichts brauchen außer sich selbst.

> Kurz und knapp: *Hände drauf und dran, das gehört zu jedem Menschen und zu jedem Tier. Die Berührung und der Kontakt ermöglichen so viel und doch traut man es sich nicht zu, dass da etwas passiert. Aber es passiert und unterstützt Gesundheit und Wohlbefinden beider Seiten.*

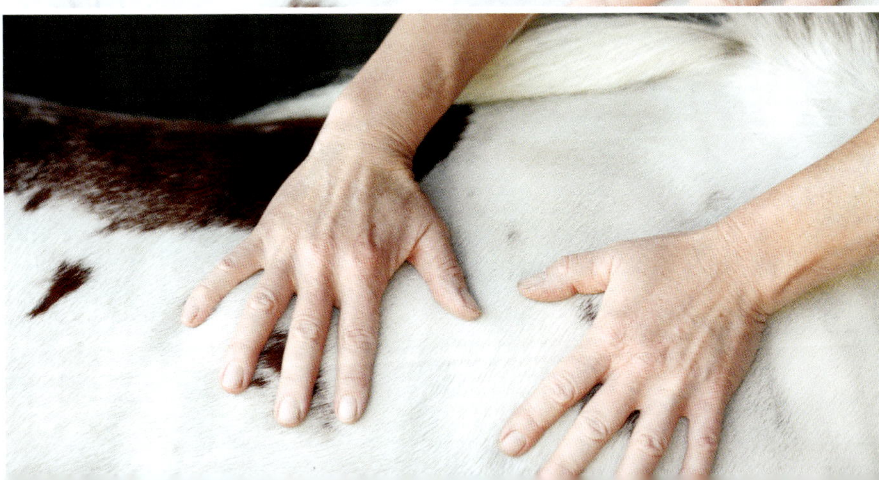

geeignet für:

Symbole und Zeichen

Zeichen sind Bestandteil der Stallapotheke, den Sie jederzeit bei sich haben, der nichts kostet, nicht wehtut, äußerst vielseitig ist und eine uralte Möglichkeit darstellt, sich selbst und Tieren zu helfen.

In diesem Zusammenhang sind die Begriffe Zeichen und Symbole für mich identisch. Es sind geometrische Formen, die über unser Unterbewusstsein wirken und wir sehen an Ötzi, dass dies nichts Neues ist, sondern uraltes Wissen und Tradition. Kein Mode-Schnickschnack, sondern neu und wiederentdeckt und heute in vielerlei Abwandlungen und in moderner Form in aller Munde. Sehen wir die Umrisse eines Herzens, weiß jeder, was gemeint ist. Sie kennen sicher die *Blume des Lebens*, spüren ihre wohltuende Wirkung und Harmonie. Oder Sie sehen das stilisierte Symbol einer Taube und denken an die Friedenstaube.

Denken wir weiter, können wir Ähnliches mit Worten machen. Was empfinden Sie bei dem Wort Liebe, Ruhe oder Frieden? Was bei den Worten Hass, Wut oder Zorn? Was würden Sie an die Wand Ihres Zimmers schreiben oder an die Stallwand? Wohl eher die ersten Begriffe, weil Sie mit ihnen etwas Angenehmes, Gutes und Schönes verbinden – ohne groß darüber nachzudenken. Ähnliches gilt für die Empfindungen von Farben und Gerüchen, für Töne oder Geschmack.

Die Zeichen unterscheiden sich in ihrer Gestalt und ihrer Anwendung, aber der Gedanke dahinter ist derselbe. Jedes Zeichen hat seine eigene Energie, Information und Aussage und wenn Sie sich damit gut fühlen und identifizieren und es mit Überzeugung einsetzen, unterstützt es die Heilung und Gesunderhaltung Ihrer Tiere. Am besten erklärt sich dies an einigen Beispielen.

Nehmen wir die SANJEEVINIS, ein aus Indien stammendes Heilsystem. Die Sanjeevinis harmonisieren und heilen auf den feinstofflichen Ebenen. Die Grundlage bilden energetische Heilfrequenzen, die als Heilgebete in Symbolen auf einzelnen Karten gespeichert sind. Die Symbole haben die jeweilige Energie als geistigen Wirkstoff in sich. Jede

Sanjeevini-Frequenz wird in Form einer Symbolkraft dargestellt, wobei die 9-blättrige Lotosblume als Grundmuster dient. Es gibt 60 Körperteil-Sanjeevinis (BPS = Body Part Sanjeevinis) und 190 gegen die verschiedensten Krankheitserscheinungen (DS = Diseases Sanjeevinis), dann etliche Sanjeevini-Kombinationen, zusammengestellt aus diesen insgesamt 250 Symbol-Mustern.

Die Anwendung ist denkbar einfach: Sie stellen Wasser, neutrale Globuli oder Futtermittel auf die Karten und übertragen mit einem persönlichen Gebet die Schwingungen. Die Heilenergie erstreckt sich nicht nur auf die Ursache der Krankheit, sondern auch auf die Auswirkungen und Symptome. Die Sanjeevinis schließen alle bekannten und alle (uns) unbekannten Heilmittel für einen konkreten Fall mit ein und aktivieren deren Heilfrequenzen. Alle Sanjeevinis sind in einem nahezu 300-seitigen Anleitungsbuch enthalten, das leicht verständlich vermittelt, wie man mit den Sanjeevinis praktisch arbeitet. An Hand dieser Unterlage aktiviert jeder die benötigten Heilenergien. Dem Anleitungsbuch sind alle Unterlagen beigefügt, die man braucht (Übertragungs- und Vervielfältigungskarte, Ganzkörperkarte, Klebeetiketten für Proben und für Sanjeevini-Kombinationen). Alles umsonst, ausführlich beschrieben und im Internet zu finden. Man kann nichts falsch machen, aber natürlich ist dieses System nicht von der Schulmedizin anerkannt, hat jedoch viele Anhänger und Verfechter sowie Anwender in der ganzen Welt.

Dann haben wir die **Neue Homöopathie** oder die **Körbler Zeichen**, die nicht viel mit der normalen Homöopathie zu tun hat, sondern eine energetische Heil-Methode ist, die auf die Forschungen und Wieder-Entdeckungen des Wiener Elektrotechnikers Erich Körbler Ende der 1980er-Jahre zurückgeht. Heute wird seine Arbeit durch die Erkenntnisse der Quantenphysik bestätigt. Ein Strich kann große Wirkung haben, kann eine Narbe entstören, was für eine Vorstellung! Linien sind wie Antennen, mit Plus- und Minuspol und zwischen beiden fließen Energie und Information.

Die Erklärung des Systems wäre hier zu komplex, aber einzelne Zeichen sind hilfreich und wir haben die Möglichkeit, diese Zeichen und Informationen auf Wasser zu prägen. Seit den Wasser-Kristallisationsbildern von Masaru Emoto wissen wir, dass Wasser ein Gedächtnis hat.

Durch seine Cluster-Struktur ist Wasser ein geniales Speichermedium für Informationen. Mensch und Tier haben durch ihr verzweigtes Nervensystem gute Antennen und aufgrund des hohen Wassergehaltes sind ihre Körper ausgezeichnete *Speichermedien*.

Entstör-Symbole:

Tiere haben in ihrem Umfeld eine Vielfalt von störenden Einflüssen und leiden wie wir unter dem allgegenwärtigen Elektrosmog. Hier gibt es einige Zeichen, die Handystrahlung und andere störende Frequenzen harmonisieren und verträglicher machen. Dies gilt auch für emotionale Strahlungen. Wir haben einen Strich, der Narben entstört, wenn Sie ihn kreuzförmig darüberzeichnen. In Gedanken über das Herz gelegt und *nur* in Ihrer Vorstellungskraft heilt er gefühlsmäßige Verletzungen und Trauer.

Das **Sinus-Zeichen** dient der Wandlung einer unverträglichen zu einer verträglichen Schwingung, egal ob Futter, Situation oder Symptom einer Erkrankung. Sie malen es auf den Körper auf. Zeichnen Sie es direkt auf die schmerzende Stelle, auf den Stich oder Biss, auf die Wirbelsäule.

Das **Ypsilon** ist das positive Verstärkungszeichen, macht Negatives verträglicher oder unschädlich. Malen Sie dieses Zeichen auf Medikamente oder Futtermittel, auf den Wasserbehälter oder Futternapf. Positive Botschaften und Affirmationen werden verstärkt, wenn Sie ein Ypsilon darüberschreiben.

Das **Doppel-Ypsilon** bringt Kraft in alle Richtungen. Malen Sie es auf den Körper auf, so werden Wechselwirkungen und Tendenzen der Selbstzerstörung ausgeglichen. Es harmonisiert und führt zur inneren Mitte.

Das **balkengleiche oder keltische Kreuz** ist ein Schutz- und Abwehrzeichen. Es dient der Entstörung und Abschirmung von Wasseradern oder anderer geopathogener Zonen und ist ein Zeichen für den Stall oder Liegeplatz der Tiere. Sie zeichnen es auf einen Zettel und legen es unter das Körbchen des Hundes oder den Schlafplatz der Hühner, des Kaninchens oder der Katze. Wenn Sie den Effekt verstärken, malen Sie

in jeden der vier Quadranten ein weiteres kleines Kreuz und haben das **Jerusalem-Kreuz** als ein Schutzzeichen gegen alle negativen Energien.

Vier Striche parallel untereinander sind ein Zeichen bei Wunden und entzündlichen Prozessen im Körper zur Anregung des Immunsystems, bei Schnupfen, Husten oder Nebenhöhlenentzündung. Malen Sie die vier parallelen, horizontal verlaufenden Striche wie Armreifen auf beide Innenseiten der Vorderbeine, unabhängig vom Ort der Entzündung. Sobald die Beschwerden abklingen, entfernen Sie die Zeichen wieder, wenn sie nicht schon von alleine verblasst sind. Bei Wunden jeder Art zeichnen Sie die vier Striche auf den Verband oder Wickel, das beschleunigt die Heilung.

Die **Blume des Lebens** ist ein bekanntes Beispiel für Symbole und findet sich überall auf der Welt. Diese Blume harmonisiert, gibt mehr Energie und Kraft, sie entstört und schützt und ist vielseitig einsetzbar.

Zeichnen Sie die Zeichen direkt auf den Körper des Tieres, zum Beispiel auf ein dickes Bein, einen Insektenstich, eine Narbe, ein Ekzem und nehmen Sie hierzu einen Viehzeichenstift für die großen Tiere oder einen wasserlöslichen Filzstift für die kleineren. Sie können die Zeichen auf ein Blatt Papier oder eine Folie zeichnen und sie dann am oder unter dem Futter- oder Wasserbehälter, dem Schlafplatz, an der Stallwand oder Boxentür befestigen. Das Symbol der Blume des Lebens gibt es als selbstklebende Folien zu kaufen, die man bequem überall anklebt, wo sie gebraucht werden. Da Wasser sehr gut Informationen und Energien aufnimmt, werten Sie Trink- und Brauchwasser für Ihre Tiere mit der Kraft der Zeichen und Symbole auf.

Zettel mit positiven Affirmationen bringen Sie dort an, wo Sie sie selbst immer wieder im Blick und im Fokus haben. Sie können auch über eine Zeichnung oder ein Foto Ihres Tieres arbeiten.

Kurz und knapp: *Symbole und Zeichen begleiten uns durch den Alltag, ebenso die Zahlen, die auch ihre Energie haben. Ein großes und interessantes Feld, das Sie sicher bei vielen gesundheitlichen Problemen anwenden können und das vielseitig und kostenfrei einsetzbar ist.*

geeignet für: 

Farben

Tiere sehen anders bunt als wir. In der Aura-Soma-Therapie, bei den Heilsteinen und Bach-Blüten, bei Wickeln und Packungen, beim Heilen mit Zeichen und Symbolen spielen **Farben** eine wichtige Rolle und rühren an dem uralten Wissen, das wir alle in uns tragen.

Die Bedeutung der Farben war schon immer wichtig, alle Kulturen in aller Welt und zu aller Zeit beschäftigen sich damit und nutzen die Sprache und Botschaft von Licht und Farbe. Auch zu Heilzwecken ist dies möglich, bei Rot ist das z. B. die Rotlicht-Lampe, warm und entspannend und heilend.

Jede Farbe hat eine Frequenz, die mit dem Tier und seiner Krankheit bzw. Gesundheit in Kontakt tritt. Farbe ist im Unterschied zum Pigment ein subjektiver Sinneseindruck, der durch das Licht einer Wellenlänge auf der Netzhaut des Auges und den Sinneszellen eine Nervenerregung auslöst, die zum Gehirn geleitet wird und dort als Farbe ins Bewusstsein tritt. Farbe ist eine Sinnesempfindung und keine physikalische Eigenschaft. Aber die Farben wirken nicht nur über das Auge, sondern über die Haut und ganzheitlich auf jeden Organismus.

Am einfachsten ist es, sich die Gestaltung des Stalles, Käfigs, Tierbettes anzuschauen. Was machen Sie hier mit Farben und wie gestalten Sie um und neu? Eine dunkle Wand im Stall hell streichen, das bringt Licht hinein, dazu dann noch im Farbton auskleiden, der die Gesundheit fördert. Den Bezug des Hundekissens, die Decke der Katze, die Satteldecke oder Abschwitzdecke vom Pferd werden in Farben ausgesucht, die guttun, die das Wohlbefinden steigern. Ebenso Halfter, Hundegeschirr oder Halsband, Futter- und Wasserbehälter, alles was in Kontakt mit dem Tier kommt.

Bei den Wickeln und Bandagen suchen Sie sich die Farbe aus, die Heilung unterstützt, Ähnliches gilt für das Tapen, die Arbeit mit den flexiblen und haftenden Pflasterstreifen, die der Physiotherapeut verwendet.

So können Sie therapeutisch mit Licht und Farbe arbeiten, nicht nur mit dem wärmenden Rotlicht, sondern mit allen anderen Farben und einer Farblampe. Einzelne Tücher in den jeweiligen Farben werden punktgenau und erkrankungsspezifisch am Tier, auf den Chakren, auf dem Schlafplatz oder unter seinem Futter angebracht – der Fantasie sind wenig Grenzen gesetzt.

Welche Farbe hilft wann am besten?

Rot fördert die Aktivität und Durchblutung, macht wach und regt den Stoffwechsel an. Zu viel Rot erhitzt, regt den Appetit an und erregt, daher dosiert einsetzen. Rot wird bei Traurigkeit, niedrigem Blutdruck, Verdauungsstörungen, Durchblutungsstörungen, Blutarmut, Schwäche nach der Geburt, Blasenentzündung und Fruchtbarkeitsstörungen eingesetzt.

Orange wirkt auf den Bauchraum, auf die Nieren und Lunge, löst Verstopfungen und emotionale Verspannungen und Depressionen. Es wirkt vorbeugend und unterstützend gegen Muskelkrämpfe und Muskelverspannung. Orange an den Wänden macht gemütlich und hellt dunkle Räume auf.

Gelb ist die Sonne, ist Licht und Freude und wirkt auf Magen-Darm, die Nerven, Leber, Milz und Blase. Es macht neugierig. Gelb entgiftet und hilft bei Lebererkrankungen, Lähmungen, Verspannungen in der Muskulatur und schwachem Abwehrsystem. Gelbe Wände hellen ungemein auf.

Grün steht für Harmonie und Gleichgewicht und beruhigt und entspannt, fördert den Schlaf. Es ist die Farbe für Erkrankungen der Atemwege und des Herzens und wirkt als Ausgleich, unterstützend bei Bluthochdruck, Herzanfällen, Atmungsschwierigkeiten und Schlafstörungen. Grüne Wände sorgen für Ruhe und Sicherheit.

Blau hat eine schmerzstillende, fiebersenkende und entzündungshemmende Wirkung. Es löst Verspannungen, gibt Ruhe und entspannt bei Nervosität. Wenden Sie blaues Licht nicht bei Erkältung, schlechter Durchblutung oder Muskelverspannungen an.

Indigo hilft bei nervösen Erkrankungen und regt die Hypophyse an. Es lindert Schmerzen, heilt und ist eine Farbe bei Brandwunden.

Violett regt an und gleicht bei Depressionen aus.

Cyan oder Türkis ist eine kühle, frische Farbe, hilft bei Infekten und Allergien aller Art und schützt das Immunsystem.

Purpur oder Violett steht für allgemeinen Schutz und ist schmerzlindernd, reinigend und entschlackend. Es wirkt auf das Immun- und Lymphsystem und unterstützt den Flüssigkeitshaushalt.

Magenta, Pink und Rosa sind eher die sanften Farben. Magenta ist eine Schutzfarbe und wird als *Erste Hilfe* bei körperlichen und seelischen Schocks eingesetzt. Rosa wirkt besänftigend und baut Aggressionen ab.

Weiß dient der allgemeinen Heilung und hat Bezug zu der Lunge. Eine weiße Wand neutralisiert, hellt auf und belebt, wirkt frisch und sauber.

Grau besitzt wenig heilende Kraft.

Schwarz sollte nicht oft eingesetzt werden.

Braun wird bei Gleichgewichtsstörungen eingesetzt.

Gold ist wie Gelb die Sonne und gibt Kraft. Gold hilft gegen Angst, Unsicherheit und Gleichgültigkeit.

Extra-Info: Wie sehen unsere Tiere die Farben, die wir Menschen wahrnehmen? Die meisten Tiere haben nicht drei Zapfentypen im Auge wie wir, sondern nur zwei und damit ein dichromatisches Farbsehen. Dies liegt in der nächtlichen Lebensweise, die erst vor Millionen Jahren teilweise zur tagaktiven Lebensart überging. Einige nachtaktive Säugetiere haben sogar nur einen Zapfentyp und sind völlig farbenblind. Vögel, viele Fische und Reptilien sehen die Welt in vielen Farbtönen und haben vier Zapfentypen.

Wir setzen die Farbtherapie über die Augen für die meisten unserer Haustiere nicht 1:1 mit den Empfehlungen für uns Menschen um, es sei denn, wir gehen damit in den Hühnerstall oder an die Sittich-Voliere.

*Extra-Info: Die **Chakren** sind Energiezentren, die durch Energiekanäle miteinander verbunden sind und entlang der Wirbelsäule liegen. Sie haben Einfluss auf Körper, Geist und Seele und werden im Rahmen verschiedener Therapien harmonisiert, ausgeglichen bzw. ihre Blockaden gelöst.*

Jedes Chakra hat seine Farbe: Rot ist das Wurzelchakra, Orange das Sexualchakra (Sakralchakra), Gelb das Solarplexuschakra (Nabelchakra), Grün das Herzchakra, Blau das Halschakra, Indigo das Stirnchakra und Violett das Scheitelchakra (Kronenchakra). Obwohl das System der Chakren eher auf den Menschen bezogen ist, nimmt man beim Tier ähnliche Chakren an und therapiert darüber.

Chakren am Beispiel Pferd

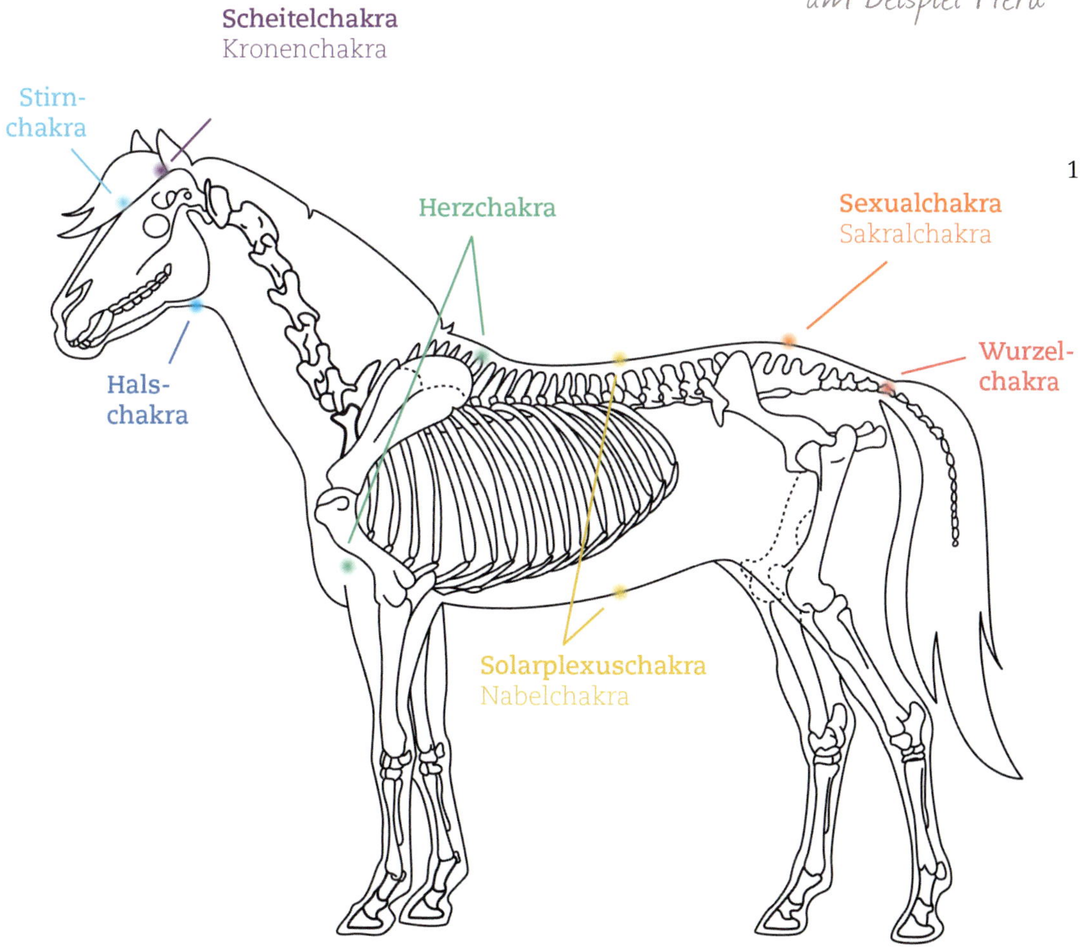

Extra-Info: *Johann Wolfgang von Goethe befasste sich mit den Farben und hörte Medizinvorlesungen. Er verstand das Leben und die Zusammenhänge und erarbeitete seinen Farbenkreis, der im Gegensatz zu dem von Newton eine neue und ungewohnte Weltanschauung verkörpert. Den beiden reinen Farben Gelb und Blau sowie dem Rot stellt er die Komplementärfarben gegenüber. Die Farbe Magenta (oder Purpur) steht oben im Farbkreis. Sie kann nach Goethe nicht aus anderen Farben gemischt werden. Magenta löst Blockaden und Verhärtungen ebenso wie das ihm im Kreis gegenüberliegende Grün.*

Goethe verbindet die einzelnen Farben mit Begriffen wie Wärme, Kraft und Licht für die Farbe Gelb oder Dunkel, Schwäche und Kälte für die Farbe Blau. Die Farben wirken für ihn über das Auge auf das Gemüt. Farben haben eine psychologische Wirkung.

„Wir leben zwischen Licht und Dunkelheit
und zwischendrin sind die Farben."
Johann Wolfgang von Goethe

Kurz und knapp: *Was ist Ihre persönliche Lieblingsfarbe und warum ist sie das? Die Beobachtung unserer eigenen Vorlieben und die Bedeutung der Farben eröffnet uns ein neues Denken. Was sind die Farben in dem natürlichen Umfeld des Tieres und wie kann ich mit einfachen Mitteln und Farbe die Gesundheit unterstützen? Mit Rot und Blau und Grün können Sie einiges in Bewegung setzen.*

Austesten
(Rute, Pendel, Tensor, Muskeltest)

Egal ob Sie das Pendel oder einen Tensor nehmen oder mit einer Variante des Muskeltestes arbeiten, im Grunde versuchen Sie mit einem Werkzeug oder einer Körperreaktion Ihr Bauchgefühl, die Intuition, die innere Stimme und Ihr eigenes Wissen deutlicher zu zeigen. Sie fühlen sich sicherer, wenn eine Diagnose oder ein passendes homöopathisches Mittel mit dem Pendel angezeigt wird.

Jeder kann *testen*, man muss es aber lernen und üben, es braucht Zeit und Geduld. Fehler und falsche Ergebnisse beim Testen liegen bei und in uns, denn das Werkzeug Pendel kann nichts anzeigen. WIR sind es, die testen und die Fehlerquote in uns tragen.

Sie können alles austesten: Das richtige Futter für Ihr Tier, das passende Therapieverfahren, das einzusetzende Medikament, wo hat es Schmerzen, welches Organsystem soll unterstützt werden und was fühlt Ihr Tier.

Die Arbeit mit Pendel, Rute, Tensor und der Muskeltest werden in vielen Büchern und Kursen vermittelt und beruhen auf einer Art Einigung mit dem jeweiligen Gerät oder der Körperreaktion über seine Aussage, wie ein Ja oder Nein aussieht und welche Bewegung dies anzeigt. Das kann ein Schwingen im oder gegen den Uhrzeigersinn sein oder ein Auf und Ab oder Hin und Her. Eine weitere Möglichkeit ist das Arbeiten über Tafeln oder Listen, das Testen von Substanzen wie Futter oder Medikamenten am Tier direkt.

Die **Kinesiologie** hat mit ihren Muskeltests ähnliche Möglichkeiten, eine unbewusste Reaktion des Körpers darzustellen. Die Entdeckung, dass Muskeln schwach reagieren, wenn der Körper etwas Schädlichem ausgesetzt ist, und dagegen stark wird, wenn etwas Positives und Gutes auf ihn zukommt, ist die Grundlage.

In der Praxis sind die Möglichkeiten interessant, die Sie alleine und ohne weitere Hilfsperson durchführen können. Meist wird der Deltamuskel am Arm getestet, es kann auch am Unterarm oder Bein getestet werden, aber hierfür ist immer eine zweite Person notwendig. Mit dem **Selbst-Muskeltest** treffen Sie Entscheidungen und diese kommen bei richtiger Ausführung nicht aus dem Verstand, sondern aus der gesamten Körperweisheit, aus Bewusstsein und Unterbewusstsein und einer Anbindung *nach oben*.

Allgemein stellen Sie beim Austesten keine Fragen, sondern formulieren positive Aussagen, auf die es eine Ja- und eine Nein-Antwort gibt. Oder Sie nehmen den zu testenden Gegenstand, das ist eine Futterprobe oder ein Medikament, in die Hand oder schauen es an und testen dann mit dem Gedanken und der Verbindung zu dem Objekt, ob es Ihrem Tier guttut oder nicht.

Es gibt eine Fülle von Möglichkeiten, den Muskeltest am eigenen Körper durchzuführen:

Sie drücken den ausgestreckten Arm nach unten, testen den Oberschenkel, bilden mit Daumen und Zeigefinger beider Hände einen Ring und ziehen ihn auseinander, drücken den Zeigefinger herunter und Ähnliches.

Mit dem **Körperpendel** testen Sie am ganzen Körper die Reaktion auf eine Fragestellung. Sie stellen sich aufrecht hin und gucken, ob Sie bei einer Ja-Antwort nach vorne *schwanken* oder ob ein Nein eine Bewegung nach hinten anzeigt.

Hier gibt es viele Möglichkeiten, die Sie ausprobieren können und wo sich sicher etwas findet, was passt und stimmt.

Wenn Sie die Möglichkeit haben, einen erfahrenen *Tester* zu finden, der Ihnen alles in der Praxis erläutert und der Ihnen erste Hilfestellungen gibt, oder wenn Sie ein Seminar zum Thema Austesten besuchen, ist dies sicher hilfreicher als das Selbststudium von Literatur und eine Internetsuche.

Kurz und knapp: Ein seltsam und exotisch anmutendes Kapitel und Thema. Aber öffnen Sie sich diesen Möglichkeiten, verstärken Sie Ihre Intuition und werden Sie sicherer in vielen Dingen, die zur Therapie und Gesunderhaltung Ihrer Tiere beitragen.

Systemische Tieraufstellungen

Was sind systemische Tieraufstellungen und was sucht dieser Begriff in einer Stallapotheke? Ich habe vor Jahren diese wunderbare und immer wieder erstaunliche Aufstellungsmöglichkeit für Menschen entdeckt und war begeistert. Das Vorbild der systemischen Tieraufstellung ist die Familienaufstellung nach Bert Hellinger, die auf den Menschen zugeschnitten ist. Da unsere Familien und Familiensysteme oft nicht nur aus Vater, Mutter, Kind und den Verwandten bestehen, sondern oft Haustiere eng mit diesen Familien leben, wird bei Problemen das große Ganze, das System der Familie mit Zwei- und Vierbeinern betrachtet. Das ist ähnlich dem ganzheitlichen Gedanken von Körper, Geist und Seele, wo nicht nur ein Teil isoliert gesehen wird, sondern die natürliche Gesamtheit.

Viele Haustiere leben in einer engen Verbindung mit dem Menschen und der Mensch in enger Bindung an sein Tier, sodass beide Seiten teilweise *verschmelzen* und bei gesundheitlichen Problemen oder Verhaltensauffälligkeiten dieses Geflecht auch dargestellt werden soll, um zu sehen, wo die Energie des Tieres und die des Menschen ist.

Es kann vorkommen, dass wir ähnliche Krankheitsbilder bei dem Tierbesitzer und seinem Tier finden, einen Hautausschlag oder eine Verdauungsstörung. Die Behandlung des Tieres hilft dann dem Besitzer, eine Therapie des Besitzers hilft aber auch dem Tier, wenn beide eng miteinander verbunden sind.

Hier stellt sich die *unangenehme* Frage nach dem Nutzen einer Krankheit. Will das kranke Tier gesund werden und sich damit verändern? Will der kranke Besitzer selber gesund werden, will er sich verändern und wollen beide Parteien Gesundheit und Veränderung oder soll alles bleiben, wie es ist?

Krankheit kann Vorteile bieten. Denken Sie an die zusätzliche Fürsorge, an vermehrte Pflege, an die Möglichkeit sich vor unangenehmen Aufgaben und Arbeiten zu drücken. Die Krankheit bietet etwas und drückt auf der anderen Seite deutlich durch ihre Symptome aus, was im Argen ist.

Ein Herzfehler kann auf Probleme der Gefühlsebene hinweisen, Hautprobleme auf allgemeines Unwohlsein und Sich-nicht-Wohlfühlen, eine Verletzung der Gliedmaßen und Lahmheit auf die Verweigerung von Leistung und Bewegung.

Sie selbst haben es mit der systemischen Aufstellung in der Hand, Ihre Schwierigkeit mit dem Tier, das gesundheitliche Problem, die Erkrankung Ihres Tieres, Herausforderungen innerhalb der zwei- oder vierbeinigen Familie oder der Herde anzugehen, indem Sie dies alles als ein *System* betrachten und sich bildlich vor Augen führen.

Das Aufstellen ist eine wunderbare Begleitung von Naturheilverfahren und Hilfe bei chronischen und psychosomatischen Erkrankungen der Tiere.

Wie aber gehen wir vor und was brauchen wir? Anders als in der Aufstellungsarbeit für den Menschen und seine Fragestellungen arbeiten wir hier nicht mit der Aufstellung von Personen, sondern wir nehmen Papier und Stift. Es funktioniert auch mit Gegenständen oder Figuren, mit Platzhaltern jeder Art. Stellen Sie sich die Situation vor Ihrem inneren Auge vor und zeigen Sie es dann sichtbar auf mit einer Zeichnung oder mit Figuren. Es soll klar erkennbar sein, wo der Mensch bzw. Tierhalter steht, wo das Tier oder die Tiere und wie die Beziehung untereinander ist.

Beginnen Sie mit dem Ist-Zustand, lassen Sie ihn auf sich wirken, auch über Nacht, und fühlen Sie sich in das ein, was Sie vor sich sehen. Das Situationsbild vor Ihnen ist nicht starr und in Stein gemeißelt, sondern beweglich und veränderbar.

Fühlen Sie sich dann in eine verbesserte und veränderte Situation ein und stellen Sie diese dar. Bewegen Sie die Figuren oder zeichnen Sie alles neu auf. Wagen Sie die Veränderung, probieren Sie aus und fühlen Sie sich ein, in das Neue, das vor Ihnen liegt. Lassen Sie die Zeichnung oder Figurengruppierung an einem Ort stehen, wo sie nicht hindert.

Dies alles arbeitet, es arbeitet für Sie, für das Tier, für das System und es tut sich etwas. Wenn Sie weitere Veränderungen vornehmen möchten, dann machen Sie das. Fügen Sie andere Elemente hinzu, nehmen Sie überflüssig gewordene weg, ändern Sie Richtung und Abstand der Beteiligten.

Das Aufstellen hilft bei Stress mit einem Tier, bei Unruhe und gehäuften Konflikten in einer Tiergruppe oder Herde, bei Problemen mit der Nachzucht der Tiere, bei eigenen menschlichen Schwierigkeiten, die sich auf die Tierhaltung auswirken, wie beispielsweise notwendigen Entscheidungen wie Umzug, Stallwechsel, Kauf eines neuen Tieres oder Haltungsveränderung.

Überlegen Sie bei einer Aufstellung zuerst, was Ihr Problem und die Fragestellung ist, und halten Sie dies schriftlich fest. Suchen Sie sich dann die nötigen Hilfsmittel, Papier und Stifte oder Gegenstände, zusammen und stellen Sie damit das Problem bildlich dar. Spüren Sie sich ein, erfühlen Sie die Beziehungen untereinander, wo stimmt etwas nicht und wo ist es schön. Bewegen Sie die Teilnehmer Ihrer Aufstellung, fühlen Sie sich in die veränderte Lage ein und fragen Sie sich, was weiter geändert werden sollte, damit die Situation besser und schöner wird. Dies kann in einigen Schritten vorangehen, muss nicht innerhalb einer halben Stunde erledigt sein, sondern benötigt seine Zeit. Verändern Sie so lange, bis sich das Gesamtbild rund und gut anfühlt. Dann räumen Sie alles weg oder lassen Sie es stehen oder liegen, wie es für Sie stimmig ist.

Beispiel 1: Der Pferdehalter XY hat drei Pferde in einem Reitstall und einen erfüllenden Beruf. Alles läuft so weit gut, bis sich im Laufe der Zeit eine Ehefrau und zwei kleine Kinder dazugesellen und alles nicht weiterlaufen kann wie bisher, da die Zeit für die Familie und Haus und Garten zu Beruf und Hobby kommen. Es ergeben sich Diskussionen mit der Ehefrau und XY fühlt sich zunehmend unter Druck gesetzt durch die vielen Ansprüche, die an ihn gestellt werden. Die Pferde kränkeln im Laufe der Zeit, entwickeln Juckreiz, scheuern sich vermehrt und wirken unruhiger und unzufriedener als die Jahre zuvor.

Er stellt seine Lage wie folgt auf: In die Mitte kommt ein Playmobilmännchen, das ihn selbst symbolisiert. Um ihn herum ordnet er auf der einen Seite hinter sich die drei Pferde an, dazu einen Zettel mit dem Wort Hobby/Sport/Ausgleich, denn das bedeuten ihm die Tiere. Eine weitere Figur stellt seine Frau dar, die sich ihm gegenüber „aufbaut“ und an ihrer Seite zwei kleine Figuren für die Kinder.

Beispiel für Aufstellungs-möglichkeit

Dann kommt dahinter ein Stein als Platzhalter für Haus und Garten und die damit verbundenen Verpflichtungen und auf die andere Seite hinter sich ein Zettel mit dem Wort Beruf, auf das er zusätzlich die Begriffe Einkommen, Gehalt, Geld schreibt.

Nun tritt er zurück, sieht die vielen ihn umgebenden Faktoren, die ihn bedrücken und ihm keine Freiheit mehr lassen. Die Familie, das Haus, er fühlt die Tiere hinter sich, die auch versorgt werden müssen und mehr Sorgen machen als früher, die Zeit und Energie einfordern. Der Beruf, der Freude macht, alles finanziert und trägt und Zeit kostet. Was verändern?

XY schiebt im Laufe der nächsten Tage viel hin und her und lässt sich Zeit mit den Veränderungen und Möglichkeiten, mit den Gefühlen und Stimmungen. Nach einiger Zeit kristallisiert sich ein Bild heraus, das seine Familie neben ihm zeigt, das Haus hinter ihm, den Beruf an seiner Seite. Die drei Pferde haben eine weitere Person zur Mithilfe und Beteiligung neben sich und einen Zettel mit der Option des Verkaufs von einem oder zwei Tieren in gute Hände. Das fühlt sich besser und entspannter an, muss aber nicht die Endlösung sein. Das System wächst und verändert sich. Die Pferde werden im Laufe des Jahres wieder „normal", gesund und ausgeglichen.

Beispiel für Aufstellungsmöglichkeit

Beispiel 2: Hundebesitzerin XY hatte schon immer Hunde und ist mit ihnen aufgewachsen. Die Bindung zu ihrem jeweiligen Hund ist eng und der Hund begleitet ihren Alltag und lebt mit ihr im Haus. Viele Hunde wurden krank und sind früh gestorben und XY beklagt sich darüber, dass immer sie das Pech hat mit Krankheit und Leid, Pflege, Zeit und Kosten. Sie stellt ihre Situation und ihr System auf. Sie selbst steht mit einer Figur in der Mitte und vor ihr steht der Hund und blickt sie an. Daneben liegt ein Zettel mit dem Wort Krankheit, hinter ihr ein Zettel mit dem Wort Beruf und Einkommen.

Sie fügt ein Blatt mit der Frage „Warum immer ich und mein Tier?"dazu. Alles erscheint traurig und schwer. XY fühlt sich nicht in sich selbst, sondern in ihr Tier ein und es wird ihr unangenehm vor dem Menschen, vor ihr zu sitzen und regelrecht belauert zu werden. Und der Zettel mit dem Begriff der Krankheit und der mit der Frage erdrücken das Tier förmlich.

Das Bild wird verändert, der Hund kommt auf ihre rechte Seite. Das fühlt sich schon, besonders wenn XY sich in den Hund einfühlt, besser an. Die Zettel mit der Krankheit und der Frage kommen mal weit nach außen und hinten und sind kaum mehr sichtbar.
An ihrer Stelle liegt ein Zettel mit den Worten Gesundheit, Wohlbefinden, Harmonie, langes Leben und dieser kommt in den Bereich vor Hund und Mensch. Der Beruf bleibt, wo er ist, er belastet nicht. Was fehlt?

Es kann ein Freundeskreis sein, ein Sich-mehr-Kümmern um die Familie, um ein Hobby außerhalb des Hundes, mehr Sport, was für sich selbst tun. Das alles kann XY ausprobieren.

Der Druck und der Fokus NUR auf den Hund und auf die Möglichkeit einer Erkrankung oder des Todes wird verkleinert und auf ein normales Maß reduziert. Allen geht es besser und der Hund kann sein, was er ist: ein gesunder Hund und Begleiter von XY.

Kurz und knapp: *Das Aufstellen eines Gesundheits- oder Verhaltensproblems ist ein anderer, ungewöhnlicher und spannender Ansatz, um der Ursache auf die Spur zu kommen. Suchen Sie sich bei anfänglichen Schwierigkeiten einen Therapeuten zur Unterstützung. Lesen Sie die Bücher zum Thema und trauen Sie sich in das Thema einzufühlen, es darzustellen und wieder zu fühlen. Eine wunderbare und tiefgehende Erfahrung, die beim Tun schon im Tier wirkt und hilft.*

Vital funktionen beim Tier

Vitalfunktionen beim Tier

Atmung

Hund: 15–30 Atemzüge/Minute
Katze: 20–40 Atemzüge/Minute
Pferd in Ruhe: 8–16 Atemzüge/Minute
Pferd bei starker Belastung: bis 100 Atemzüge/Minute
Rind ausgewachsen: 16–36 Atemzüge/Minute
Rind als Kalb: 16–50 Atemzüge/Minute
Schwein ausgewachsen: 8–18 Atemzüge/Minute
Kaninchen: 35–100 Atemzüge/Minute
Meerschweinchen: 80–90 Atemzüge/Minute
Hühner: 20–30 Atemzüge/Minute
Ziervögel: 75–95 Atemzüge/Minute

Temperatur (rektal gemessen)

Hund: 37,5–39,0 (Welpe bis 39,5 °C)
Katze: 38,0–39,3 (Welpe bis 39,5 °C)
Pferd ausgewachsen: 37,5–38,0 °C
Pferd als Fohlen: 37,5–38,5 °C
Rind ausgewachsen: 38,0–39,0 °C
Rind als Kalb: 38,0–39,5 °C
Schwein ausgewachsen: 38,0–39,0 °C
Schwein als Ferkel: 38,0–39,5 °C
Kaninchen: 38,5–40,0 °C
Meerschweinchen: 37,8–39,5 °C
Geflügel: 41,0–42,0 °C (rektal nicht zu messen)

Puls

Hund je nach Rasse und Größe: 80–120 Schläge/Minute
Katze: 80–140 Schläge/Minute
Pferd in Ruhe: 28–40 Schläge/Minute
Pferd bei starker Belastung: bis 220 Schläge/Minute
Pferd als Fohlen: 60–80 Schläge/Minute
Rind: 70–90 Schläge/Minute
Rind als Kalb: 70–110 Schläge/Minute
Schwein ausgewachsen: 60–80 Schläge/Minute
Schwein als Ferkel: 60–90 Schläge/Minute
Kaninchen: 130–325 Schläge/Minute
Meerschweinchen: 230–280 Schläge/Minute
Geflügel: Hühner 350–370 Schläge/Minute
Puten: 200–280 Schläge/Minute
Gänse: 200 Schläge/Minute
Tauben: 150–250 Schläge/Minute
Enten: 175–190 Schläge/Minute

Erkrankungen

Erkrankungen

Hier beschreibe ich häufig auftretende Erkrankungen und Gesundheitsprobleme und eine mögliche Behandlung mit unserer Stallapotheke. Bei großen Verletzungen, unklaren und schweren Krankheiten suchen Sie umgehend einen Tiertherapeuten auf.

Kleine Hautverletzungen, leichter Durchfall, erstes Jucken und Kratzen, vorbeugende Maßnahmen beim Fellwechsel oder zur Entwurmung behandeln Sie mit Ihrer Stallapotheke. Als Erste Hilfe, wenn kein Therapeut zur Stelle oder erreichbar ist, haben Sie einige Möglichkeiten, Ihrem Tier zu helfen. **SIE** tragen die Verantwortung für Ihr Tier und erkennen klar die Grenzen, wann die Eigenregie in der Behandlung machbar und wann Hilfe und Unterstützung eines Therapeuten, egal ob Tierarzt oder Heilpraktiker, notwendig und sinnvoll ist.

An erster Stelle steht immer das Erkennen und Abstellen der **Ursache** der Erkrankung oder des gesundheitlichen Problems.

ABMAGERUNG

Ihr Tier nimmt ab, verliert Körperfett oder sogar Muskelmasse und bekommt raue, dünne und glanzlose Haare bzw. Federn. Verletzungen heilen langsam und das Tier scheint matt und kränklich. Eine Abmagerung kann vielfältige Ursachen auf körperlicher und seelischer Ebene haben. Oft liegt der Grund in einem Befall mit Endoparasiten (Würmern, Milben) oder Erkrankungen von Leber und Niere, des Verdauungssystems (Zähne/Kiefer) oder Herzens, einer Hyperthyreose (Überfunktion der Schilddrüse), chronischen Schmerzen oder karzinogenen Erkrankungen.

Wichtig: **Kennen Sie das Ausgangsgewicht Ihres Tieres? Wenn ja, wiegen Sie es zum Vergleich nach und behalten Sie das Gewicht im Auge. Hat das Tier Fieber und eine Entzündung? Überprüfen Sie Fütterung und Haltung und versuchen Sie, die Ursache des Gesundheitsproblems herauszufinden, um die Behandlung sinnvoll und wirkungsvoll anzugehen.**

» **Bach-Blüten:** Bei seelischen Ursachen oder gleichzeitigen Verhaltensauffälligkeiten lesen Sie bei den Bach-Blüten weiter. Hier kann eine Mischung mit Clematis, Gorse, Olive, Star of Bethlehem helfen.

» **Basenpulver**

» **Effektive Mikroorganismen**

» **Heilerde**

» **Heilkräuter:** Andorn, Anis, Bertram (Gewürz und Heilmittel aus der *Hildegard-von-Bingen-Medizin*), Bockshornklee, Brennnessel (Samen!), Gänseblümchen, Ginseng, Griechisches Heu, Gundelrebe, Ingwer, Kurkuma, Löwenzahn, Meerrettich, Moringa, Oregano, Petersilie, Schafgarbe, Teufelskralle. Avena sativa (Haferkraut) oder Glechoma hederacea (Gundelrebe) als Urtinkturen (Firma Ceres). *Leberkräuter- oder Bitterkräuter-Mischung* mit Löwenzahn, Mariendistel, Pfefferminze u.a. Kräutern oder die Pflanzensäfte der entsprechenden Kräuter (Firma Ewalia oder Neumanns) oder Schwedenkräuter.

» **Heilmoor**

» **Heilpilze:** Cordyceps, Hericium, Reishi, Shiitake

» **Heilsteine:** Jaspis gelber

» **Homöopathie:** Abrotanum, Acidum aceticum, Acidum phosphoricum, Arsenicum album, Calcium carbonicum, Carbo vegetabilis, Jodum, Kreosotum, Lycopodium, Natrium chloratum, Phosphor. Zur Unterstützung 2 Mal in der Woche Coenzyme compositum und Ubichinon compositum (beides Heel) geben und mit einem Leber- und Nierenkombimittel kombinieren.

» **Honig**

» **Kolostrum**

» **Schüssler-Salze:** Nr. 2, 8, 13, 16, mit Durchfall Nr. 5, bei Übersäuerung Nr. 9, Nr. 11 oder ISO Bicomplex 2, 17

» **Spagyrik:** Solunat Nr. 2, 3 oder 4

» **Außerdem:** Pflanzenöle, Flohsamen, Leinsamen, Aura Soma, Heilen mit Symbolen und Zeichen, Farben

Wichtig: Überprüfen Sie die Fütterung und den Gehalt an Nährstoffen, Mineralstoffen und Vitaminen in der Tagesration. Bei Pflanzenfressern ist eine Untersuchung und Analyse des Grundfutters und Heus sinnvoll, um die Ration genau zu berechnen. Liegt eine schleichende Vergiftung oder chronische Stoffwechselerkrankung vor? Ist eine Kotuntersuchung angebracht, eine Urin- oder Blutuntersuchung in Absprache mit Ihrem Therapeuten?

Vor der Ursachenforschung kann nur allgemein behandelt werden. Zielgerichtet ist die Therapie erst **nach** dem Abstellen des Auslösers für den Gewichtsverlust und die Erkrankung.

ABSZESS

Ein Abszess oder Eitergeschwür ist eine eitrige, abgekapselte Entzündung im Gewebe durch eine Infektion nach einer Operation, Spritze, Verletzung, einem Biss oder durch einen Fremdkörper. Ein *heißes Geschwür* wird durch Bakterien hervorgerufen. Bei einem kalten, keimfreien oder asepetischen Abszess finden sich keine Erreger und es verläuft ohne die typischen Entzündungszeichen.

Wichtig: **Die fünf Hauptsymptome der Entzündung sind Schmerz, Erwärmung, Rötung, Schwellung und eine Funktionseinschränkung.**

Das oberflächliche heiße Abszess entwickelt Hitze und Röte, Schmerzhaftigkeit und Eiter.

Eiter ist eine gelbliche Absonderung und besteht aus Immunzellen und Bakterien. Das Immunsystem bekämpft die eingedrungenen Erreger, löst die Entzündungsreaktion aus und entwickelt in einem Gewebehohlraum den Eiter, der *Zellmüll* und Abwehrzellen enthält.

Ein Abszess im Bereich der Haarwurzeln und Talgdrüsen ist ein Furunkel. Mehrere Furunkel nebeneinander bilden ein Karbunkel. Die Eiterherde sind unterschiedlich groß, möglich sind kleine rote Knötchen bis handflächengroße Abszesse.

Wichtig: **Je nach Lage des Abszesses und Allgemeinbefinden suchen Sie einen Therapeuten auf. Nie ein Abszess mit Gewalt ausquetschen oder anstechen!**

Das Abszess wird in der Regel *zum Reifen* gebracht und der Eiter fließt nach außen ab.

» **Akupressur:** Punkte bei Schmerzen

» **Ätherische Öle:** Galbanum (Ferula galbaniglua, F. gummosa), Lavendel, Niaouli(!). Öle zur Reinigung und Desinfektion, Verletzungen, später *Wundheilsalbe* extra zur Ausheilung, Mischung zur Narbenpflege

» **Basenpulver**

» **Egel (Blutegel)**

» **Grapefruitkern-Extrakt**

» **Heilerde**

» **Heilkräuter:** Lesen Sie bei den Kräutern gegen Entzündungen weiter.

» **Heilmoor**

» **Heilpilze:** Auricularia, Coriolus, Hericium, Polyporus und Reishi

» **Heilsteine:** Achat, Amethyst, Baryt, Bergkristall, Bernstein, Heliotrop, Lapislazuli, Mookait, Obsidian, Rhodonit, Smaragd, Steinsalz

» **Homöopathie:** Notfallapotheke und Abszess, Entzündungsmittel allgemein, auch Immunsystem und Lymphsystem oder Verletzungsmittel allgemein

» **Honig**

» **Hydrolate:** Arnika, Echinacea, Hamamelis, Immortelle, Lavendel, Rose, Teebaum

» **Kieselgur**

» **Knospenmittel:** Feldulme, Heckenrose, Schwarze Johannisbeere, Schwarzpappel, Stieleiche, Walnuss

» **Kokos**

» **Kolloidales Silberwasser**

» **Kolostrum**

» **Propolis**

» **Schüssler-Salze:** Nr. 9, 11 und 12. ISO Bicomplex 14

» **Spagyrik:** Solunat Nr. 3, 6 und 9 über den Tag verteilt. 30 Tropfen von Nr. 21 auf 100 ml Wasser als Umschlag mehrmals täglich.

» **Wickel und Packung:** Aloe Vera; warme bis heiße Kompressen mit Arnika, Gänseblümchen, Gundermann, Kamille, Ringelblume.

Im Akutfall ist oft feuchtwarm bis feuchtkühl angenehmer, vor allem wenn das Abszess heiß erscheint. Für die Schnelle einen Teebeutel Kamillen- oder Fencheltee erhitzen und auflegen. Auflagen mit Bockshornklee-Pulver (1 EL mit etwas heißem Wasser verrühren), Leinsamen, Kartoffeln, Heilerde, Salzwasser, Frischblattauflage mit Kohl, Quarkauflage. Bei Schmerzen mit Arnikatinktur kombinieren. Schwedenkräuter oder eine selbst gemachte *Zugsalbe* aus Blutwurz, Spitzwegerich und Huflattich, alles getrocknet und gemörsert, mit Kokosfett oder Sheabutter zu einer Salbe verrühren und auftragen. *Heilpflaster* aus 1 Teelöffel Honig, Olivenöl und Leinsamen in Breiform auf eine Kompresse geben und möglichst über Nacht auf dem Abszess lassen.

» **Außerdem:** MSM, Pflanzenöl, Aura Soma

ANALBEUTEL-ERKRANKUNG

Katzen und Hunde haben rechts und links des Afters Analbeutel, kleine Säckchen, deren Ausführungsgänge wenige Millimeter neben der Afteröffnung münden. Hier wird ein unangenehm riechendes Sekret gespeichert, das von den Analbeuteldrüsen gebildet wird. Beim Kotabsatz wird eine kleine Menge des Sekrets abgesetzt. Bei Durchfall, weichem Kot oder verklebter Analregion kommt es zu einer unvollständigen Entleerung und Verstopfung der Beutel und einer Anschoppung. Eine Entzündung entsteht, wenn Bakterien in die Analbeutel einwandern. Entleert sich der Analbeutel nicht, kapselt sich die Entzündung weiter ab und es bildet sich ein Abszess, das nach außen aufbricht (Analfistel). Analbeutelabszesse treten meist einseitig auf. Die Haut über dem Analbeutel ist gespannt und gerötet. Oft bricht das Abszess von alleine mit blutig-eitrigem Sekret auf. Probleme mit den Analbeuteln zeigen sich durch das *Schlittenfahren* (der Hund rutscht mit dem Hinterteil über den Boden) und ständiges Belecken der Analregion, später durch Schmerzen beim Kotabsatz und Fieber. Hunde erkranken häufiger als Katzen, kleine Hunde öfter als große.

Wichtig: **Stellen Sie die Fütterung um, damit der Kot während der Entzündungsphase weicher wird. Später soll der Kot fester sein, damit die Analdrüsen beim Kotabsatz entleert werden.**

» **Akupressur:** Punkte bei Schmerzen

» **Ätherische Öle:** Galbanum (Galbanharz, verdünnen mit 1 Tropfen auf 50 ml Basisöl), Öle für Verletzungen

» **Basenpulver**

» **Grapefruitkern-Extrakt**

» **Heilerde**

» **Heilkräuter:** Lesen Sie bei den Kräutern gegen Entzündungen weiter.

» **Heilmoor**

» **Heilpilze:** Lesen Sie bei den Heilpilzen gegen Entzündungen weiter.

» **Heilsteine:** Lesen Sie bei den Heilsteinen gegen Entzündungen weiter.

» **Homöopathie:**

Einzelmittel: Acidum nitricum, Aesculus hippocastanum, Aethiops antimonialis, Agaricus, Asa foetida, Calcium sulfuricum, Causticum, Sulfur

Kombinationsmittel: Paeonia compositum, Echinacea compositum, Cutis compositum (alle Heel); ansonsten *Notfallapotheke* und Entzündungsmittel allgemein, zusätzlich auch möglich Immunsystem und Lymphsystem

» **Honig**

» **Hydrolate:** Arnika, Echinacea, Hamamelis, Immortelle, Lavendel, Rose, Teebaum

» **Kieselgur**

» **Knospenmittel:** Lesen Sie bei den Knospenmitteln gegen Abszess und Entzündung weiter.

» **Kokos**

» **Kolloidales Silberwasser**

» **Propolis**

» **Schüssler-Salze:** Lesen Sie bei den Schüssler-Salzen gegen Abszess und Entzündung weiter.

» **Spagyrik:** Lesen Sie bei Spagyrik gegen Entzündung weiter.

» **Wickel und Packung:** Kompressen mit Eichenrinde (10 g auf 100 ml Wasser eine Stunde kalt ansetzen, dann 15 Minuten kochen und mit 1 Liter Wasser verdünnen), Kamillentee- oder Bockshornklee-Kompresse oder Auflagen mit den Heilkräutern s. o.

» **Außerdem:** MSM, Pflanzenöl, Flohsamen, Leinsamen, Aura Soma

ARTHROSE

Arthrose ist eine degenerative Gelenkerkrankung und ein schmerzhaftes Problem vieler älterer Tiere, eine schleichende Krankheit, die Schäden an den Gelenkknorpeln, Knochen und der Gelenkkapsel verursacht. Das Gelenk entzündet sich und es entwickeln sich Zubildungen an Knochen und Kapsel, wodurch die Beweglichkeit eingeschränkt wird. Die Tiere zeigen einen *klammen Gang*, die Bewegung erscheint schmerzhaft und verändert. Meist läuft das Tier bei feuchtem und kühlem Wetter schlechter als an sonnigen und warmen Tagen.

Wichtig **sind eine Überprüfung der Fütterung und des Körpergewichts, kontrollierte Bewegung ohne Überbelastung und Massagen oder Wärmeanwendungen.**

» **Akupressur:** Di 4 und 11, Bl 54 und 60, LG 20

» **Ätherische Öle:** Öle bei Schmerzen, für Knochen und Gelenke, Muskeln

» **Bach-Blüten:** Bei chronischen Schmerzen zusätzlich Bach-Blüten geben, wie Gentian, Gorse, Honeysuckle, Hornbeam, Larch, Oak, Olive oder Wild Rose.

» **Basenpulver**

» **Egel (Blutegel)**

» **Heilerde**

» **Heilkräuter:** Aloe Vera, Arnika, Artischocke, Augentrost, Beinwell, Birke, Bockshornklee, Brennnessel, Buchweizen, Echinacea (Sonnenhut), Gänseblümchen, Goldrute, Hagebutte, Ingwer, Johanniskraut, Klette, Labkraut, Löwenzahn, Mädesüß, Teufelskralle, Wacholder, Weide, Weihrauch (Boswellia serrata) und Walderdbeeren (Früchte und Blätter), *Schwedenkräuter*

» **Heilmoor**

» **Heilpilze:** Auricularia, Maitake, Poyporus, Reishi, Shiitake

» **Heilsteine:** Apatit, Bernstein, Calcit, Gold, versteinertes Holz, Tigerauge, Steine zur Schmerzlinderung

» **Homöopathie:** *Notfallapotheke* und Schmerzen, Verletzung der Gelenke und

Knochen; Kombination Traumeel und Zeel mit Discus compositum, Osteoheel (alle Heel).

Weitere Kombinationsmittel: Distorsal (Weravet), Arnica-logoplex (Ziegler)

Einzelmittel: Arnica, Asa foetida, Calcium fluoratum und phosphoricum, Causticum, Colchicum, Dulcamara, Formicicum acidum, Ginkgo, Harpagophytum (Langzeitmedikation in tiefer Potenz), Hekla lava, Hedera helix, Phosphorus, Rhus toxicodendron, Ruta, Silicea, Symphytum

» **Hydrolate:** Arnika, Mädesüß

» **Kieselgur**

» **Knospenmittel:** Mischung Berg- oder Waldkiefer mit Schwarzer Johannisbeere und Weinrebe oder Esche mit Berg- oder Waldkiefer und Silberweide oder Birke mit Schwarzer Johannisbeere und Riesenmammutbaum; Brombeere, Hängebirke, Mistel, Moorbirke, Preiselbeere, Sanddorn, Stieleiche, Wacholder, Weinrebe

» **Kolostrum**

» **Propolis**

» **Schüssler-Salze:** Nr. 1, 2, 3, 8, 9, 11 und 16

» **Spagyrik:** Solunat Nr. 3 während der Akutphase, Nr. 6 zwei Mal täglich zur Ausleitung über die Haut, Nr. 16 morgens zur Ausleitung über die Niere,
Nr. 18 morgens und abends zu Lösung der Verhärtungen

» **Wassertherapie**

» **Wickel und Packung:** Je nach Verträglichkeit im Akutfall kalte bis warme Wickel, bei chronischer Arthrose warme bis heiße Kompressen und Auflagen, z. B. Kartoffelwickel, Kohlwickel (!), Leinsamenkataplasma, Quarkwickel, Blasentang, Beinwellbreiumschlag (warm), Arnikaumschlag (1 EL Tinktur auf 0,5 l Wasser), Wickel mit ätherischen Ölen oder Retterspitz, Umschlag mit Bockshornkleesamen

» **Außerdem:** MSM, Pflanzenöl, Aura Soma

BINDEHAUTENTZÜNDUNG

Eine Bindehautentzündung (Konjunktivitis) entsteht für sich alleine oder im Rahmen einer Infektion oder ist leider bei manchen überzüchteten Rassen typisch. Ursachen der Entzündung sind Zugluft, Staub, Fremdkörper im Auge, Infektion oder Allergie. Die Tiere bekommen rote, juckende, tränende und geschwollene Augen, möglich ist eitriger Ausfluss an einem oder beiden Augen mit einer auffallenden Licht- und Berührungsempfindlichkeit. Wenn nur das linke Auge erkrankt ist, kann das ein Hinweis auf eine Nierenerkrankung sein. Bitte beide Augen behandeln, auch wenn nur eines erkrankt ist.

» **Akupressur:** Di 4, Di 11

» **Ätherische Öle:** Öle für Verletzungen

» **Basenpulver**

» **Grapefruitkern-Extrakt**

» **Heilerde**

» **Heilkräuter:** Augentrost, Buchweizen, Echinacea (Sonnenhut), Eibisch (Wurzel im Kaltaufguss), Eichenrinde, Eisenkraut, Gänseblümchen, Himbeere, Kapuzinerkresse, Königskerze, Ingwer, Linde, Malve, , Petersilie, Ringelblume, Schwarze Johannisbeere, Salbei, Schafgarbe, Sellerieblätter, Spitzwegerich, Veilchen; Euphrasia Urtinktur (Firma Ceres)

» **Heilpilze:** Auricularia, Coriolus, Pleurotus, Reishi, Shiitake

» **Heilsteine:** Achat, Amethyst, Bergkristall, Calcit, Chrysoberyll, Lapislazuli, Malachit, Prasem, Saphir, Smaragd, Onyx (!)

Homöopathie: *Notfallapotheke* und die Kombinationsmittel: Oculoheel, Traumeel (beides Heel), Keratisal (Weravet);

Euphrasia als Einzelmittel oder Euphrasia-Injeel (Heel) (drei Potenzen in einem Mittel, Potenzakkord genannt)

Bei chronischen Augenproblemen und zur Nachbehandlung: Mucosa compositum (Heel), Silicea

Bei bakteriellen Entzündungen: Echinacea compositum (Heel)

Bei viralen Entzündungen: Engystol (Heel)

Bei Schwellung im Bereich der Augen: Apis

Bei hochakuten Erkrankungen: Belladonna

Außerdem: Cornea suis-injeel (Heel) für die Hornhautfunktion; Augensalbe oder Augentropfen mit der homöopathischen Zubereitung von Euphrasia; Augenpflegelösungen mit Euphrasia und Hamamelis

» **Hydrolate:** Augentrost, Kornblume, Lavendel, Lindenblüte, Rose, Teebaum, Veilchen

» **Knospenmittel:** Gingko, Heidelbeere, Libanonzeder, Rosmarin, Stechpalme

» **Kolloidales Silberwasser**

» **Kolostrum**

» **Propolis**

» **Schüssler-Salze:** Nr. 3, 4, 6, 9, 11 und 12

» **Spagyrik:** Solunat Nr. 3, 9, 12 (!), 21

» **Wickel und Packung:** Kompresse, kalt oder warm, je nach Entzündungsstadium, nur mit Wasser oder mit Zusätzen (Bach-Blüten, Basenpulver, Effektive Mikroorganismen, Farbe, Knospenmittel, Heilerde, Heilkräuter, Heilmoor, Homöopathie, Hydrolat, Knospenmittel, kolloidales Silberwasser, Schüssler-Salze, Spagyrik)

Wichtig ist absolute Sauberkeit und die Auflage nur ein Mal benutzen. Sterile Kompressen oder ausgekochte Baumwolltücher verwenden und bei der Augen-Reinigung von innen nach außen wischen.

» **Außerdem:** MSM, Pflanzenöl, Aura Soma

» *Extra:* Von den Bach-Blüten kann Hornbeam helfen.

BLÄHUNGEN

Entwickeln sich zu viele Gase in Magen und Darm, entweichen diese als Blähungen (Flatulenz) über das Rektum. Ursachen der oft übel riechenden Winde beim Blähbauch (Meteorismus) sind eine Futtermittelunverträglichkeit, Erkrankungen im Magen und Darm oder anderer Organe bzw. eine Bauchfellentzündung (Peritonitis). Hier ist eine genaue Abklärung wichtig!

» **Akupressur:** Punkte bei Schmerzen, Magen-Darm-Problemen

» **Ätherische Öle:** Öle für die Verdauung, Darm-Kur

» **Basenpulver**

» **Effektive Mikroorganismen**

» **Grapefruitkern-Extrakt**

» **Heilerde**

» **Heilkräuter:** Anis, Arnika, Artischocke, Beifuß, Bertram, Dill, Fenchel, Frauenmantel, Gänseblümchen, Goldrute, Herzgespann, Ingwer, Kamille, Koriander, Kümmel, Lavendel, Löwenzahn, Majoran, Meerrettich, Nelke, Oregano, Petersilie, Salbei, Schafgarbe, Süßholzwurzel, Zimt

» **Heilmoor**

» **Heilpilze:** Hericium, Reishi

» **Homöopathie:** Einzelmittel: Argentum nitricum, Asa foetida, Carbo vegetabilis, Chamomilla, Lycopodium, Mandragora, Nux vomica Kombinationsmittel: Carduus compositum, Spascupreel, Gastricumeel, Leptandra compositum, Momordica compositum (alle Heel)

» **Hydrolate:** Basilikum, Melisse, Rose

» **Knospenmittel:** Rosmarin, Walnuss

» **Kokos**

» **Kolloidales Silberwasser**

» **Kolostrum**

» **Propolis**

» **Schüssler-Salze:** Nr. 6, 7, 8, 9, 10

» **Spagyrik:** Solunat Nr. 8 und 19 mittags und abends

» **Außerdem:** MSM, Pflanzenöl, Flohsamen, Leinsamen, Aura Soma

BLASENENTZÜNDUNG

Eine Entzündung der Harnblase (Zystitis) wird durch Bakterien oder Viren, Harngrieß oder Harnstein (Ablagerungen in den ableitenden Harnwegen) oder Tumore ausgelöst. Oft findet sich keine ersichtliche Ursache und die Entzündung ist Ausdruck und Folge von seelischen Belastungen, Stress und Angst. Die Tiere setzen wenig und erschwert Harn ab, versuchen es aber häufiger als normal, es kann Blut im Harn sein und die Farbe des Urins ist verändert. Die Tiere wirken gereizt und verstört, haben Schmerzen und Fieber und ziehen sich zurück.

» **Akupressur:** Punkte bei Schmerzen, Blasen-Problemen

» **Ätherische Öle:** Cajeput, Teebaum,

Eukalyptus, Manuka, Fichte, Kiefer, Lavendel, Myrte, Rosmarin (!), Sandelholz, Thymian, Zeder, Wacholder (als Kompresse)

» **Basenpulver**

» **Grapefruitkern-Extrakt**

» **Heilerde**

» **Heilkräuter:** (Acker-)Schachtelhalm, Arnika, Bärentraube, Brennnessel, Brombeere, Brunnenkresse, Bukkostrauch, Eberraute, Echinacea (Sonnenhut), Ehrenpreis, Eibischwurzel, Gänsefingerkraut, Goldrute, Hauhechel, Ingwer, Kamille, Kapuzinerkresse, Klebkraut, Lapacho (10 Minuten auskochen und 15 Minuten ziehen lassen), Lavendel, Löwenzahn, Mädesüß, Mate, Meerrettich, Petersilie, Quecke, Rosmarin, Schafgarbe, Süßholzwurzel, Thymian, Wacholder, Zimt

» **Heilmoor**

» **Heilpilze:** Auricularia, Coriolus, Hericium, Maitake, Polyporus, Reishi

» **Heilsteine:** Aquamarin, Chalcedon blau, Heliotrop, Nephrit, Prasem

» **Homöopathie:** Einzelmittel: Aconitum, Berberis, Cantharis, Dulcamara, Echinacea, Mercurius solubilis, Pareira brava, Sabal serulatum
Kombinationsmittel: Cantharis compositum, Renee (Heel), Solidago-logoplex, Lachesis-logoplex (Ziegler), ReVet RV 18 (Reckeweg)

» **Hydrolate:** Echinacea, Lavendel, Rose, Teebaum

» **Knospenmittel:** Besenheide, Preiselbeere, Schwarze Johannisbeere, Schwarzerle (chronisch wiederkehrende Entzündung), Wacholder (beginnende Blasenentzündung)

» **kolloidales Silberwasser**

» **Kokos**

» **Kolostrum**

» **Propolis**

» **Schüssler-Salze:** Nr. 3, 4, 8, 9, 10 und 16

» **Spagyrik:** Solunat Nr. 3 drei Mal täglich, Nr. 4 abends, Nr. 16 und 18 zwei Mal täglich

» **Wickel und Packung:** Wärmeanwendungen, Kirschkernkissen, Wärmflasche

» **Außerdem:** MSM, Pflanzenöl, Aura Soma

BLUTERGUSS

Ein Bluterguss (Hämatom) ist eine Blutansammlung im Gewebe oder in einer Körperhöhle, die sich durch eine Verletzung gebildet hat. Normalerweise baut der Körper diese alleine ab. Ein sehr großer Erguss besteht länger, kann sich bindegewebig umbilden und dann eine dauerhafte Verdickung und Vernarbung darstellen, wie zum Beispiel das *Blutohr* des Hundes (Othämatom).

» **Akupressur:** Punkte bei Schmerzen

» **Ätherische Öle:** Öle bei Verletzung, Schmerzen, zur Ohr-Reinigung, Narben-Pflege

» **Egel (Blutegel)**

» **Heilerde**

» **Heilkräuter:** Aloe Vera, Arnika, Gänseblümchen, Kerbel, Ringelblume, Johanniskraut

» **Heilmoor**

» **Heilsteine:** Amethyst, Hämatit, Obsidian, Prasem

Homöopathie:

Einzelmittel: Acidum sulfuricum (Sulfuricum acidum), Arnica, Bellis perennis, Hamamelis

Bluterguss im Auge: Ledum, Symphytum

Kombinationsmittel: Traumeel

» **Hydrolate:** Arnika, Hamamelis, Lavendel, Melisse, Rose, Teebaum

» **Knospenmittel:** Hartriegel, Olive, Zitrone

» **Kokos**

» **Propolis**

» **Schüssler-Salze:** Nr. 1, 3, 4, 11

» **Spagyrik:** Solunat Nr. 21

» **Wassertherapie**

» **Wickel und Packung:** Salben- und Ölkompressen, Wickel mit ätherischen Ölen, Quarkwickel, Kohlauflage, Retterspitz

» **Außerdem:** Pflanzenöl, Aura Soma

BRONCHITIS

Eine Entzündung der Bronchialschleimhaut (Bronchitis) wird durch eine Infektion, Allergie, chemische oder giftige Stoffe verursacht. Sie unterscheidet sich von der Lungenentzündung (Pneumonie), bei der Lungengewebe und Alveolen entzündet sind.

Eine akute Bronchitis tritt oft mit Schnupfen, Kehlkopf- und Luftröhrenentzündung auf. Die Symptome sind Husten, der erst trocken, dann feucht mit Auswurf wird, leichtes Fieber und Schmerzen im Brustbereich. Wird die Bronchitis chronisch, halten sich die Husten-Symptome über mehrere Monate. Das Tier bekommt immer schwieriger Luft und der Allgemeinzustand verschlechtert sich. Bei der chronisch obstruktiven Bronchitis kommen durch die Verengung der Atemwege schwere Atemnot und eine Schädigung des Herzens hinzu.

Unter Umständen entsteht ein nicht heilbares Lungenemphysem mit einer Zerstörung und Überdehnung der Lungenbläschen (Alveolen). Die Atemnot wird sogar in der Ruhe sichtbar. Beim Pferd wird dies als Dämpfigkeit bezeichnet.

Die in diesem Zusammenhang oft benutzte Abkürzungen COB bedeutet chronisch obstruktive Bronchitis und im Englischen ist damit COPD oder *chronic obstructive pulmonary disease* gemeint.

» **Akupressur:** Punkte zur Beruhigung, bei Schmerzen, Schock, Atemwegsproblemen, Fieber

» **Ätherische Öle:** Öle für die Atmung, Allergie, *Gute Luft-Spray*

» **Basenpulver**

» **Grapefruitkern-Extrakt**

» **Heilkräuter:** Andorn, Anis, Arnika, Augentrost, Beinwell, Brunnenkresse, Eberraute, Echinacea (Sonnenhut), Ehrenpreis, Eibisch, Fenchel, Frauenmantel, Gänseblümchen, Gänsefingerkraut, Gundermann, Herzgespann, Ingwer, Isländisch Moos, Kapuzinerkresse, Königskerze, Lapacho (10 Minuten kochen und 15 Minuten ziehen lassen), Linde, Majoran, Meerrettich, Myrrhe, Oregano, Schlüsselblume, Schwarzer Holunder, Spitzwegerich, Süßholz, Thymian, Weihrauch, Zimt, Zistrose

» **Heilpilze:** Auricularia, Coriolus, Cordyceps, Hericium, Maitake, Reishi

» **Heilsteine:** Amethyst, Apophyllit (Asthma!), Aquamarin, Bernstein, Chalcedon blau, Fluorit, Jade, Labradorit, Malachit, weißer Opal, Rhodochrosit, Tigerauge, Türkis, Turmalin, Zirkon

» **Homöopathie:** Aconitum, Antimonium sulfuratum aurantiacum, Belladonna, Bryonia, Grindelia, Ipecacuanha, Tartarus stibiatus.

Notfallapotheke bei Atemnot, Immunsystem, Lymphsystem

» **Honig**

» **Hydrolate:** Anis, Echinacea, Bergbohnenkraut, Gänseblümchen, Lärche, Lavendel, Mädesüß, Majoran, Myrte, Rose, Teebaum, Zirbelkiefer

» **Knospenmittel:** Heckenrose und Schwarze Johannisbeere (beginnende Bronchitis), Rosskastanie und Schwarze Johannisbeere (akute Bronchitis mit reichlich Schleim), Esskastanie und Schwarzpappel oder Schwarze Johannisbeere (akute Bronchitis mit trockenem Husten), Hasel, Schwarzerle und Schwarze Johannisbeere (chronische Bronchitis)

» **Kokos**

» **kolloidales Silberwasser**

» **Kolostrum**

» **Propolis**

» **Schüssler Salze:** Nr. 3, 4, 7, 12 und 17

» **Spagyrik:** Nr. 3, 6, 14, 15, 16 zwei Mal täglich und abends Nr. 4

» **Wickel und Packung:** Bienenwachs-Auflage, Wickel mit ätherischen Ölen, Kohlauflage, Retterspitz

» **Außerdem:** MSM, Pflanzenöl, Aura Soma, Farben

DARMPARASITEN (Endoparasiten)

Innenparasiten (Endoparasiten oder Entoparasiten) leben im Gegensatz zu den Außenparasiten (Ektoparasiten) (siehe unter Parasiten) im Inneren ihres Wirtstieres und besiedeln dort Hohlräume, Blut oder Gewebe. Wir unterscheiden

bei den Würmern Saugwürmer (Trematoden), Bandwürmer (Zestoden) und Rundwürmer (Nematoden) und es gibt die Einzeller, die Giradien, Kokzidien, Leishmanien oder Trichomonaden.

Hier ist bei allen Tieren die *selektive Entwurmung* wichtig, bei der nach einer Kotuntersuchung gezielt gegen die vorhandene Parasiten behandelt wird und nicht im blinden Rundumschlag. Vier Wochen nach erfolgter Wurmkur wird nachkontrolliert. Arg verwurmte Tiere fallen durch Durchfall und Erbrechen, Verstopfung, Abmagerung, Kugelbauch, schlechten Allgemein- und Fellzustand und *Schlittenfahren* (Hund und Katze) auf.

Wichtig: **Ein gewisser Wurmbesatz ist normal und gesund und kein Tier wird oder soll 100 %ig wurmfrei sein. Einige Würmer werden auf den Menschen übertragen (Zoonose), hier besonders aufpassen! Alle im Folgenden aufgelisteten Möglichkeiten werden kurmäßig eingesetzt, bitte keine Dauergaben und Überprüfung des Wurmbefalls vor- und nachher!**

Viele naturheilkundliche *Entwurmungsstrategien* zielen auf ein gesundes Tier, in dem sich die Innenparasiten nicht wohlfühlen und nicht übermäßig vermehren. Ein Abtöten der Würmer funktioniert hiermit nur bedingt und wenn dann häufig über einen leichten, bewusst in Kauf genommenen Durchfall oder eine beschleunigte Darmpassage!

» **Akupressur:** Punkte bei Magen-Darm-Problemen, Rekonvaleszenz

» **Ätherische Öle:** Öle für die Verdauung, Darm-Kur, Oregano (stark verdünnen!)

» **Basenpulver**

» **Effektive Mikroorganismen**

» **Grapefruitkern-Extrakt**

» **Heilerde**

» **Heilkräuter:** Beifuß, Brunnenkresse, Eberraute, Erdrauch, Esparsette, Hagebutte, Ingwer, Kamille, Knoblauch, Labkraut/Klebkraut, Lapacho, Meerrettich, Olivenbaum (-Blätter), Oregano, Quassiaholz, Schafgarbe, Schwarzkümmel, Thymian, Walnussbaum (-Blätter, Vorsicht: im Übermaß giftig), Wermut, Zitwerwurzel

Tipp: Es gibt im Handel Fertigpräparate auf pflanzlicher Basis, wie *Wurmalin* (Firma Anibio), EquiGreen Wurm-o-Vet (forte) (Firma cd Vet).

Tipp: Eine Möglichkeit zum Entwurmen ist **Kamala**, ein pflanzliches Färbemittel und Fruchthaarpulver, das Würmer vertreibt. Es regt dabei die Verdauung an und wirkt leicht abführend. Vorsicht bitte bei empfindlichen Tieren und die Dosierung ausprobieren. Die Meinungen über seine Wirksamkeit sind recht geteilt von unangenehmen Nebenwirkungen bis hin zu guter Wirksamkeit und Ungefährlichkeit.

Kleine Hunde bekommen ½ Teelöffel, mittlere 1–1,5 Teelöffel unter das Futter. Für große Tiere werden 4 g je 100 kg Körpergewicht angegeben. Eine einmalige Gabe sollte reichen, ansonsten Wiederholung nach einer Woche. Die begleitende Behandlung mit Homöopathie und Kräutern ist empfehlenswert.

» **Heilmoor**

» **Heilsteine:** Andenopal, rosa, Mahagonie-Obsidian

» **Homöopathie:** Abrotanum (Tiefpotenz, Abmagerung trotz Appetit, Durchfall wechselt mit Verstopfung, gegen Spulwürmer, Strongyliden, Zwergfadenwurm), Acidum phosphorcum (Kokzidien), Allium sativum (Madenwürmer), Calcium carbonicum (Tiefpotenz öfter geben, Hochpotenz einmalig bei Bandwürmern), Cina (Spulwürmer, Bandwürmer), Cicuta virosa, Granatum (Bandwürmer), Lycopodium (Hochpotenz Teucrium marum verum vorbeugend gegen Lungenwürmer), Spigelia, Teucrium marum verum; vorbeugend: Ledum. Abrotanum, Natrium sulfuricum, Natrium chloratum. China und Mucosa compositum (Heel) nach der Entwurmung zur Erholung geben.

Wichtig: Mit der Homöopathie *töten* und *bekämpfen* Sie die Würmer nicht. Sie stimmen das Tier nur um, damit es sich besser gegen die Innenparasiten wehren kann und gesund bleibt. Verlassen Sie sich nicht auf ein homöopathisches Mittel zum Entwurmen, sondern kombinieren und ergänzen Sie es mit anderen Maßnahmen und kontrollieren Sie den Wurmbefall.

» **Kieselgur**

» **Knospenmittel:** Walnuss

» **Kokos**

» **kolloidales Silberwasser**

» **Propolis**

» **Schüssler-Salze:** Nr. 3, 5, 8, 9

» **Spagyrik:** Solunat Nr. 2, 3, 8, 19

» **Außerdem:** MSM, Pflanzenöl, Flohsamen, Leinsamen, Aura Soma

» Extra: Kürbiskerne finden sich in einigen pflanzlichen Fertigpräparaten. Sie können Kürbiskerne im Ganzen oder gemahlen mit unter das Futter geben oder Kürbiskernöl dazutun. Zur Dosierung gibt es unterschiedliche Angaben. Vorsicht: Kürbiskerne sind nicht für Katzen geeignet!

» Vorsicht: Bei Pferden/Turnierpferden bitte darauf achten, dass keine dopingrelevanten Anti-Wurmmittel vor dem Turniertermin gegeben werden!

Für Pferde und Schafe, Ziegen und Rinder eignet sich die Esparsette ausgezeichnet. Statt einem Fertig-Müsli weichen Sie Esparsetten-Cobs in Wasser oder Tee ein und geben Kräuter und Mineralien in diesen Brei.

DARMREINIGUNG UND AUFBAU DER DARMFLORA

Eine *Entgiftung* leitet für einige Wochen eine Darmreinigung ein und behandelt Verdauungsprobleme, immer wieder auftretende Infektionen, eine vorangegangene Antibiotika-Behandlung, Impfung oder Wurmkur bzw. Wurmbefall, Allergien und Hauterkrankungen, Leber- oder Nierenprobleme. Im Anschluss daran wird die Darmflora erneut stabilisiert und *aufgebaut*, womit das Immunsystem und die Abwehrkräfte gestärkt werden.

Der Aufbau muss weitestgehend aus *eigener Kraft* erfolgen, dies braucht seine Zeit und allerbestes Futter, so wenig Stress wie möglich, viel Bewegung. Die Besiedlung durch die tierartspezifischen Bakterien von Magen und Darm gibt es nicht 1:1 zu kaufen und Fertigpräparate sind nur eine Hilfestellung.

» **Akupressur:** Punkte bei Schmerzen, Rekonvaleszenz

» **Ätherische Öle:** Öle für die Verdauung, Darm-Kur

» **Basenpulver**

» **Effektive Mikroorganismen**

» **Grapefruitkern-Extrakt**

» **Heilerde**

» **Heilkräuter:** Anis, Artischocke, Beifuß, Bertram, Echinacea (Sonnenhut), Esparsette, Fenchel, Frauenmantel, Gänsefingerkraut, Kamille, Koriander, Kümmel, Linde, Löwenzahn, Mate, Myrrhe, Meerrettich, Nelke, Oregano, Petersilie, Rosmarin, Salbei, Schafgarbe, Schwarzkümmel, Wacholder, Weihrauch, Wermut, Zimt; Fertigprodukte mit Kräutermischungen

» **Heilmoor**

» **Heilpilze:** Coprinus, Hericium, Pleurotus, Reishi

» **Heilsteine:** Amethyst, Bergkristall, Bernstein, Calcit (Mischung verschiedenfarbiger Steine), Citrin, Serpentin, Smaragd, Tigerauge

» **Homöopathie:** *Leber-Mittel* wie Carduus marianus, Flor de Piedra, Okoubaka oder Hepar compositum (Heel) zum *Entgiften* und Leberstärkung, dazu *Nieren-Mittel* wie Solidago oder Solidago compositum (Heel) und *Lymphomyosot* für das Lymphsystem oder Sulfur, mögliche Ergänzung durch Coenzyme compositum und Ubichinon compositum (beide Heel).

» **Hydrolate:** Melisse, Pfefferminze, Rose

» **Kieselgur**

» **Knospenmittel:** Lesen Sie bei den Knospenmitteln unter Darmsanierungskur weiter.

» **Kokos**

» **kolloidales Silberwasser**

» **Kolostrum**

» **Propolis**

» **Schüssler-Salze:** Morgens Nr. 6 und 10, mittags Nr. 9, abends Nr. 4 und 8, mögliche Ergänzung durch Nr. 11 und 18

» **Spagyrik:** Solunat Nr. 2, 3, 8, 19

» **Außerdem:** MSM, Pflanzenöl, Flohsamen, Leinsamen, Farben

DURCHFALL

Durchfall oder Diarrhö bedeutet flüssiger, dünner, wässriger Kot, der nicht tierartspezifisch geformt ist, und die Suche nach der Ursache. Die Möglichkeiten sind vielfältig und reichen von der Futter- oder Wasserqualität über eine Infektion, Allergie, innere Erkrankung oder Stress. Wichtig ist erst einmal ein Diättag, speziell für Hund und Katze. Am Fastentag gibt es zu trinken, gerne Tee und dann wieder vorsichtig anfüttern. Pferd/Pony und Rind oder Schaf bitte nicht einer Null-Diät unterwerfen. Sie brauchen ihr Grundfutter (Heu/Weide) und keine langen Futterpausen. Das Kraftfutter, Leckerchen und Extras können weggelassen werden.

Vorsicht: **Bei schwerem oder länger andauerndem Durchfall und bei Jungtieren bzw. Kleintieren auf den Verlust von Wasser und Elektrolyten achten und bei Bedarf einen Therapeuten aufsuchen!**

» **Akupressur:** Punkte bei Schmerzen, Rekonvaleszenz, Magen-Darm-Problemen

» **Ätherische Öle:** Öle für die Verdauung, Darm-Kur

» **Basenpulver**

» **Effektive Mikroorganismen**

» **Grapefruitkern-Extrakt**

» **Heilerde**

» **Heilkräuter:** Anis, Beifuß, Beinwell, Blutwurz, Brombeere, Eberraute, Eichenrinde (nur in Maßen einsetzen!), Esparsette, Fenchel, Frauenmantel, Gänseblümchen, Gänsefingerkraut, Hamamelis, Heidelbeere, Hopfen, Ingwer, Kamille, Koriander, Kümmel, Lavendel, Linde, Mädesüß, Meerrettich, Melisse, Pfefferminze, Rose, Salbei, Schafgarbe, Schwarztee (lange ziehen lassen), Süßholz (Extrakt oder Tee von 1 Esslöffel auf 1 Liter Wasser 20 Minuten kochen), Ulmenrinde, Walderdbeere

» Ein *Extra-Tipp* gegen Durchfall ist die **Moro'sche Karottensuppe** nach Prof. Dr. Ernst Moro, ein Wundermittel bis in die 1940er-Jahre: Schälen und schneiden Sie 500 g Möhren und kochen Sie diese mindestens zwei Stunden in 1 Liter Wasser bei niedriger Temperatur. Die Möhren mit dem Kochwasser pürieren und mit abgekochtem Wasser wieder auf 1 Liter Gesamtmenge auffüllen. Geben Sie 1 gestrichenen Teelöffel Meersalz dazu. Alternativ kochen Sie Reis/Vollkornreis mit etwas Salz weich und füttern diesen.

» **Heilmoor**

» **Heilpilze:** Coprinus, Hericium, Maitake, Reishi, Shiitake

» **Heilsteine:** Amethyst, Aventurin-Sonnenstein, Bernstein, Beryll, Calcit, gelber Jaspis, Obsidian, Sarder, Vanadinit

» **Homöopathie:** *Notfallapotheke* bei Durchfall, Magen-Darm-Mittel

» **Honig**

» **Hydrolate:** Bergbohnenkraut, Melisse, Pfefferminze, Rose, Rosmarin

» **Kieselgur**

» **Knospenmittel:** Brombeere, Feldulme, Heckenrose, Preiselbeere, Schwarze Johannisbeere, Stieleiche, Walnuss, bei Krämpfen mit Linde kombinieren

» **Kokos**

» **kolloidales Silberwasser**

» **Kolostrum**

» **Propolis**

» **Schüssler-Salze:** Nr. 3, 4, 5, 7 (mit Krämpfen), 8, 9, 10 (chronischer Durchfall), 11 (eitriger Durchfall) und 19. ISO Bicomplex 14, 21

» **Spagyrik:** Solunat Nr. 4 (Ursache Erwartungsangst), Solunat Nr. 14 (Ursache Stress), Solunat Nr. 20 (entkrampfend und zusammenziehend) oder Solunat Nr. 21

» **Wickel und Packung:** warme Kompressen, Kamillenwickel, Wickel mit ätherischen Ölen

» **Außerdem:** MSM, Flohsamen, Leinsamen, Aura Soma

EKZEM

Ekzem ist eine Juckflechte, eine nicht ansteckende Entzündung der Haut mit mehr oder weniger Juckreiz. Die akute Form zeigt sich mit Rötung, Bläschen oder Blasen, Krusten und Schwellung des Gewebes. Wird das Ekzem chronisch, kommt es zu Schuppen, Hautverdickung- oder Verhornung bzw. zu Hauteinrissen. Ursachen für die Hautprobleme sind Futtermittel, Kontakt mit Chemikalien oder eine vererbte Veranlagung, aber ebenso Trockenheit, Nässe oder Kälte, die die Haut verletzen, Hautkrankheiten oder Stoffwechselprobleme.

» **Akupressur:** Punkte für Magen-Darm-Probleme und Dickdarm 11 (Di 11)

» **Ätherische Öle:** Öle zur Beruhigung, bei Verletzung, Allergie, Haut-Creme, Wundheilsalbe *Extra*, Immortelle, Karotte, Lavendel, Neroli, Patchouli, Rose, Sandelholz (in Schwarzkümmelöl und/oder Arganöl)

» **Basenpulver**

» **Effektive Mikroorganismen**

» **Egel (Blutegel)**

» **Grapefruitkern-Extrakt**

» **Heilerde**

» **Heilkräuter:** (Acker-)Schachtelhalm, Aloe Vera, Arnika, Birke, Bockshornklee, Brennnessel, Brombeere, Brunnenkresse, Echinacea (Sonnenhut), Ehrenpreis, Hamamelis, Klette, Löwenzahn, Ringelblume, Salbei, Schafgarbe, Schwarzkümmel, Spitzwegerich, Thymian, Weihrauch, Zistrose

» **Heilmoor**

» **Heilpilze:** Coriolus, Hericium, Maitake, Polyporus, Reishi, Shiitake

» **Heilsteine:** Aventurin grün, Bernstein, Chrysopas, Fluorit, Mookait, Peridot, Saphir, Türkis

» **Homöopathie:**

Einzelmittel: Acidum formicum, Arsenicum, Berberis, Calcium carbonicum, Graphites, Natrium chloratum, Oleander, Rhus toxicondendron, Staphisagria, Sulfur, Thuja

Kombinationsmittel: Cutis compositum mit Coenzymen compositum, zusätzlich *Hepar* compositum und *Solidago* compositum oder auch Sulfur compositum (alle Heel), möglich ebenso Traumeel oder Echinacea compositum, Engystol, Schwef-Heel, Psorinum-Injeel, Cutis suis-Injeel (alle Heel)

» **Honig**

» **Hydrolate:** Birke, Brennnessel, Hamamelis, Kamille (blaue und römische), Melisse, Rose, Teebaum

» **Kieselgur**

» **Knospenmittel:** Libanonzeder, Schwarze Johannisbeere, Walnuss (trockenes Ekzem), Birke, Feldulme, Schwarze Johannisbeere (nässendes Ekzem)

» **Kokos**

» **kolloidales Silberwasser**

» **Kolostrum**

» **Propolis**

» **Schüssler-Salze:** Nr. 1, 3, 4, 8, 9 und 24

» **Spagyrik:** Solunat Nr. 3, 6, 9, 16, 19 zwei Mal täglich

» **Wassertherapie**

» **Wickel und Packung**

» **Außerdem:** MSM, Pflanzenöl, Leinsamen, Aura Soma oder Sonnenblumenkerne (für die Hautfunktion, speziell während des Fellwechsels/Mauser, im Winter)

ENTZÜNDUNG

Der Sammelbegriff Entzündung beschreibt die Reaktion des Körpers und seiner Gewebe auf schädigende Reize. Dies sind Druck oder Fremdkörper, Säuren, extreme Temperaturen, Viren, Bakterien oder Pilze und Tumore, somit eine große Bandbreite. Eine Entzündung ist schnell und plötzlich auftretend (akut), mäßig schnell oder relativ plötzlich auftretend (subakut), langsam oder lange dauernd (chronisch) oder wiederkehrend (rezidivierend).

Eine lokalisierte Entzündung ist auf eine spezielle Stelle oder einen bestimmten Bereich des Körpers beschränkt. Eine generalisierte Entzündung breitet sich im oder am Körper aus.

Je nach der Art ihrer Absonderung unterscheiden wir bei der exsudativen Entzündung zwischen eher flüssigen oder serösen Sekreten (Schnupfen), blutigen oder hämorrhagischen, eitrigen oder purulenten Sekreten (Abszess, Empyem, Phlegmone) u. a. Als *wildes Fleisch*

bezeichnen wir überschießend wachsendes Granulationsgewebe, das bei der Wundheilung entsteht.

» **Akupressur:** Punkte bei Schmerzen

» **Ätherische Öle:** Öle bei Verletzung, Schmerzen, Wundheilsalbe *Extra*, Cistrose, Melisse, Myrrhe, Oregano, Rose, Schafgarbe, Teebaum, Thymian, Weihrauch, Zitrone

» **Basenpulver**

» **Effektive Mikroorganismen**

» **Egel (Blutegel)**

» **Grapefruitkern-Extrakt**

» **Heilerde**

» **Heilkräuter:** (Acker-)Schachtelhalm, Aloe Vera, Arnika, Beinwell, Blutwurz, Breit- und Spitzwegerich, Brennnessel, Echinacea (Sonnenhut), Eibisch (als Kaltauszug oder trocken füttern), Gänseblümchen, Gänsefingerkraut, Goldrute, Gundermann, Ingwer, Kamille, Lavendel, Linde, Mädesüß, Malve (Kaltauszug), Meerrettich, Myrrhe, Süßholzwurzel, Weide, Zistrose

» **Heilmoor**

» **Heilpilze:** Agaricus, Auriculria, Coriolus, Hericium, Maitake, Reishi, Shiitake

» **Heilsteine:** Amethyst, Aventurin orange/rot/grün, Chalcedon blau, Chrysopras, Feueropal, Granat, Heliotrop, Karneol, Mookait, Obsidian (Schmerzen und Schock), Onyx, Ozeanachat (Ozeanjaspis), Rhodonit, Rubin, Sodalith, Sonnenstein und Tigereisen. (Narbenheilung: Chrysokoll, Turmalin – blauer Turmalin bei Brandwunden)

» **Homöopathie:** *Notfallapotheke* bei Entzündungsmittel allgemein, Immunsystem und Lymphsystem unterstützend, Leber-Mittel

» **Honig**

» **Hydrolate:** Arnika, Basilikum, Echinacea, Hamamelis, Lavendel, Manuka, Rose, Teebaum

» **Knospenmittel:** Apfelbaum, Eberesche, Hängebirke, Haselnuss, Heckenrose, Himbeere, Moorbirke, Sanddorn, Schwarze Johannisbeere, Schwarzerle, Silberweide, Stieleiche, Walnuss

» **Kokos**

» **kolloidales Silberwasser**

» **Kolostrum**

» **Propolis**

» **Schüssler-Salze:** Nr. 3 und 9 (akut), Nr. 3, 5, 8 und 11 (zur Ausheilung), Nr. 3, 4, 9, 12 und 23 (chronisch)

» **Spagyrik:** Solunat Nr. 1, 3, 6, 9 und 21

» **Wassertherapie**

» **Wickel und Packung:** Umschlag mit Beinwell- oder Arnika-Tinktur, mit Kamille, Myrrhe oder Lavendel als ätherisches Öl, zerquetschten Kohlblättern, Blasentang

» **Außerdem:** MSM, Pflanzenöl, Aura Soma

ERBRECHEN

Erbrechen (Emesis/Vomitus/Regurgitation) ist das Begleitsymptom einer Magen-Darm-Erkrankung, Magenschleimhautentzündung, Nierenerkrankung, eines Darmverschlusses, einer Futtermittelunverträglichkeit, eines Fütterungsfehlers oder einer Vergiftung. Oft ein natürlicher und gesunder Reflex des Körpers zum Eigenschutz, aber Erbrechen kann auch ein Symptom einer Gehirnerkrankung, die Folge von Stress, Sonnenstich, Schlaganfall oder der *Seekrankheit* / Reiseübelkeit (Autofahren) darstellen.

Wichtig: **Pferde erbrechen nicht. Katzen erbrechen Haarballen und unverdauliche Reste von Mäusen.**

Einmaliges Erbrechen ist meist harmlos, kommt es zu häufigem Erbrechen und zusätzlichen Krankheitszeichen suchen Sie einen Therapeuten auf.

» **Akupressur:** Beruhigungs-Kombi, Punkte bei Schmerzen, Schock, Magen-Darm-Problemen

» **Ätherische Öle:** Basilikum, Ingwer, Limette, Pfefferminze, Zitrone (riechen lassen)

» **Basenpulver**

» **Heilerde**

» **Heilkräuter:** Anis, Baldrian, Dill, Ingwer, Kamille, Kreuzkümmel, Linde, Meerrettich, Melisse, Pfefferminze, Schafgarbe, *Schwedenkräuter*

» **Heilmoor**

» **Heilsteine:** Aquamarin, Jaspis roter, Sandrosen, Sarder, Selenit

» **Homöopathie:** Antimonium crudum, Arsenicum, Carduus marianus, Cocculus, Ipecacuanha, Iris, Nux vomica, Phosphorus, Podophyllum, Veratum

» **Schüssler-Salze:** Nr. 2, 3, 4, 5, 7, 10

ERKÄLTUNG

Als Erkältung bezeichnen wir umgangssprachlich eine akute Infektion der Schleimhäute der oberen Atemwege, etwa Husten – Schnupfen – Heiserkeit. Meist handelt es sich um eine Vireninfektion, zu der sich Bakterien gesellen. Ob die Kälte (Zugluft, Nässe, Unterkühlung) die Ursache für die Erkrankung ist, mag dahingestellt sein, aber sie fördert manchmal eine Anfälligkeit oder Schwäche des Immunsystems.

» **Akupressur:** Punkte bei Schmerzen, Atemwegsproblemen, Fieber

» **Ätherische Öle:** Öle für Atmung, Immunsystem

» **Basenpulver**

» **Grapefruitkern-Extrakt**

» **Heilkräuter:** Alant, Anis, Echinacea (Sonnenhut), Eibisch (Kaltauszug oder trocken füttern), Eukalyptus, Fenchel, Gundermann, Hagebutte, Holunder, Ingwer, Kapuzinerkresse, Königskerze, Kurkuma, Linde, Mädesüß, Meerrettich, Pfefferminze, Salbei, Schlüsselblume,

Schisandra, Spitzwegerich, Süßholzwurzel, Tanne, Weidenrinde, Zistrose

» **Heilpilze:** Auricularia, Coriolus, Cordyceps, Hericium, Maitake, Reishi, Shiitake

» **Heilsteine:** Apatit, Aquamarin, Goldtopas, Mookait

» **Homöopathie:** Aconitum, Belladonna, Echinacea, Eupatorium perfoliatum, Euphrasia, Gelsemium, Hedera Helix, Phytolacca, Rhus toxicodendron, Sulfur. *Notfallapotheke* bei Mittel für das Immunsystem

» **Honig**

» **Hydrolate:** Angelikawurzel, Breitwegerich, Echinacea, Lavendel, Mädesüß, Myrte, Rose, Teebaum

» **Knospenmittel:** Edeltanne, Feigenbaum, Heckenrose, Sanddorn, Schwarzerle, Schwarze Johannisbeere, Schwarzer Holunder, Schwarzpappel, Sommerlinde, Stechpalme, Waldkiefer, Weißtanne, wolliger Schneeball

» **Kokos**

» **kolloidales Silberwasser**

» **Kolostrum**

» **Propolis**

» **Schüssler-Salze:** Nr. 3, 4, 8

» **Spagyrik:** Solunat Nr. 3, 9, 15, 16

» **Wickel und Packung**

» **Außerdem:** MSM, Pflanzenöl, Aura Soma

FIEBER

Fieber ist die Reaktion des Körpers zur Selbstheilung. Die Temperatur wird erhöht, um Krankheitserreger abzutöten und das Immunsystem anzuregen. Problematisch wird das Fieber bei sehr jungen oder sehr alten Tieren oder wenn sich die Tiere in einem extrem schlechten Allgemeinzustand befinden und das Fieber lange anhält und dadurch schwächt. Fieber über 41 °C ist kritisch, da jetzt Schäden am zentralen Nervensystem (Anfälle und Fieberkoma) und an den Nieren (akute Niereninsuffizienz), am Verdauungssystem oder Herz entstehen können.

Tipp: **In jede Stallapotheke gehört ein Fieberthermometer, um die Temperatur des Tieres zu überprüfen. Im Krankheitsfall ist es sinnvoll, mehrmals täglich die Körpertemperatur zu messen und den Verlauf des Fiebers, das heißt die Fieberkurve, zu sehen. Je nach der Fieberart kann man auf die Ursache der Erkrankung schließen. Es gibt kontinuierliches Fieber, intermittierendes Fieber, das recht stark schwankt (bei einer lokalen eitrigen Infektion) oder doppelgipfliges Fieber mit einigen Fiebertagen und dann kurzzeitiger Temperaturabsenkung und erneutem Anstieg (Virusinfektion).**

» **Akupressur:** Punkte bei Fieber

» **Basenpulver**

» **Grapefruitkern-Extrakt**

» **Heilkräuter:** Arnika, Augentrost, Basilikum, Flieder, Hagebutte, Himbeere, Holunder, Linde, Mädesüß, Petersilie, Pfefferminze, Preiselbeere, Schlüsselblume, Thymian, Weidenrinde

» **Heilpilze:** Auricularia, Coriolus, Hericium, Pleurotus, Reishi, Shiitake

» **Heilsteine:** Chalcedon, Chrysokoll, Dumortierit, grüner Turmalin, Kupfer, Malachit, Moosachat, Perle, Prasem, Rubin, Sarder, Silizium

» **Homöopathie:** *Notfallapotheke*

Kombinationsmittel: Tr 16-logoplex Novo, Arnica-logoplex oder Lachesis logoplex (beides Ziegler) oder ReVet RV 11 (Reckeweg) , Engystol oder Echinacea compositum (Heel), Gripp-Heel oder Traumeel (Heel).

Einzelmittel: Aconitum, Belladonna, Ferrum phosphoricum

» **Honig**

» **Hydrolate:** Augentrost, Frauentrost, Lindenblüte, Mädesüß, Pappelknospe, Pfefferminze (als Zusatz bei Wickel), Rose, Veilchen

» **Knospenmittel:** Esche oder Schwarzerle und Wildrose, bei hohem Fieber Esche und Silberweide

» **kolloidales Silberwasser**

» **Kolostrum**

» **Propolis**

» **Schüssler-Salze:** Nr. 3 und 5. ISO Bicomplex 6

» **Spagyrik:** Solunat Nr. 7

» **Wickel und Packung:** Kalte Wickel um die Beine wie *Wadenwickel* bei Kindern, möglich ist Zusatz von Pfefferminz-Hydrolat oder Apfelessig, Heilerdewickel, Quarkwickel

» **Außerdem:** Rosinen füttern oder einweichen und Einweichwasser und Rosinen geben. Ausreichend trinken ist wichtig!

GEBÄRMUTTER-ENTZÜNDUNG

Die Gebärmutterentzündung oder Endometritis entsteht aufgrund einer Infektion der Schleimhaut durch Bakterien, die durch die Scheide in die Gebärmutter einwandern. Dies geschieht während und nach der Geburt, bei unfachmännischer und unhygienischer Geburtshilfe oder Haltung des Tieres. Ein hormonelles Ungleichgewicht, eine Verdickung der Gebärmutterwand (glandulär-zystische Hyperplasie) oder eine Fehlgeburt begünstigen diese Entzündung. Daraus kann sich eine Gebärmuttervereiterung (Pyometra) bilden, eine Eiteransammlung in der Gebärmutter. Die Symptome der Gebärmutterentzündung sind Mattigkeit, Bewegungsunlust und Appetitlosigkeit, Fieber und schlechter Allgemeinzustand. Die Vereiterung hat ähnliche, aber stärkere Symptome und kann durch die Vergiftung des Körpers bis zum Schock führen. Manche Tiere

lecken sich verstärkt die Genitalregion, wodurch der Ausfluss unbemerkt bleibt.

» **Akupressur:** Punkte bei Schmerzen, Fieber

» **Ätherische Öle:** Öle bei Verletzung, Schmerzen, Immunsystem

» **Basenpulver**

» **Grapefruitkern-Extrakt**

» **Heilerde**

» **Heilkräuter:** Lesen Sie bei den Heilkräutern aus dem Kapitel Entzündung weiter.

» **Heilpilze:** Lesen Sie bei den Heilpilzen aus dem Kapitel Entzündung weiter.

» **Heilsteine:** Lesen Sie bei den Heilsteinen gegen Entzündung weiter. Buntkupfer.

» **Homöopathie:** *Notfallapotheke* und Entzündungsmittel. Bryonia, Calcium carbonicum, Calcium sulfuricum, Caulophyllum, Cimicifuga, Hydrastis, Mercurius solubilis, Pulsatilla, Pyrogenium, Sabina, Secale cornutum, Sepia, Silicea

» **Hydrolate:** Arnika, Echinacea, Hamamelis, Lavendel, Manuka, Rose, Teebaum

» **Knospenmittel:** Lesen Sie bei den Knospenmitteln gegen Entzündung weiter.

» **kolloidales Silberwasser**

» **Kolostrum**

» **Propolis**

» **Schüssler-Salze:** Lesen Sie bei den Schüssler-Salzen aus dem Kapitel Entzündung weiter.

» **Spagyrik:** Lesen Sie bei Spagyrik gegen Entzündung weiter.

» **Außerdem:** MSM, Pflanzenöl, Aura Soma

GEHIRNERSCHÜTTERUNG

Bei einem Sturz, Schlag, Tritt oder Unfall ist eine Gehirnerschütterung (Commotio cerebri) bzw. ein Schädel-Hirn-Trauma möglich. Die Symptome reichen bei einer leichten Erschütterung von kurzzeitigem Zusammenbrechen oder Taumeln und schnell folgender Erholung über den schweren Fall mit Erbrechen, längerer Bewusstlosigkeit, veränderter Körperhaltung, Harn- und Kotabsatz bis zum Tod. Es kann zu Krampfanfällen, ähnlich wie bei der Epilepsie kommen oder zu einer Blutung aus Nase oder Ohren.

Wichtig: **Bewahren Sie Ruhe und halten Sie das Tier dunkel und ruhig. Kühlen Sie, wenn möglich den Kopfbereich. In unklaren und schweren Fällen immer zum Therapeuten!**

» **Akupressur:** Beruhigungs-Kombi, Punkte bei Schmerzen, Schock

» **Ätherische Öle:** Öle zur Beruhigung, bei Verletzung, Schmerzen

» **Bach-Blüten:** Notfalltropfen, Rock Rose

» **Homöopathie:** *Notfallapotheke*

» **Schüssler-Salze:** Nr. 3, 5, 7, 10

» **Wickel und Packung**

GELENKENTZÜNDUNG

Die Entzündung der Gelenke (Arthritis) entsteht durch Verletzungen, Allgemein- und Stoffwechselerkrankungen, Wucherungen oder Infektionen (septische Entzündung). Es gibt unterschiedliche Verlaufsformen von sehr plötzlich oder perakut über plötzlich oder akut und schleichend oder subakut. Rheumatoide Erkrankungen betreffen meist mehrere Gelenke, da sie durch zirkulierende Immunkomplexe entstehen. Wird eine Gelenkentzündung chronisch und degenerativ, so liegen eine Gelenkabnutzung und Gelenkverschleiß (Arthrose) vor. Die Krankheitszeichen der Entzündung sind Schmerzen, veränderter Gang und weniger Bewegungslust. Die Gelenke sind geschwollen und heiß. Also ein *heißes* Geschehen im Gegensatz zu der *kalten* Arthrose.

» **Akupressur:** Punkte bei Schmerzen

» **Ätherische Öle:** Öle bei Schmerzen in Knochen und Gelenken

» **Basenpulver**

» **Egel (Blutegel)**

» **Grapefruitkern-Extrakt**

» **Heilerde**

» **Heilkräuter:** Aloe Vera, Arnika, Beinwell, Echinacea (Sonnenhut), Gänseblümchen, Ginkgo, Hagebutte, Ingwer, Johanniskraut, Mädesüß, Meerrettich, Teufelskralle, Weidenrinde, Weihrauch

» **Heilmoor**

» **Heilpilze:** Reishi, Polyporus, Shiitake

» **Heilsteine:** Apatit, Amazonit, Aragonit, Bernstein, Calcit, Chalcedon, Chrysokol, Fluorit, Labradorit, Malachit, schwarzer Turmalin, Tigerauge, versteinertes Holz

» **Homöopathie:** *Notfallapotheke* – Verletzung der Gelenke und Knochen und Verletzung allgemein

» **Hydrolate:** Arnika, Mädesüß, Zirbelkiefer

» **Kieselgur**

» **Knospenmittel:** Bergahorn, Esche, Hängebirke, Heckenrose, Mistel, Moorbirke, Schwarze Johannisbeere, Schwarzpappel, Silberweide, Rosskastanie, Waldkiefer, Walnuss, Weinrebe

» **Kokos**

» **Kolostrum**

» **Propolis**

» **Schüssler-Salze:** Nr. 1, 2, 3, 5, 8, 9 und 11

» **Spagyrik:** Solunat Nr. 3, 14 drei Mal täglich, Nr. 4 abends

» **Wassertherapie**

» **Wickel und Packung**

» **Außerdem:** MSM, Pflanzenöl, Aura Soma

HAUTPILZ

Hautpilzerkrankungen oder Dermatomykosen entwickeln ähnlich wie ein Ekzem unterschiedlich große Erhebungen auf der Haut, die verschorfen, haarlos werden und oft nicht jucken. Die Haare im Randbereich des Pilzbefalls sind leicht brüchig. Die befallenen Tiere sind meist jung oder haben ein schwaches Abwehrsystem und kommen aus schlechter Haltung. Die Übertragung erfolgt direkt von Tier zu Tier und über Gegenstände wie Decken und Bürsten, da sich Pilze über Sporen verbreiten, die monatelang in der Umgebung überleben. Viele Pilze sind ansteckend für Menschen (Zoonosegefahr) und andere Tiere.

» **Ätherische Öle:** Öle zur Reinigung und Desinfektion, Immunsystem. Eukalyptus, Kamille, wilde (Ormensis mixta/Chamaemelum ormensis), Manuka (!), Nelke (Syzygium aromaticum), Rosengeranie, Rosmarin

» **Basenpulver**

» **Effektive Mikroorganismen**

» **Grapefruitkern-Extrakt**

» **Heilerde**

» **Heilkräuter:** Alle Kräuter zur Stärkung des Immunsystems und des Lymphsystems, außerdem Aloe Vera zur Hautpflege oder gegen den Pilz Knoblauch als Tinktur äußerlich auftupfen.

» **Heilmoor**

» **Heilpilze:** Coriolus, Hericium, Reishi, Shiitake

» **Heilsteine:** Dolomit, Peridot

» **Homöopathie:** Borax, Kalium chloratum, Natrium chloratum *Notfallapotheke* und Mittel für das Immunsystem

» **Hydrolate:** Birke, Brennnessel, Echinacea, Hamamelis, Melisse, Rose, Teebaum

» **Kieselgur**

» **Knospenmittel:** Walnuss

» **Kokos**

» **kolloidales Silberwasser**

» **Kolostrum**

» **Propolis**

» **Schüssler-Salze:** Nr. 3, 5, 9, 10, 12

» **Spagyrik:** Solunat Nr. 3, 6, 8, 9, 16

» **Wassertherapie:** Waschungen mit Apfelessig/Obstessig; *Lebermoos-Extrakt* im Verhältnis 1:5 bis 1:10 mit Wasser verdünnen, gründlich auftragen und einreiben; Mischung aus Zitronensaft, Knoblauch und Obstessig

» **Außerdem:** Pflanzenöl, Aura Soma

HERZ UND KREISLAUF

Altersherz: Ältere Tiere haben manchmal eine Herzinsuffiziens, das Herz ist nicht mehr so kräftig wie in jungen Jahren und das Tier nicht mehr belastbar und sportlich.

» **Akupressur:** Beruhigungs-Kombi, Punkte bei Schock

» **Heilkräuter:** Arnika, Färberginster, Ginseng, Herzgespann, Lavendel, Mate,

Mistel, Rose, Rosmarin, Weißdorn (außerdem Kaffee)

» **Heilpilze:** Cordyceps, Polyporus (Wassereinlagerung), Reishi

» **Heilsteine:** Calcit, Dolomit, Fluorit, Granat, Hämatit, Heliotrop, Magnesit, Onyx, Prasem, Rhodochrosit, Rosenquarz

» **Homöopathie:** *Notfallapotheke* und Herzmittel

» **Knospenmittel:** Flieder, Hartriegel, Heidelbeere, Herzgespann, Mistel, Weißdorn

» **Kolostrum**

» **Propolis**

» **Schüssler-Salze:** Nr. 1, 5, 11, 22, 27, Nr. 2 mit 5 und 7 bei Herzrhythmusstörungen, dann 25 (Herzleistung)

» **Spagyrik:** Solunat Nr. 4 abends, Nr. 5 drei Mal täglich, Nr. 16 und 17 zwei Mal täglich

» **Wassertherapie**

HITZSCHLAG/ SONNENSTICH

Hitzschlag, ein absoluter Notfall, vor allem bei Hund und Katze, die nicht *normal* schwitzen können! Symptome sind Kreislaufprobleme mit starkem Hecheln, flacher Atmung, vermehrtem Speicheln, bläulich gefärbtem Zahnfleisch, Bewusstlosigkeit oder Schock bis hin zum Tod. Bewahren Sie – wie in jedem Notfall – die Ruhe, bringen Sie das Tier in den Schatten und kühlen Sie es langsam, das ist sehr wichtig, ab. Vorsichtig Wasser eingeben (Infusionen).

» **Akupressur:** Beruhigungs-Kombi, Punkte bei Schock

» **Ätherische Öle:** Lavendel, Neroli

» **Bach-Blüten:** Notfallmischung, Rock Rose

» **Heilsteine:** Aventurin grün, Prasem (Wasser und Anhänger, auch vorbeugend gegen Sonnenbrand)

» **Homöopathie:** *Notfallapotheke* und Hitzschlag, Kollaps, Schock Komplexmittel Cactus compositum, Carbo compositum (Heel)

» **Schüssler-Salze:** Nr. 3, 5 und 11 bei leichten Fällen; bei Zusammenbruch Nr. 3, 5, 8 und 11 und Waschungen mit Nr. 8; vorbeugende Gabe von Nr. 3, 5, und 8

» **Wassertherapie:** Behutsames Abkühlen von den Beinen an in Richtung Herz!

» **Wickel und Packung:** Kühlende Wickel und Auflagen

IMMUNSYSTEM

Das Immunsystem ist Abwehrsystem, körpereigener Schutz und Stärke gegen Krankheitserreger und Infektionen, aber gleichzeitig Ausdruck von Lebenskraft und Energie. Das Immunsystem hängt sehr eng mit der Verdauung zusammen und Sprüche, wie „Du bist, was du isst" etc., verdeutlichen das.

Wichtig: **Bei allen Erkrankungen ist es wichtig, ganzheitlich zu denken und zu behandeln und immer die Fütterung und Verdauung mit im Fokus zu haben.**

» **Akupressur:** Ma 36, Di 4, Ni 1, Punkte bei Magen-Darm-Problemen

» **Ätherische Öle:** Öle zur Beruhigung (Stress als Mitverursacher), Herz und Kreislauf, Verdauung, „Darm-Kur"

» **Basenpulver**

» **Effektive Mikroorganismen**

» **Grapefruitkern-Extrakt**

» **Heilerde**

» **Heilkräuter:** Brennnessel, Echinacea (Sonnenhut), Ginseng, Hagebutte, Himbeere, Holunder, Kappland-Pelargonie (bekannt als *Umckaloabo*), Isländisch Moos, Kapuzinerkresse, Katzenkralle, Klebkraut, Löwenzahn, Meerrettich, mongolischer Tragant (Astralagus membranaceus), Rosenwurz (Rhodolia sulaceae), Schlafbeere (Withania somnifera), Taigawurzel (Eleutherococcus senticocus), Wasserdost, Zistrose

» **Heilmoor**

» **Heilpilze:** Agaricus, Coriolus, Cordyceps, Hericium, Maitake, Reishi, Shiitake

» **Heilsteine:** Apatit, Aquamarin (Heuschnupfen), Citrin, Edelopal, Epidot, Obsidian, Heliotrop oder Blutjaspis, Rhodonit, Rubin, Smaragd, Türkis

» **Homöopathie:** *Notfallapotheke* und Mittel für das Immunsystem

» **Honig**

» **Hydrolate:** Echinacea, Lavendel, Lorbeer, Mädesüß, Patchouli, Ravintsara, Rose, Teebaum, Zirbelkiefer

» **Knospenmittel:** Weißtanne, Schwarzerle, Hängebirke, Schwarze Johannisbeere, Heckenrose

» **kolloidales Silberwasser**

» **Kolostrum**

» **Propolis**

» **Schüssler-Salze:** Nr. 2, 3, 6, 7, 9

» **Spagyrik:** Solunat Nr. 3, 4 evtl. 7 und 9

» **Wassertherapie**

» **Außerdem:** MSM, Pflanzenöl, Aura Soma

INSEKTENSTICH

Ein Sommerthema für Mensch und Tier, lästig und oft schmerzhaft. Bei Stichen im Rachen und Maul schnell handeln, Notfall, da die Einstichstelle schwellen kann. Falls der Stachel noch steckt, vorsichtig entfernen, gut kühlen und Bach-Notfalltropfen und Apis geben. Weidetiere wie Pferde, Rinder oder Schafe leiden den Sommer über sehr unter den zahlreichen Insekten, nicht nur unter den Stichen von Bienen und Wespen. Hier ist der Insektenschutz durch eine angepasste Haltung (Schutzhütte, Einstallen, Fliegendecke, Fliegenmaske) und eine *duftende* Insektenabwehr entscheidend. Einige Tiere können eine allergische Reaktion auf die

Insekten entwickeln und zeigen dann Quaddeln, Ekzeme, Juckreiz bis hin zu einem anaphylaktischen Schock.

» **Akupressur:** Beruhigungs-Kombi, Punkte bei Schmerzen und Insektenstich

» **Ätherische Öle:** Öle bei Verletzungen, Allergie, *Anti-Fliegen/Anti-Floh-Mischung*, Lavendel

» **Bach-Blüten:** Crab apple, Notfalltropfen

» **Basenpulver**

» **Effektive Mikroorganismen**

» **Grapefruitkern-Extrakt**

» **Heilerde**

» **Heilkräuter:** Erste Hilfe äußerlich mit dem Saft von frischem Spitzwegerich, Gänseblümchen, Pfefferminze oder Bärlauch; Aloe Vera, Saft einer frisch angeschnittenen Zwiebel, Zitrone oder Meerrettich

» **Heilmoor**

» **Heilpilze:** Reishi, Hericium, Maitake, Polyporus

» **Heilsteine:** Achat blauer, Amethyst, Bergkristall, Bernstein, Heliotrop, Lapislazuli, Mookait, Rhodonit

» **Homöopathie:** *Notfallapotheke* und Verletzung, dann Apis, Ledum, Staphisagria oder Urtica urens

» **Honig:** vor allem bei einem Wespen- oder Bienenstich

» **Hydrolate:** Breitwegerich, Hamamelis, Lavendel, Narden, Pfefferminze, Rose, Teebaum, Thymian, Zitronenverbene

» **Kieselgur**

» **Knospenmittel:** Schwarze Johannisbeere

» **Kokos**

» **kolloidales Silberwasser**

» **Propolis**

» **Schüssler-Salze:** Nr. 8, 10 und 12

» **Spagyrik:** Solunat Nr. 3, 6, 9

» **Wassertherapie**

» **Wickel und Packung:** Kühlende Quark- oder Joghurtauflage, Auflage mit Ringelblumen-Tee, Obstessig (1 Teil Essig auf 2 Teile Wasser) oder eine Brei-Mischung aus Obstessig mit Honig und püriertem Knoblauch (alles zu gleichen Teilen), Salatgurken-Scheiben, Aktivkohle mit Wasser zu Brei mischen, Aloe-Vera-Gel

» **Außerdem:** Pflanzenöl, Aura Soma

KNOCHENBRUCH

Ein Knochenbruch oder eine Fraktur ist ein Fall für den Tierarzt oder die Tierklinik. Es muss nicht immer operiert werden, aber es wird gerichtet und fixiert und es wird geröntgt, um die Fraktur abzuklären.

» **Akupressur:** Beruhigungs-Kombi, Punkte bei Schmerzen und Schock

» **Ätherische Öle:** Öle zur Beruhigung, Verletzungen, Schmerzen, Knochen und Gelenke

» **Bach-Blüten:** Notfalltropfen

» **Basenpulver**

» **Egel (Blutegel):** zur Nachbehandlung

» **Heilkräuter:** Acker-Schachtelhalm, Arnika, Beinwell, Johanniskraut, *Schwedenkräuter*

» **Heilmoor**

» **Heilsteine:** Achat, Amethyst, Apatit, Bergkristall, Bernstein, Calcit, Magnetit, Obsidian, Rosenquarz und Steine zur Schmerzlinderung

» **Homöopathie:** *Notfallapotheke* und Verletzung der Knochen und Gelenke oder Verletzungsmittel

» **Kieselgur**

» **Knospenmittel:** Waldkiefer, Weißtanne, Schwarze Johannisbeere und Riesenmammutbaum

» **Schüssler-Salze:** Nr. 1,2,3 und 11 bei akutem Bruch; Nr. 7, 8, 9 und 11 bei Beschwerden an alter Bruchstelle, Nr. 4 bei Schwellung

» **Wickel und Packung:** Bei Beschwerden zur Nachbehandlung

» **Außerdem:** MSM, Pflanzenöl, Aura Soma

KOLIK

Eine Kolik bedeutet stärkste, oft wehenartige Schmerzen durch krampfhaftes Zusammenziehen der glatten Muskulatur. Ursprünglich bezog sich dieser Begriff auf den Dick- bzw. Grimmdarm, aber Koliken können eine Nierenkolik, Gallen- oder Darmkolik sein. Seltener sind sie im Bereich der Harnblase, des Magens, der Bauchspeicheldrüse oder Gebärmutter. Bei einer Kolik zeigt das Tier durch die massiven Schmerzen Schweißausbrüche, erhöhten Puls und Blutdruck, Übelkeit und Erbrechen oder sogar Kreislaufkollaps.

Als Kolik bei Pferden werden Symptome im Magen oder Darm bezeichnet. Die Kolik ist weniger die Krankheit, sondern zeigt eine Fehlfunktion des Verdauungstraktes mit den unterschiedlichsten Ursachen an. Ein Pferd mit Kolik ist auffallend unruhig, es scharrt, flehmt und wendet den Kopf nach hinten, schlägt sich unter den Bauch und wälzt sich immer wieder. Es kann sehr schwitzen, bei einem Kreislaufversagen bricht kalter Schweiß aus und die Hautoberfläche wird kühl. Die Pferde wollen weder trinken noch fressen und haben einen verkrampften, aufgezogenen Bauch. Ursache ist ein Darmverschluss, wobei meist der Grimmdarm (Colon) betroffen ist. Der Verschluss kann von nicht ausreichend verdautem Futter kommen, das sich festsetzt, den Transport des Futterbreis verhindert und einen

Darmverschluss (Ileus) verursacht. Eine Verschlingung, Verlagerung oder Einklemmung des Darms ist ebenso möglich, bei der der Darm abgeschnürt wird. Oft kommt es bei Pferden zu Stress- oder Krampfkoliken, wie auf langen Transporten oder bei Turnieren. Wetterbedingte Koliken treten meist im Frühling oder bei Wetterwechsel auf. Allgemein werden Koliken durch fehlende Bewegung, falsche Fütterung und Parasitenbefall des Darms begünstigt.

» **Akupressur:** Beruhigungs-Kombi, Punkte bei Schmerzen, Schock, Rekonvaleszenz, Magen-Darm-Problemen

» **Ätherische Öle:** Öle zur Beruhigung, Schmerzen, Verdauung, Mandarine

» **Bach-Blüten:** Notfalltropfen

» **Basenpulver**

» **Effektive Mikroorganismen**

» **Heilerde**

» **Heilkräuter:** Anis, Arnika, Artischocke, Beifuß, Beinwell, Dill, Eberraute, Eibischwurzel (für Pferde vorbeugend als gemahlene Wurzel), Fenchel, Gänsefingerkraut, Koriander, Kümmel, Lavendel, Linde, Majoran, Nelke, Schafgarbe, Süßholzwurzel, Ulmenrinde, *Schwedenkräuter*, *Colosan* (Dr. Schaette)

» **Heilmoor**

» **Heilpilze:** Hericium, Reishi

» **Heilsteine:** Chrysokoll, Magnesit, Magnetit, Malachit, Pyritsonne, Rubin, Saphir

» **Homöopathie:** Belladonna, Carbo vegetabilis, Carduus marianus, Chamomilla, colocynthis, Magnesium phosphoricum, Nux vomica, Tabacum

» **Knospenmittel:** Besenheide, Eberesche, Esskastanie, Feige, Heckenrose, Himbeere, Preiselbeere, Schwarzerle, Stechpalme

» **Schüssler-Salze:** Nr. 7, 9, 10 und 20 (allgemein), Nr. 2, 7, 9, 10 (Verdauungskolik), Nr. 3, 7, 8, 9 (Nieren- und Blasenkolik), Nr. 3, 7, 9 (Blähungen), Nr. 7 (Krampfkolik), Nr. 3, 7, 8 (Verstopfungskolik)

» **Spagyrik:** Solunat Nr. 2, 8, 10, 14, 19

» **Wickel und Packung**

» **Außerdem:** Pflanzenöl, Flohsamen, Leinsamen, Aura Soma

KOLLAPS

Ein Kreislaufkollaps wird als Blackout oder Ohnmacht bezeichnet, in der Medizin als Synkope, eine plötzlich einsetzende, kurz dauernde Bewusstlosigkeit ohne vorherige Anzeichen. Die Ursache ist eine vorübergehende Minderdurchblutung des Gehirns aufgrund von Störungen des Kreislaufs, der Herzfunktion, Hirndurchblutung oder des Nervensystems. Ähnlichkeiten der Symptome bestehen mit einem epileptischen Krampfanfall oder einem Zusammenbruch aufgrund einer Stoffwechselerkrankung. Kommt das Tier wieder zu sich, ist es normal und nicht verwirrt

wie bei einem Krampfanfall. Manchmal löst eine übergroße Anstrengung oder Aufregung einen Kollaps aus.

» **Akupressur:** Punkte bei Schock

» **Ätherische Öle:** Öle zur Beruhigung, Herz und Kreislauf. Rosmarin.

» **Bach-Blüten:** Notfalltropfen, Rock Rose

» **Basenpulver**

» **Heilkräuter:** Kaffee, Mate (nicht für Hunde, Katzen und Kleintiere)

» **Homöopathie:** *Notfallapotheke* und Kollaps

» **Hydrolate:** Rosmarin

» **Knospenmittel:** Rosmarin, Zitrone

» **Schüssler-Salze:** Nr. 2, 5, 7, 8

LEBERERKRANKUNG

Die Leber hat zahlreiche Funktionen, wie die Regelung des Zuckerstoffwechsels mit der Hilfe von Insulin, Speicherung von Einfachzuckern in Glykogen oder Stärke und Bereitstellung von Energie, Regelung des Fett- und Eiweißstoffwechsels, Entgiftung, Wärmeerzeugung, Produktion der Gallenflüssigkeit sowie Bildung und Abbau von Cholesterin, Abbau von Sexualhormonen, Bildung von roten Blutzellen (Erythrozyten) und Abbau des roten Blutfarbstoffes (Hämoglobin), Blutspeicherung, Synthese von Bluteiweiß und Gerinnungsfaktoren sowie Speicher von Vitaminen und Mineralstoffen.

Symptome einer Lebererkrankung sind gelbe Schleimhäute der Augen, schlechter Allgemeinzustand und Abmagerung, Verdauungsstörungen und Koliken. Eine Leberentzündung (Hepatitis) kann angeboren sein oder durch Infektionen, Vergiftung, Medikamente verursacht werden.

Eine Sonderform ist die ansteckende Hepatitis (Hepatitis contagiosa canis), die durch einen Virus hervorgerufen wird und meist symptomlos verläuft. Zeigen die Tiere Symptome, so sind die ähnlich einer akuten Hepatitis.

Bei einer Hepatitis sind die Tiere matt und schwach, fressen und trinken kaum, haben Erbrechen oder Durchfall, magern ab und bekommen Hauterkrankungen. Das Zahnfleisch und das Weiße des Auges färben sich gelblich, die Tiere riechen unangenehm, erscheinen nervöser und aggressiver als normal und bekommen einen dicken Bauch.

» **Ätherische Öle:** Öle für die Verdauung. Melisse, Rosmarin, Schafgarbe, Zitrone

» **Basenpulver**

» **Effektive Mikroorganismen**

» **Grapefruitkern-Extrakt**

» **Heilerde**

» **Heilkräuter:** Artischocke, Eisenkraut, Enzian, Haronga, Klette, Kümmel, Kurkuma, Labkraut, Löwenzahn, Mahonie (gewöhnliche), Mariendistel, Odermennig, Pfefferminze, Rose, Rosmarin, Salbei,

Schafgarbe, Schwarzkümmel, Spirulina, Süßholzwurzel, Wacholder, Wegwarte, Wermut

» **Heilmoor**

» **Heilpilze:** Coriolus, Maitake, Reishi, Shiitake

» **Heilsteine:** Amazonit, Bergkristall, Bernstein, Citrin, Edelopal, Heliotrop, Jade grün, Jaspis gelb/rot, Rosenquarz, Saphir, Smaragd, Türkis

» **Homöopathie:** Notfallapotheke und Leber-Mittel

» **Knospenmittel:** Hängebirke, Haselnuss, Moorbirke, Olivenbaum, Rosmarin, Wacholder

» **Schüssler-Salze:** Nr. 3, 6, 10, 12 und 26 (Leberentzündung)

» **Spagyrik:** Solunat Nr. 2, 4, 8, 16 und 17 zwei Mal täglich

» **Wickel und Packung**

» **Außerdem:** MSM, Pflanzenöl, Aura Soma

LYMPHKNOTEN- UND LYMPHGEFÄSSENTZÜNDUNG

Das lymphatische System ist die Grundlage des Immunsystems und wie der Blutkreislauf ein Transportsystem. Die Lymphflüssigkeit entsteht aus der Gewebeflüssigkeit und besteht aus Lymphplasma und Lymphozyten. Die Lymphknoten sind Filterstationen und in die Lymphgefäße eingeschaltet.

Eine Entzündung der Lymphgefäße (Lymphangitis) wird durch Bakterien, meist Staphylo- und Streptokokken, in den Lymphbahnen oder durch eine Entzündung des umliegenden Gewebes verursacht. Es kann zu einer Abszessbildung kommen. Eine chronische Lymphangitis führt zu einem Lymphödem mit Juckreiz, Bläschen und Krusten in dem betroffenen Areal. Die Lymphknoten können sich im Verlauf einer Infektion, Entzündung, bei Parasitenbefall oder Zahnherden vergrößern. Eine mögliche Ursache sind Borreliose oder Neoplasien.

» **Akupressur:** Punkte bei Schmerzen, Fieber

» **Ätherische Öle:** Myrte, Zitrone. Öle für *dicke Beine*

» **Basenpulver**

» **Egel (Blutegel):** bei lymphatischer Stauung

» **Grapefruitkern-Extrakt**

» **Heilerde**

» **Heilkräuter:** Lesen Sie bei den Kräutern gegen Entzündungen weiter.(Acker-) Schachtelhalm, Birke, Brennnessel, Frauenmantel, Ginkgo, Labkraut, Ringelblume, Steinklee, Zinnkraut

» **Heilmoor**

» **Heilpilze:** Heilpilze aus dem Kapitel Entzündung und Polyporus

» **Heilsteine:** Chalcedon, Chrysopas, Heliotrop, Karneol, Moosachat, Opal, Ozeanachat, Onyx, Sardonyx. Kombination blauer Chalcedon, Moosachat und Opal für Anregung der Lymphtätigkeit, bei allen Entzündungen und zur Entgiftung.

» **Homöopathie:** Lymphomyosot, Lymphdiaral (Pascoe) als Tropfen oder Salbe

» **Honig**

» **Hydrolate:** Cistrose, Hamamelis, Lorbeer

» **Knospenmittel:** Eberesche, Esskastanie, Hängebirke, Hainbuche, Moorbirke, Schwarzerle, Schwarze Johannisbeere, Stieleiche, Walnuss, Weinrebe

» **Kokos**

» **kolloidales Silberwasser**

» **Kolostrum**

» **Propolis**

» **Schüssler-Salze:** Nr. 3, 4, 5, 9 (Entzündung), Nr. 11 (mit Eiter), Nr. 1 und 11 (Verhärtung)

» **Spagyrik:** Solunat Nr. 3, 6, 9, 16 (morgens) und 18 zwei bis drei Mal täglich

» **Wassertherapie**

» **Wickel und Packung**

» **Außerdem:** MSM, Pflanzenöl, Aura Soma

MAGEN- UND DARMSCHLEIMHAUTENTZÜNDUNG

Eine Entzündung der Magenschleimhaut (Gastritis) entsteht durch eine Infektion, Stoffwechselerkrankungen, Stress, falsche Fütterung, Medikamente oder die Aufnahme von schädlichen Stoffen. Die Tiere erbrechen, meist nach der Futter- oder Wasseraufnahme, sind matt und appetitlos, speicheln, zittern, Pferde flehmen und gähnen auffallend. Die Entzündung der Darmschleimhaut (Enteritis) entsteht durch ähnliche Verursacher, kann allergisch oder autoaggressiv sein, das heißt eine Reaktion des Immunsystems gegen eigene Körperzellen. Die Tiere haben Durchfall (Diarrhö), oft zusammen mit Erbrechen, Bauchkrämpfe und -schmerzen, Fieber und werden matt und apathisch, wenn dieser Zustand länger andauert und es zu einem größeren Wasserverlust sowie einer Verschiebung des Säure-Basen-Gleichgewichts kommt.

» **Akupressur:** Punkte bei Schmerzen, Rekonvaleszenz, Magen-Darm-Problemen, Fieber

» **Ätherische Öle:** Öle zur Beruhigung, Schmerzen, Verdauung

» **Basenpulver**

» **Effektive Mikroorganismen**

» **Grapefruitkern-Extrakt**

» **Heilerde**

» **Heilkräuter:** Anis, Arnika, Augentrost, Baldrian, Beinwell, Blutwurz, Dill, Echinacea (Sonnenhut), Eibischwurzel, Fenchel, Frauenmantel, Gänseblümchen, Griechisches Heu, Herzgespann, Isländisch Moos, Kamille, Kapuzinerkresse, Königskerze, Koriander, Kümmel, Lapacho (10 Minuten auskochen und 15 Minuten ziehen lassen), Lavendel, Linde, Mädesüß, Majoran, Meerrettich, Oregano, Petersilie, Quecke, Ringelblume, Rose, Rosmarin, Salbei, Schafgarbe, Schwarzkümmel, Spitzwegerich, Süßholz, Ulmenrinde, Wacholder, Walnuss (im Übermaß giftig), Wegwarte, Weihrauch, Wermut, Zimt, Zistrose

» **Heilmoor**

» **Heilpilze:** Lesen Sie bei den Heilpilzen gegen Entzündung weiter.

» **Heilsteine:** Aragonit, Bernstein, Calcit, Chrysokoll, Edelopal, Edeltopas, Jaspis rot, Magnesit, Mahagoniobsidian, Rauchquarz, Saphir

» **Homöopathie:** *Notfallapotheke* und Magen-Darm-Mittel

» **Honig**

» **Hydrolate:** Melisse, Pfefferminze, Rose

» **Kieselgur**

» **Knospenmittel:** Apfelbaum, Eberesche, Esskastanie, Feige, Feldulme, Hainbuche, Heidelbeere, Libanonzeder, Rosmarin, Preiselbeere, Sanddorn, Schwarzerle, Schwarze Johannisbeere, Silberlinde, Sommerlinde, Stieleiche, Weinrebe

» **Kokos**

» **kolloidales Silberwasser**

» **Kolostrum**

» **Propolis**

» **Schüssler-Salze:** Nr. 3. Nr. 3, 5, 8, 9, 12 (Magengeschwür)

» **Spagyrik:** Solunat Nr. 2, 4, 14, 18, 19, 20, 21

» **Außerdem:** MSM, Pflanzenöl, Flohsamen, Leinsamen, Aura Soma

NASENBLUTEN

Nasenbluten oder Epistaxis kann ein Notfall sein, egal ob bei Hund oder Pferd. Die gut durchblutete Nasenschleimhaut ist durch einen Fremdkörper, eine Verletzung, Krebs im Bereich der Nase oder eine chronische Entzündung verletzt und es kommt zur Blutung aus einem oder beiden Nasenlöchern. Stoppt diese Blutung nach einigen Minuten von alleine, ist nur ein Äderchen geplatzt und Sie brauchen sich nicht zu sorgen. Dauert die Blutung länger an, sollte ein Tierarzt weiterhelfen. Es kann sich um eine Vergiftung handeln.

Wichtig: **Wie in jedem Notfall Ruhe bewahren, die Nase reinigen und schauen, ob Sie die Ursache, zum Beispiel einen Fremdkörper oder eine Verletzung, sehen. Wenn möglich die Nase kühlen.**

» **Akupressur:** Beruhigungs-Kombi und Punkte bei Schock (LG 26)

» **Ätherische Öle:** Öle zur Beruhigung, bei Verletzung

» **Bach-Blüten:** Notfalltropfen, Rock Rose, Olive

» **Heilkräuter:** Blutwurz-, Hirtentäschelkraut-, Schafgarben- oder (Acker-)Schachtelhalm-Tee abgekühlt vorsichtig in die Nase geben, auch Presssaft aus frischem Frauenmantel, verdünnte Arnikatinktur, Johanniskrautöl oder Ringelblumensalbe, möglich ist eine Tamponade aus Huflattich- oder Schafgarbenblättern. Hirtentäschel-Tinktur aus dem frischen, blühenden Kraut in Alkohol ist die Basis für eine blutstillende Auflage 1:1 mit Wasser verdünnt bei oberflächlichen Verletzungen zum Blutstillen. Buchweizen, Schafgarbe als Tee innerlich.

» **Heilpilze:** Auricularia, Reishi

» **Heilsteine:** Jaspis rot, Karneol, Prasem

» **Homöopathie:** *Notfallapotheke* und Blutung und Blutverlust. Lachesis bei Blutung aus dem linken Nasenloch. Phosphor in Hochpotenz, möglicherweise mit Millefolium oder Hamamelis ergänzt. Erigeron bei reichlicher, hellroter Blutung. Melilotus bei Fremdkörperverletzung. Cinnamomum Ergänzung mit Kombinationsmittel Mucosa compositum und Traumeel (beides Heel).

» **Hydrolate:** Arnika, Hamamelis, Teebaum

» **Knospenmittel:** Hainbuche, Hartriegel

» **Schüssler-Salze:** Nr. 3

» **Spagyrik:** Solunat Nr. 21

» **Wassertherapie:** kalte Wasseranwendungen auf Nasenbereich und/oder Stirn. Dabei den Kopf des Tieres leicht gesenkt halten, damit das Blut herausläuft und nicht in die Lunge.

NERVENSCHMERZEN

Nervenschmerzen werden als Neuralgie bezeichnet, verursacht durch Verletzung, Druck, Entzündung oder Stoffwechselerkrankung. Und da überall am Tier Nerven verlaufen, können diese Schmerzen vom Kopf bis zum Rücken auftreten.

» **Akupressur:** Punkte bei Schmerzen

» **Ätherische Öle:** Öle gegen Schmerzen. Cajeput, Gewürznelke, Lavendelöl, Muskat, Pfeffer

» **Basenpulver**

» **Egel (Blutegel)**

» **Heilpilze:** Hericium

» **Heilkräuter:** Arnika, Holunder (Beeren), Johanniskraut, Lavendel, Rosmarin, Thymian

» **Heilsteine:** Amazonit, Bergkristall, Goldobsidian, Goldtopas, Katzenauge, Saphir

» **Homöopathie:** *Notfallapotheke* und Verletzung der Nerven, Verletzungsmittel. Traumeel, Traumeel-Salbe (Heel), Arnika- oder Calendula-Salbe. Discus compositum (Heel) bei Nervenschmerzen im Bereich der Wirbelsäule. Neuralgo-Rheum-Injeel (Heel).

» **Knospenmittel:** Feldahorn, Feigenbaum, Mistel, Olivenbaum, Schwarze Johannisbeere, Silberweide

» **Schüssler-Salze:** Nr. 2, 7 und 8

» **Spagyrik:** Solunat Nr. 4, 14

» **Wickel und Packung:** Meerrettich als Auflage aus 1 TL geriebenem Meerrettich in ein Tuch eingeschlagen oder Thymian-Tinktur als Wickel oder Auflage

» **Außerdem:** Pflanzenöl, Aura Soma

NIERENERKRANKUNG

Die Nieren sind paarige Organe des Harnsystems zur Harnbereitung und Regulation des Wasser- und Elektrolythaushalts. Sie sind wichtig zur Ausscheidung von Giftstoffen, zur Aufrechterhaltung des Blutdrucks, des Elektrolyt- und Säure-Basen-Haushalts. Die Nieren helfen bei der Bereitstellung von Energie und stellen Hormone her.

Bei einer Nierenerkrankung (Nephropathie) ist ihre Funktion eingeschränkt und es bleiben Stoffe, die ausgeschieden werden sollten, im Blut. Es kann zu einer Entzündung (Nephritis), einer Degeneration (Entartung) oder zu Nierensteinen kommen.

Eine Nierenentzündung zeigt sich durch Fieber, mangelnden Appetit und Mattigkeit, vermehrten Harnabsatz und Hautveränderungen.

Die chronische Erkrankung entwickelt sich langsam und bleibt oft unbemerkt. Die Tiere haben viel Durst und setzen mehr Urin ab. Oft entwickelt sich die Krankheit aus einer akuten Form oder aufgrund einer degenerativen Entwicklung. Die Schädigung der Nieren ist nicht rückgängig zu machen und die Therapie ist nur noch begleitend. Die Tiere haben ein stumpfes Fell, sehen mager aus, die Schleimhäute sind blass, sie haben Erbrechen und Durchfall und riechen urinartig aus dem Maul. Nierensteine führen zu Schmerzen beim Harnabsatz und der Urin kann blutig werden.

Eine Blasenentzündung kann zu einer Nierenentzündung führen, wenn die Keime aus der Blase in die Niere aufsteigen.

» **Grapefruitkern-Extrakt**

» **Heilkräuter:** (Acker-)Schachtelhalm, Birke, Brennnessel, Färberginster, Frauenmantel, Gänsefingerkraut, Goldrute, Hauhechel, Isländisch Moos, Linde, Mädesüß, Meerrettich, Walderdbeere

» **Heilpilze:** Coriolus, Cordyceps, Maitake, Reishi, Shiitake

» **Heilsteine:** Aquamarin, blauer Moosopal, Carneol, Diopsid, gelber Fluorit, Magnetit, Nephrit, Onyx, roter Achat

» **Homöopathie:** *Notfallapotheke* und Nierenmittel. Traumeel (Schmerzen) und Spascupreel (Krämpfe) (beides Heel). Ney Nephrin-Tropfen (Vitorgan)

» **Hydrolate:** Birke

» **Knospenmittel:** Hänge- und Moorbirke, Libanonzeder, Esche, Wacholder, Apfelbaum, Schwarzer Holunder, Eberesche, Sommer- und Silberlinde. Bei Niereninsuffizienz Besenheide und Rotbuche.

» **kolloidales Silberwasser**

» **Kolostrum**

» **Propolis**

» **Schüssler-Salze:** Nummer 4, 8 und 10 allgemein für die Nieren. Nummer 3, 9 und 10 bei akuter Entzündung. Nummer 6, 9 und 11 bei chronischer Entzündung. ISO Bicomplex 20

» **Spagyrik:** Solunat Nr. 3, 4 (abends), 16 und 18 zwei Mal täglich

» **Wickel und Packung:** heißer Zinnkrautwickel, Auflage mit warmer Heilerde oder Zwiebeln, Kartoffelwickel, Leinsamenkataplasma

» **Außerdem:** MSM, Pflanzenöl, Aura Soma

OHRENTZÜNDUNG

Die klassische Mittelohrentzündung (Otitis media) kann sich aus einer Entzündung des äußeren Ohrs, des Gehörgangs, entwickeln (Otitis externa) oder im Verlauf einer Stoffwechselstörung, Allergie oder Autoimmunerkrankung. Die Tiere haben Schmerzen an und in den Ohren und lassen sich dort ungern anfassen und untersuchen. Oft fällt Kopfschütteln, Kratzen am Ohr mit Jaulen, schiefe Kopfhaltung (einseitige Entzündung) und schlechter Geruch sowie Ausfluss aus dem Ohr auf. Trockene, braunkrümelige Absonderung weist auf Milbenbefall hin. Eine linksseitige Entzündung kann auf eine Nierenerkrankung, eine rechtsseitige auf eine Fehlfütterung oder Lebererkrankung hinweisen. Vermeiden Sie Salben und Cremes für das Innere des Ohrs, denn dies verstärkt die Entzündung und verklebt und verstopft das Ohr. Bei gehäuftem Auftreten von Problemen mit den Ohren Fütterung überprüfen und verbessern.

» **Akupressur:** Punkte bei Schmerzen (Di 4 und Di 11)

» **Ätherische Öle:** Öle für Verletzungen, Schmerzen, *Ohr-Reinigung*

» **Außerdem:** Cajeput, Eukalyptus, Majoran, Pfefferminze, Rose, Schopf-Lavendel (Lavandula stoechas), Teebaum und Thymian

» **Bach-Blüten:** Notfalltropfen

» **Basenpulver**

» **Effektive Mikroorganismen**

» **Grapefruitkern-Extrakt**

» **Heilerde**

» **Heilkräuter:** Lesen Sie bei den Kräutern gegen Entzündungen weiter.

» **Heilpilze:** Lesen Sie bei den Heilpilzen gegen Entzündungen weiter.

» **Heilsteine:** Achat, Bergkristall, Calcit, Heliotrop, Smaragd

» **Homöopathie:** *Notfallapotheke* und Infektion oder Schmerzen und Entzündungsmittel

Kombinationsmittel: Traumeel (Heel) – in Ampullenform gut zur Reinigung und innerlichen Verabreichung, Phytolacca S-logoplex (Ziegler), ReVet 8.

Einzelmittel: Aconitum, Belladonna, Capsicum, Chamomilla, Dulcamara, Ferrum phosphoricum, Hepar sulfuris, Kalium bichromicum, Mercurius solubilis, Pulsatilla, Pyrogenium, Silicea (zum Ausheilen einige Tage länger geben)

» **Hydrolate:** Basilikum und Hydrolate gegen Entzündung

» **Knospenmittel:** Schwarze Johannisbeere und Heckenrose

» **Kokos**

» **kolloidales Silberwasser**

» **Kolostrum**

» **Propolis**

» **Schüssler-Salze:** akute Entzündung: Nr. 3, 7 und 11. Chronische Entzündung: Nr. 12 oder ISO Bicomplex 6

» **Spagyrik:** Solunat Nr. 3, 7, 9 und 14 drei Mal täglich

» **Wickel und Packung:** lauwarme und warme Kompressen mit Zusatz von Bach-Blüten, Basenpulver, Effektive Mikroorganismen, Farbe, Heilerde, Heilkräuter, Heilmoor. Wärmeanwendungen tun in der Regel gut, auch Rotlicht. Auflage aus Bockshornkleesamen, Leinsamen oder mit verdünnter Tinktur von Breit- und Spitzwegerich

» **Außerdem:** MSM, Pflanzenöl, Aura Soma

PARASITEN
(Ektoparasiten)

Parasiten sind *Mit-Esser* und Schmarotzer, die von ihrem Wirt, von Hund, Katze oder Pferd, leben und ihn damit schädigen, ihn möglicherweise auch töten. Wir unterscheiden zwischen Außenparasiten (Ektoparasiten) und Innenparasiten (Endoparasiten), die im Kapitel Darmparasiten behandelt werden. Hier kümmern wir uns um die Krabbeltierchen auf unseren Haustieren, die sich dort mit Hilfe spezieller Organe an oder in ihren Wirt einarbeiten und sich dann von seiner Haut, Schuppen, Haaren, Drüsensekreten, Blut oder Gewebsflüssigkeit ernähren. Es handelt sich um Insekten, wie Stech- oder Kriebelmücken, Läuse, Haarlinge, Flöhe und um milbenartige Parasiten, wie Zecken, Herbstgrasmilben, Räudemilben, Haarbalg- und Raubmilben oder Ohrmilben. Ektoparasiten stören ihr Wirtstier durch die vielen Bisse und Stiche und mit ihrem histaminhaltigen Speichel, der Juckreiz und eine Allergie verursacht. Sie können Krankheiten übertragen, wie zum Beispiel die Zecken.

» **Ätherische Öle:** Reinigung und Desinfektion, Immunsystem, *Ungeziefer-Spray, Anti-Fliegen /Anti-Floh-Mischung.* Anis, Gewürznelke (Syzygium aromaticum) und Oregano. Hier vorwiegend äußerlicher Einsatz der ätherischen Öle!

» **Bach-Blüten:** Centaury, Crab Apple, Gentian, Larch

» **Basenpulver**

» **Effektive Mikroorganismen**

» **Grapefruitkern-Extrakt**

» **Heilerde**

» **Heilkräuter:** Lesen Sie bei den Heilkräutern für das Immunsystem weiter. Knoblauch, Wermut äußerlich

» **Heilmoor**

» **Heilpilze:** Heilpilze aus dem Kapitel Entzündung und Immunsystem

» **Heilsteine:** Mahagoniobsidian

» **Kieselgur**

» **Kokos**

» **kolloidales Silberwasser**

» **Kolostrum**

» **Propolis**

» **Wassertherapie:** Lapacho (für Tee 1 Esslöffel Lapacho auf 1 Liter Wasser 10 Minuten kochen und 15 Minuten ziehen lassen, zum Abreiben oder Baden)

» **Außerdem:** Pflanzenöl, MSM (Schwefelblüte!)

SCHEINTRÄCHTIGKEIT

Eine Scheinträchtigkeit kann Probleme für Katzen- oder Hundebesitzer und ihre Tiere darstellen. Die Pseudogravidität wird oft durch Hormonstörungen nach der Läufigkeit ausgelöst. Die Tiere bauen ein *Nest* und suchen sich allerlei als Kindersatz zusammen. Die Zitzen werden dick, die Milch kann sogar einschießen, die Tiere sind seltsam verschmust und reagieren anders als normal. Verursacht wird dies durch eine Funktionsstörung der Hypophyse, Eierstöcke oder Gebärmutter. Wichtig kann zusätzliche Beschäftigung und Ablenkung des Tieres sein, Spielsachen erst mal wegräumen und Diät halten. Vorsicht bei Fressunlust, Scheidenausfluss, Untertemperatur, denn hier kann es zu einer Gebärmutterentzündung gekommen sein, die dringend zum Tierarzt gehört.

» **Ätherische Öle:** Rose, Zitronenmelisse (Vorsicht bei Katzen!)

» **Bach-Blüten:** Centaury, Cerato, Heather (bei anhänglichem, verschmustem Tier), Pine (bei beleidigtem Tier), Beech, Chicory und Water violett (bei aggressivem, zurückhaltendem Verhalten)

» **Homöopathie:** Asa foetida (Tiefpotenz alle paar Stunden bei Reizbarkeit und Ängstlichkeit), Ignatia (Tiefpotenz alle paar Stunden bei großer Hysterie; in Hochpotenz einmal wöchentliche Gabe zur Vorbeugung versuchen), Lilium (D6 alle paar Stunden, bei nächtlicher Unruhe) Murex, Pulsatilla (D30 für eine Woche bei Anhänglichkeit und Verschmustsein), Sepia (bei reservierten und zurückhaltenden Tieren). Kombinationsmittel sind Hormeel und Gynäcoheel (beides Heel). ReVet 15. Bei Entzündung des Gesäuges in der Notfallapotheke unter den Entzündungsmitteln gucken.

» **Wickel und Packung:** Bei Entzündung des Gesäuges Essigumschläge (1 EL auf 1 Liter Wasser), Umschlag mit essigsaurer Tonerde, Heilerde, Heilmoor, Quark, Retterspitz.

» **Außerdem:** Eine 1:3 Mischung Obstessig mit Wasser über dem Futter nimmt dem Urin einer läufigen Hündin den Eigengeruch und man kann wieder mit mehr Ruhe spazieren gehen. Auch Platinum in Hochpotenz mit Aristolochia in Tiefpotenz kann in dieser Richtung hilfreich sein.

SCHNUPFEN

Nasenausfluss und Schnupfen (Rhinitis) treten meist im Gefolge einer Erkältung auf und werden durch Bakterien, Viren oder Pilze ausgelöst. Zahnprobleme können Nasenausfluss auslösen, ebenso eine Allergie oder Infektionskrankheit. Die Entzündung der Nasenschleimhaut verursacht vermehrtes Niesen, Ausfluss, verkrustete Nasenlöcher und manchmal Abgeschlagenheit, Fressunlust und Fieber.

» **Akupressur:** Punkte bei Schmerzen, Atemwegsproblemen, Fieber

» **Ätherische Öle:** Öle für Immunsystem, Atmung, Allergie

» **Basenpulver**

» **Grapefruitkern-Extrakt**

» **Heilkräuter:** Arnika, Augentrost, Echinacea (Sonnenhut), Fenchel, Gundermann, Ingwer, Kamille, Linde, Pfefferminze, Schafgarbe, Schlüsselblume, Schwarzer Holunder, Spitzwegerich, Thymian, Zistrose, *Schwedenkräuter*

» **Heilpilze:** Auricularia, Coriolus, Cordyceps, Maitake,Reishi, Shiitake

» **Heilsteine:** Apatit, Calcit, Heliotrop, Obsidian

» **Homöopathie:**

Einzelmittel: Aconitum, Allium cepa, Ammonium carbonicum, Arsenicum, Belladonna, Sulfur, Camphora, Cyclamen, Euphrasia, Hepar sulfuris, Hydrastis, Iodum, Kalium bichromicum, Kalium iodatum, Luffa, Nux vomica, Phosphorus, Pulsatilla, Rumex, Sabadilla, Sambucus, Silicea

Komplexmittel: Euphorbium compositum mit Engystol bei viraler Ursache und mit Echinacea compositum bei bakterieller Ursache, auch Gripp-Heel, Luffeel compositum, Mucosa compositum (alle Heel).

» **Honig**

» **Hydrolate:** Augentrost, Echinacea, Mädesüß, Myrte, Rose, Teebaum, Zistrose

» **Knospenmittel:** Sanddorn, Stechpalme, Schwarzpappel, Schwarze Johanniskraut,

Hundsrose, Schwarzer Holunder, Sommerlinde

» **Kokos**

» **kolloidales Silberwasser**

» **Kolostrum**

» **Propolis**

» **Schüssler-Salze:** Nr. 3, 6, 7, 8 und 11. ISO Bicomplex 6, 21

» **Spagyrik:** Solunat Nr. 3, 7, 9, 16 und 21

» **Außerdem:** MSM, Pflanzenöl, Aura Soma

SEHNEN- UND SEHNEN-SCHEIDENENTZÜNDUNG

Eine Sehne befestigt als Endstück des Muskels diesen am Knochen und überträgt seine Zugwirkung. Die Sehnenscheide umhüllt und schützt die Sehne in Gelenknähe und an anderen wichtigen Stellen. Zu den Erkrankungen der Sehnen (Tendopathien) zählen die Sehnenentzündungen (Tendinitis) und Entzündungen der Sehnenscheiden (Tendovaginitis). Ursachen sind eine übermäßige Zugbeanspruchung, meist durch eine länger andauernde Überbelastung, durch stumpfe Traumen und Unfälle, ein teilweiser oder vollständiger Sehnenriss sowie eine genetische Anfälligkeit, Konditionsmangel und Fehlstellungen.

Eine akute Entzündung zeigt sich mit weicher Schwellung des betroffenen Bereiches, Schmerzen und Lahmheit. In der chronischen Form kommt es zu einer Verdickung der Sehne oder zu Sehnenscheidengallen mit weniger Schmerzen und Entlastungshaltung des Beines. Bei einer eitrigen Entzündung vergrößert sich der betreffende Bereich, das Allgemeinbefinden wird schlechter und die Erkrankung schreitet fort.

» **Akupressur:** Punkte bei Schmerzen

» **Ätherische Öle:** Öle für Verletzung, Schmerzen, Knochen und Gelenke, *dicke Beine*

» **Basenpulver**

» **Egel (Blutegel)**

» **Grapefruitkern-Extrakt**

» **Heilerde**

» **Heilkräuter:** Arnika, Beinwell, Echinacea (Sonnenhut), Gänseblümchen, Gingko, Ingwer, Johanniskraut, Mädesüß, Teufelskralle, Weidenrinde

» **Heilmoor**

» **Heilpilze:** Lesen Sie bei den Heilpilzen gegen Entzündung weiter.

» **Heilsteine:** Lesen Sie bei den Heilsteinen gegen Entzündung weiter, außerdem Bernstein, Heliotrop, Katzenauge, Morganit, Tigerauge

» **Homöopathie:** *Notfallapotheke* und Verletzung der Gelenke und Knochen und Muskeln, Verletzungsmittel

» **Hydrolate:** Arnika, Mädesüß

» **Kieselgur**

» **Knospenmittel:** Esche, Riesenmammutbaum, Schwarze Johannisbeere, Waldkiefer

» **Kokos**

» **Propolis**

» **Schüssler-Salze:** Nr. 1, 5, 8 (allgemein für die Sehnen), Nr. 1 und 3 (Schmerzen), Nr. 1, 5, 8, 9, 11 (Überlastung, Lahmheit)

» **Spagyrik:** Solunat Nr. 3, 4 (abends), 6, 10 und 11, 14, 16, 18 zwei Mal täglich

» **Wassertherapie**

» **Wickel und Packung**

» **Außerdem:** MSM, Pflanzenöl, Aura Soma

VERBRENNUNG

Eine Verbrennung, Brandverletzung oder ein Verbrennungstrauma ist eine Hautschädigung durch übermäßige Hitze. Diese kann durch heiße Gegenstände, Flüssigkeiten bei einer Verbrühung, Dämpfe oder Gase, Flammen und Feuer, starke Sonneneinstrahlung bei einem Sonnenbrand, elektrischen Strom oder Reibung entstehen. Eine großflächige Verbrennung wirkt sich auf den ganzen Organismus aus und kann zu einem Kreislaufschock, einer Sepsis oder einem Funktionsausfall von Organen führen.

Wichtig:

Verbrennung 1. Grades: Rötung, Schwellung, Schmerzen, die oberen Hautschichten sind geschädigt (leichter Sonnenbrand).

Verbrennung 2. Grades: Blasen und starker Schmerz, gute Ausheilung ohne Narben (schwerer Sonnenbrand).

Verbrennung 3. Grades: Zerstörung des Gewebes, Nekrose, schlechte Heilung und Narbenbildung (hier gehört das Tier auf jeden Fall(!) zum Tierarzt!).

Tipp: **Zuerst kühlen, nicht eiskaltes Wasser, Cool-Packs oder Eis nehmen! Nur bei kleinen Verbrennungen lange (bis die Schmerzen nachlassen, etwa eine Viertelstunde) kühlen, großflächige nicht länger als fünf Minuten. Mit größeren Verbrennungen immer zum Tierarzt!**

Kleine und oberflächliche Verbrennungen behandeln Sie mit Salben und Gels, doch bei größeren Verletzungen ist Vorsicht geboten wegen der Infektionsgefahr! Vorsicht bei offenen Wunden!

» **Akupressur:** Beruhigungs-Kombi, Punkte bei Schmerzen, Schock

» **Ätherische Öle:** Öle zur Beruhigung, Verletzungen, Schmerzen Lavendelöl (1:1 Mischung mit Aloe-Vera-Gel), Pfefferminze und Niaouli beugen Narbenbildung vor.

» **Bach-Blüten:** Notfalltropfen, Crab apple, Olive, Rock Rose

» **Basenpulver:** innerlich und äußerlich als Kompresse

» **Grapefruitkern-Extrakt**

» **Heilerde**

» **Heilkräuter:** (Acker-)Schachtelhalm, Aloe Vera, Aristolochia (-salbe), Arnika, Beinwell (Salbe, Gel, Creme), Breit- und Spitzwegerich, Brennnessel, Echinacea (Sonnenhut), Eichenrinde (Tee/Absud kochen und abkühlen, Kompresse), Gänseblümchen, Heidelbeerblätter, Johanniskraut (-öl), Ringelblume, *Schwedenkräuter*

» **Heilmoor**

» **Heilpilze:** Coriolus, Reishi, Hericium, Maitake, Polyporus

» **Heilsteine:** Achat, Amethyst, Bergkristall, Bernstein, Chrysokoll, grüne Jade, Lapislazuli, Obsidian, Prasem, Rhodonit, Schwefel (Schwefelpuder), Turmalin blauer(!). Vorbeugend gegen Sonnenbrand ist der Prasem. Lapislazuli lindert Sonnenbrand.

» **Homöopathie:** *Notfallapotheke* und Verbrennung und Verletzungsmittel

» **Honig**

» **Hydrolate:** Birke, Brennnessel, Hamamelis, Lavendel, Manuka, Melisse, Rose, Teebaum

» **Kieselgur**

» **Knospenmittel:** Schwarzpappel, Schwarze Johannisbeere

» **Kokos**

» **kolloidales Silberwasser**

» **Kolostrum**

» **Propolis**

» **Schüssler-Salze:** Nummer 3, 8 und 11. ISO Bicomplex 11

» **Spagyrik:** Solunat Nr. 3, 6, 21

» **Wassertherapie:** Kühlen, nicht eiskaltes Wasser nehmen!

» **Wickel und Packung:** Feuchtkalte Auflage mit Essig oder Quark, Bockshornkleesamen, Möhren. Zwiebeln oder Kartoffeln roh in Scheiben geschnitten und aufgelegt, Wickel mit Sauerkrautsaft.

» **Außerdem:** MSM, Pflanzenöl, Aura Soma

VERSTAUCHUNG

Eine Verstauchung, Verdrehung oder Zerrung eines Gelenks (Distorsion). Durch Umknicken, Ausrutschen, Hängenbleiben, Verkantung bei Sturz, scharfer Wendung oder Gewalteinwirkung entstehen Faserrisse im Bandapparat eines Gelenks. Das Gelenk wird dicker durch die vermehrte Füllung der Gelenkkapsel, schmerzt beim Abtasten und in der Bewegung, entwickelt einen Bluterguss (Hämatom) und eine Entzündung, die sich auch ausbreiten kann. Das Gelenk wird nicht mehr normal bewegt. Eine Gelenkgalle ist die chronische Form, die Gelenkkapsel ist ausgeweitet und es bilden sich Zotten im Gelenk.

» **Akupressur:** Beruhigungs-Kombi, Punkte bei Schmerzen

» **Ätherische Öle:** Öle für Verletzung, Schmerzen, Knochen und Gelenke, *dicke Beine*

» **Bach-Blüten:** Notfalltropfen, Rock Rose

» **Basenpulver**

» **Egel (Blutegel)**

» **Heilerde**

» **Heilkräuter:** Arnika, Brennnessel, Echinacea (Sonnenhut), Gänseblümchen, Gingko, Johanniskraut, Mädesüß

» **Heilmoor**

» **Heilpilze:** Reishi, Shiitake

» **Heilsteine:** Achat grün, Dumortierit, Katzenauge, Magnesit, Malachit, Obsidian

» **Homöopathie:** *Notfallapotheke* und Verletzung der Knochen und Gelenke

» **Hydrolate:** Arnika, Mädesüß

» **Kieselgur**

» **Knospenmittel:** Besenheide, Hängebirke, Heckenrose, Mistel, Riesenmammutbaum, Schwarze Johannisbeere, Silberweide, Weißtanne

» **Kokos**

» **Propolis**

» **Schüssler-Salze:** Nr. 1, 3, 5, 8, 9, 11

» **Spagyrik:** Solunat Nr. 3, 4 (abends), 6, 10, 11, 14, 16, 18

» **Wassertherapie**

» **Wickel und Packung**

» **Außerdem:** MSM, Pflanzenöl, Aura Soma

VERSTOPFUNG

Eine Verstopfung oder Obstipation eines Teils des Enddarms durch Kot kann durch zu langes Verbleiben des Kotes im Dickdarm einen erschwerten, unregelmäßigen oder zu seltenen Kotabsatz auslösen. Die Ursache liegt in einer mechanischen Verlegung durch Entzündungen, Neubildungen oder Beckenbruch, aber meist in Schmerzen und Krämpfen im Darm. Im Alltag werden Fütterungsfehler und Bewegungsmangel sowie Darmentzündung, Parasitenbefall oder starke Haaraufnahme (Bezoare) die Verstopfung auslösen. Die Tiere versuchen häufig, aber erfolglos Kot abzusetzen, sie äußern Schmerzen und bei Fortschreiten der Probleme kommt es zu Erbrechen, Appetitlosigkeit und der Gefahr einer Vergiftung und Entzündung des Darms. Beim Pferd zeigen sich Koliksymptome.

» **Akupressur:** Punkte bei Schmerzen, Magen-Darm-Problemen

» **Ätherische Öle:** Öle für die Verdauung. Rosmarin

» **Basenpulver**

» **Effektive Mikroorganismen**

» **Heilkräuter:** Anis, Fenchel, Gänseblümchen, Kümmel, Schafgarbe, Schwarzer Holunder

» **Heilpilze:** Coprinus, Hericium

» **Heilsteine:** Achat grün, Aventurin-Sonnenstein, Biotit, Jade gelb, Jaspis rotbraun, Mondstein, Obsidian

» **Homöopathie:** Alumina, Bronia, Graphites, Lycopodium, Natrium chloratum, Nux vomica, Opium, Plumbum, Silicea, Staphisagria

» **Hydrolate:** Anis, Hopfen, Melisse, Rose

» **Knospenmittel:** Esche, Hängebirke, Holunder, Preiselbeere, Schwarze Johannisbeere, Wacholder

» **Schüssler-Salze:** Nr. 3, 7, 8

» **Spagyrik:** Solunat Nr. 4 (abends), 8, 14, 18, 19 zwei bis drei Mal täglich

» **Außerdem:** Pflanzenöl, Flohsamen, Leinsamen, Aura Soma. Apfelessig

ZECKEN

Zecken sind für viele Hundebesitzer eine jährlich wiederkehrende Plage und ein Problem. Die Zecken können durch ihren Speichel Erkrankungen übertragen, deswegen entfernen Sie die Zecken sofort, wenn Sie sie entdecken. Verwenden Sie hierzu weder Alkohol zum Betäuben noch eine Pinzette, sondern die Zeckenkarte oder Zeckenzange, damit der Zeckenkopf nicht gequetscht wird und kein Speichel austritt. Bei der entfernten Zecke bitte kontrollieren, ob Sie den Kopf mitentfernt haben! Eine kleine Schwellung ist nach dem Entfernen normal und heilt innerhalb der nächsten Tage ab. Vorbeugende Maßnahmen zielen auf die Darm-Gesundheit, das heißt Darmsanierung, das Immunsystem stärken und die Fütterung überprüfen.

» **Ätherische Öle:** vorbeugend Öle für das Immunsystem, Verdauung. *Ungeziefer-Spray*, Zedernöl auf das *Hundekissen*. Citronella, Lavendel, Lemongras, Nelke, Rosengeranie, Rosmarin, Teebaum, Wacholder, Zitronen-Eukalyptus (Eucalyptus citriodora) in Kokos oder Schwarzkümmelöl

» **Heilkräuter:** Johanniskrautöl auf Zeckenbiss. Vorbeugend helfen Zistrosenkraut (Kapsel mit Zistrosen-Extrakt), alle Bitterkräuter, Hagebutten, Knoblauch, Kürbiskerne, Meerrettich und Olivenblätter

» **Heilsteine:** Heliotrop, Rhodonit oder Bernstein im Trinkwasser

» **Homöopathie:** Apis, Belladonna, Staphisagria. Ledum wirkt prophylaktisch. Borreliose-Nosode

» **Kokos:** Kokosöl hält die Zecken ab, äußerlich an gefährdete Stellen auftragen und innerlich mit dem Futter geben.

» **Propolis**

» **Außerdem:** Pflanzenöl (Schwarzkümmelsamen und -öl (Nicht bei Katzen!)), Bierhefe

Literaturverzeichnis

AKUPRESSUR

» Gösmeier, Ina (2016): Akupressur für Pferde. Kosmos Verlag, Stuttgart.

» Müller, Marion (2011): Akupunktur Kleintiere. Sonntag Verlag, Stuttgart.

» Specht, Simone (2016): Meridiantafeln für die Akupressur beim Hund. Ulmer Verlag, Stuttgart.

ÄTHERISCHE ÖLE

» Kettenring, Maria M. (2015): Hausapotheke ätherische Öle. Joy Verlag, Oy-Mittelberg.

» Preuss-Giesen, Sylvia (2016): Aromatherapie für Pferde. Joy Verlag, Oy-Mittelberg.

» Schasteen, Maria L. (2017): Duftmedizin für Tiere. Crotona Verlag, Amerang.

BACH-BLÜTEN

» Albrodt, Dirk (2009): Illustrierte Enzyklopädie einheimischer Blütenessenzen. Verlag Reise Know-How, Bielefeld.

» Scheffer, Mechthild (2013): Die original Bachblütentherapie: Das gesamte theoretische und praktische Bachblüten-Wissen. Verlag Irisiana, München.

» Scheffer, Mechthild (2017): Tiere heilen mit Bachblüten. Aurinia Verlag, Hamburg.

EFFEKTIVE MIKROORGANISMEN

» Caprano, Carolin (2016): Hunde und Katzen: gesunder Darm und intakte Haut mit EM und Naturheilkunde. Books on demand.

» Caprano, Carolin (2011): EM-Lösungen kompakt Hamster, Hase & Co. Natürlich gesund- mit Naturheilkunde. K75 Medienpark Verlag.

» Mau, Franz-Peter (2011): EM – fantastische Erfolge mit effektiven Mikroorganismen in Haus und Garten, für Pflanzenwachstum und Gesundheit. Goldmann Verlag, München.

» Zschocke, Dr. Anne Katharina (2011): Die erstaunlichen Kräfte der effektiven Mikroorganismen EM (Gesundheit-Haushalt-Garten-Wasser). Knaur Verlag, München.

EGEL- (BLUTEGEL-)THERAPIE

» Anke Henne (2014):Blutegeltherapie bei Tieren. Unimedica Verlag, Narayana Verlag, Kandern.

GRAPEFRUITKERN-EXTRAKT

» Shalila Sharamon/ Bodo J. Baginski (2010): Das Wunder im Kern der Grapefruit. Windpferd Verlag, Oberstdorf.

HEILERDE

» Werner Kühne (2012): Heilen mit dem Zeolith-Mineral Klinoptilolith. AT-Verlag, Aarau und München.

HEILKRÄUTER

» Brosig, Dr. Stefan (2013): Ingwer, Meerrettich und Süßholz in der Pferdefütterung. BoD, Norderstedt.

» Bühring, Ursel (2014): Alles über Heilpflanzen. Eugen Ulmer Verlag, Stuttgart.

» Emmerich, Peter (2016): Gesund und fit durch Heilpflanzen-Säfte. Natura Viva Verlag, Weil der Stadt.

» Kalbermatten, Roger/ Kalbermatten, Hildegard (2014): Pflanzliche Urtinkturen. AT-Verlag, Baden und München.

» Koch, Judith (2016): Alte Heiler. Freya Verlag, Linz.

» Schalk, Simone (2016): Die Kraft der Wurzeln. Eugen Ulmer Verlag, Stuttgart.

» Treben, Maria (2017): Gesundheit aus der Apotheke Gottes. Ennsthaler Verlag, Steyr.

» Vonarburg, Bruno (2010): Energetisierte Heilpflanzen. AT-Verlag, Baden und München.

HEILPILZE

» Guthmann, Jürgen (2016): Heilende Pilze. Quelle & Meyer, Wiebelsheim.

» Pulver, Wanda May (2015): Mykotherapie für Tiere. Sonntag Verlag, Stuttgart.

HEILSTEINE

» Gienger, Michael (2017): Heilsteine – 555 Steine von A bis Z. Neue Erde Verlag, Saarbrücken.

» Gutzmann, Gerhard (2014): Das große Lexikon der Heilstein, Düfte und Kräuter. Methusalem Verlag UG, Neu-Ulm.

» Labacher, Julia (2013): Heilsteine. Irisiana Verlag, München.

» Quast, Carolin (2007): Edelsteintherapie für Haustiere. Sonntag Verlag, Stuttgart.

HOMÖOPATHIE

» Boericke, William (2014): Handbuch der homöopathischen Materia medica. Haug Verlag, Heidelberg.

» Couzens, Tim (2014): Das Pferde-Homöopathie-Buch. Narayana-Verlag, Kandern.

» Erkens, Christine (2014): Homöopathie für Rinder. Eugen Ulmer Verlag, Stuttgart.

» Erkens, Christine (2014): Homöopathie für Schafe und Ziegen. Eugen Ulmer Verlag, Stuttgart.
Schroyens, Frederik (2014): Synthesis. Hahnemann Institut, Greifenberg.
» Wolff, H. G. (2012): Unsere Hunde – gesund durch Homöopathie. Sonntag Verlag, Stuttgart.
» Wolff, H. G. (2014): Unsere Katze – gesund durch Homöopathie. Sonntag-Verlag, Stuttgart.

HONIG

» Bort, Rosemarie (2010): Honig, Pollen, Propolis. Kosmos Verlag, Stuttgart.
» Stangaciu, Stefan (2015): Honig, Propolis und Bienenwachs. Trias- Verlag, Stuttgart.

HYDROLATE

» Kleindienst-John, Ingrid (2013): Hydrolate. Freya-Verlag, Linz.
» Fischer-Rizzi, Susanne (2014): Das große Buch der Pflanzenwässer. AT-Verlag, Baden und München.

KNOSPENMITTEL

» Nedoma, Gabriela (2014): Knospen. Freya Verlag, Linz.
» Chrischta ganz, Louis Hutter (2015): Gemmotherapie. AT-Verlag, Aarau und München.

KOKOSÖL

» Fife, Bruce (2016): Kokosöl. Kopp-Verlag, Rottenburg a.N.

KOLLOIDALES SILBER

» Kühne, Werner / von Holst. Walter (2016): Kolloidales Silber. AT-Verlag, Baden und München.

SCHÜSSLER-SALZE

» Knocks-Münchberg, Angela (2012): Schüssler-Salze für meinen Hund. Eugen Ulmer Verlag, Stuttgart.
» Kreiselmeier, Katja (2016): Schüssler-Salze für Pferde. BLV Buchverlag, München.

SPAGYRIK

» Casagrande, Christina (2009): Praxis Spagyrik. Haug Verlag, Stuttgart.

WASSERTHERAPIE

» Hari, A. R. (2011): Wasser – die Wundertherapie. Verlag Silberschnur, Güllesheim.

WICKEL UND PACKUNG

» Bächle-Helde, Bernadette/Bühring, Ursel (2013): Heilsame Wickel und Auflagen. Eugen Ulmer Verlag, Stuttgart.
» Fingado, Monika (2012): Therapeutische Wickel und Kompressen. Verlag am Goetheanum, Dornach.

AUSSERDEM:

» Booth, Mike (2007): Aura Soma – Die Heilkraft der Farben (Kartenset). Kailash Verlag, München.
» Braunschweig, Ruth von (2010): Pflanzenöle. Stadelmann Verlag, Wiggensbach.
» Dalichow Irene/Booth, Mike (2015): Aura Soma. TRIAS Verlag, Stuttgart.
» Heider-Rauter, Barbara (2011): Aura Soma. Schirner Verlag, Darmstadt.
» Liebke, Frank (2016): MSM – eine Supersubstanz der Natur. VAK Verlag, Kirchzarten.
» Wall, Vicky (2016): Aura Soma – Das Wunder der Farbheilung und die Geschichte eines Lebens. Hans Nietsch Verlag, Freiburg.

EXTRA: AUSTESTEN

» Hofmann, Brunhild (2015): Stark oder schwach. KOHA Verlag, Burgrain.
» Stangl, Anton (2007): Das große Pendelbuch. Allegria Verlag, Berlin.

SYSTEMISCHE TIERAUFSTELLUNG

» Schulz-Henke, Vera (2006): Wenn Tiere Schicksal für uns tragen. Ch. Falk Verlag, Seeon.
» Schulz-Henke, Vera (2008): Blick in die Pferdeseele. Ch. Falk Verlag, Seeon.
» Sonnenschmidt, Rosina (2009): Systemische Tieraufstellung. Sonntag Verlag, Stuttgart.

ANDERE EMPFEHLENSWERTE BÜCHER:

» Dahlke, Rüdiger/Baumgartner, Irmgard (2016): Das Tier als Spiegel der menschlichen Seele. Goldmann Verlag, München.
» Sollmann, Christian (2014): Pflanzliche Heilmittel und homöopathische Urtinkturen selbst herstellen. AT Verlag, Aarau und München.
» Reinhard, Jürg (2013): Sanfte Heilpraxis mit selbstgemachten Medikamenten. AT-Verlag, Baden und München.

Index

A
Abführmittel 144
Abies alba 119
Abmagerung 77, 141, 205
Abnabelungsblüte 35
Abnehmpilz 93
Abrotanum 107, 108
Abschirmung 181
abschwellend 120
Abschwitzdecke 184
abstillen 83
Abszess 53, 59, 63, 107, 128, 135, 142, 154, 159, 206
abtreibend 75
Abwehrkräfte 61, 81, 98, 135, 218
Achat 97
Achillea millefolium 83
Acidum nitricum 208
Aconitum 107, 108, 109
Adaptogene 90
Aderlass 49, 50
Adonis 107, 108
Aesculus hippocastanum 208
Aethiops antimonialis 208
Aethusa 108
Affenkopfpilz 92
Affirmationen 182
Agaricus 208
Agaricus blazei murril 92
Aggression 34, 185, 186
Aktivkohle 231
Akupressur 14, 19, 208, 209, 210, 212, 214, 216, 218, 220, 222, 224, 226, 228, 230, 233, 234, 236, 238, 240, 243, 244, 246
Akupressurpunkte 38, 174, 176
Akupunktur 15, 53, 79, 176
Alcangrol 147
Allergien 22, 32, 46, 62, 63, 91, 92, 97, 98, 119, 131, 135, 141, 162, 166, 185
Aloe vera 73, 86 209
Altersbeschwerden 42, 81, 94, 119, 120, 135
Altersherz 228
Amethyst 97
Aminosäuren 91
Aminozucker 163
Anagallis arvensis 108
Analbeutel 169, 208
Analdrüsenprobleme 169
Analfistel 208
Angelika 86
Angina pectoris 85
Angst 21, 23, 32, 34, 35, 37, 97, 98, 107, 122, 145, 186
Angstbeißer 32
Angst-Spray 23
Angsttreter 32
antiallergisch 120
antibakteriell 63, 84, 110, 167
Antibiotika 23, 54, 80, 93, 122, 124, 127, 128, 129, 134, 140, 218,
Antidote 103
Anti-Floh-Mischung 23, 241
Anti-Floh-Spray 114
antimikrobiell 124
Antimonium crudum 107
antimykotisch 84
Antioxidantien 119, 164
antioxidativ 119, 134
Antiparasitenkur 56
Antiseptikum 140
Apatit 109, 209
Apfelessig 248
Apis 108, 230
Api-Therapie 133
Apocynum 108
Appetit 74, 82
Appetitlosigkeit 81, 83, 141, 144
Aprikosenkernöl 167
Aquarom 113
Aquavit 147
Argentum nitricum 107
Aristolochia 108
Aristolochia-Extrakt 109
Armoracia rusticana 81
Arnica-Salbe 109
Arnika 76, 79, 80, 82, 86, 108, 109, 114, 158, 159, 208, 209, 210
Aromatherapie 21
Arrhythmie 144
Arsenicum 107, 108
Arterienverkalkung 144
Arteriosklerose 73, 92
Arthritis 53, 73, 154, 167, 227
Arthrose 35, 53, 59, 72, 73, 74, 77, 78, 153, 154, 157, 160, 162, 209, 210, 227
Arthrose-Kombi 163
Artischocke 86, 209
Asa foetida 208, 210
Ashwaganda 91
Aspirin, homöopathisch 141
Aspirinpunkt 17
Asthma 19, 114, 135, 144
Astralagus membranaceus 230
Ataxie 53, 78
Atemnot 18, 19, 107
Atemwege 75, 83, 84, 85, 92, 107, 119, 120, 147, 160, 163, 185, 223
Atemwegserkrankungen 89, 114, 119
Atemwegsprobleme 19, 1120, 65, 166, 185
ätherische Öle 21, 158, 160, 208, 209, 210, 212, 214, 216, 218, 220, 222, 226, 228, 230, 232, 234, 236, 238, 240, 242, 243, 244, 247, 248
Atmung 18, 21
Auflagen 59, 72, 82, 155, 209, 210, 229, 231, 246
Aufstoßen 144
Auftreibung 107
Augen 74, 98, 119, 145
Augenerkrankungen 17, 109, 140
Augenmittel 74, 147
Augentropfen 143
Augentrost 73, 209, 211
Aura Soma 173, 209, 210, 211, 212, 214, 217, 224, 226, 228, 230, 232, 235, 236, 239, 240, 244, 246, 248
Auricularia polytricha 93, 209
Ausdauerblüte 34
Ausfluss 226
Ausleitungsverfahren 50, 147, 148
Ausscheidung 50, 145
Außenparasiten 115
Ausstellungen 38
Austesten 189, 190
Auswurf 114
auswurffördernd 84
Auszugsöl 71
Autoimmunerkrankungen 60, 92
Autoritätsblüte 36
Avocadoöl 167
Azidose 42
Azinat 147

B
Bach-Blüten 30, 205, 209, 226, 229, 230, 231, 232, 234, 238, 240, 242, 245, 247
Backsoda 40
Bäder 151, 152
Bakterien 25, 54, 77, 91, 93, 110, 127, 134, 164, 165, 206, 221, 223
Balanceblüte 35
ballaststoffreich 63
Bandagen 184
Bänder 78, 109, 131
Bänderdehnung 160
Bänderzerrung 53
Bandscheibenprobleme 157
Bandscheibenvorfall 53, 153
Bandwurmbefall 116, 216, 217
Bärentraube 86
Basenpulver 40, 43, 205, 208, 209, 210, 212, 213, 215, 216, 218, 220, 222, 224, 226, 228, 230, 232, 234, 236, 238, 240, 242, 243, 244, 247
Basen-Säure-Haushalt 42, 63, 119
Bauchraum 185
Bauchschmerzen 17, 72, 157
Bauchspeicheldrüse 120
Begeisterungsblüte 35
Bein, dickes 25, 182
Beinwell 74, 86, 158, 209
Belladonna 107
Bellis perennis 76, 108, 109
Bentonit 61, 62
Berberis 108
Bergkristall 97
Bernstein 97, 209
Bert Hellinger 192
Berufungsblüte 36
beruhigend 87, 98, 120, 147
Beruhigung 22, 28, 96
Beruhigungspunkt 16, 18
Betula pendula 119
Bewegungsapparat 17, 35, 42, 59, 80, 89, 116, 162, 168
Bewegungsbad 153
Bewusstlosigkeit 17, 18, 233
Bezoare 247
Bicomplexe 144
Bienen 47
Bienenbalsam 133
Bienenwachs-Auflagen 158
Bierhefe 248
Biestmilch 132
Bindegewebe 34, 93, 115, 116, 120, 139, 141, 162
Bindehautentzündung 34, 114, 135, 142, 210
Birke 67, 86, 114, 119, 121, 209, 210
Bisse 80, 206
Blackout 233
Blähungen 41, 63, 83, 107, 144, 159, 212
Blähungskolik 144
Bläschen 110, 220
Blase 18, 19, 93, 135, 141, 145, 167, 185
Blasenentzündung 80, 93, 142, 185, 212, 239
Blasenkatarrh 141, 145
Blasenkolik 233
Blasenkrampf 145
Blasenmeridian 175
Blasenschwäche 145
Blasentang 210, 222
Blau 185, 187
Blausäure 171
Blindenhunde 34
Blitzschlag 107
Blume des Lebens 179, 182
Blut 97, 139
Blutarmut 139, 141, 144, 185
blutbildend 76, 119
Blutdruck 85, 185
Blutegel 49, 53, 209, 214, 220, 222, 227, 232, 235, 238, 244, 247
Blutegel-Therapie 49
Blütenessenzen 38
Bluterguss 50, 53, 107, 160, 213, 246
Bluterguss im Auge 214
Blutgefäße 139, 154
Blutgerinnsel 93
Blutgerinnung 50, 142, 168
Bluthochdruck 92, 185
Blutjaspis 97
Blutkörperchen 42, 50
Blutohr 53, 213
Blutreinigung 60, 80, 120
blutstillend 97, 148
Blutungen 18, 59, 93, 107, 109, 134, 139, 140, 147, 149
Blutverdünner 93
Blutwurz 86
Blutzucker-Pilz 93
Bockshornklee 74, 75, 209, 241
Bokashi 45
Borax 108
Borreliose 78, 235
Borreliose-Nosode 248
Borretschöl 166
Boswellia serrata 79, 209
Brandwunden 80, 97, 185, 222, 245
Braun 186
Breitwegerich 75
Breiumschlag 81, 157
Brennnessel 67, 75, 86, 114, 209
Brombeere 210
Bronchitis 72, 80, 84, 114, 135, 140, 142, 144, 148, 159, 214
Brüche 74, 139
Brustentzündungen 160
Brustwickel 154, 168
Bryonia 107
Buche 67
Buchweizen 209, 211, 238
Bullrich Salz 40

C
Cactus 107
Calcit 98, 209
Calcium carbonicum 107, 108, 109
Calcium fluoratum 107, 109, 139, 210
Calcium phosphoricum 108, 139
Calcium-Stoffwechsel 141
Calcium sulfuricum 142, 208
Calendula officinalis 82, 107, 108, 109
Calendula-Salbe 109
Camphora 107, 108
Cantharis 108
Carbonate 40, 107, 108
Carduus marianus 108
Castanea sativa 119
Caulophyllum 109
Causticum 108, 208, 210
Cerebretik 147
Chakren 187
Chamomilla 107, 108, 109
Chelidonium 108
China 107, 108
Cholesterin 92
Cholezystitis 144
Chondroitin 163
Cistus incanus 85
Citrate 40
Coffea 107, 108
Colchicum 210

Colocynthis 107, 108
Colon 232
Commotio cerebri 226
Convallaria 107
Coprinus comatus 93
Cordiak 147
Cordyceps sinensis 93
Coriolus versicolor 93
Cortisolproduktion 119
Corylus avellana 119
Crataegus monogyna 84, 107
Cushing-Syndrom 78
Cyan 185

D
Dackellähme 53
Dampfbad 72
Darm 42, 83, 85, 92, 110, 114, 119, 125, 140, 147, 158, 159, 169, 185
Darmentzündung 119, 169
Darmerkrankungen 17, 54, 131
Darmflora 218
Darmgeschwüre 89
Darmgleichgewicht 54
Darminfektion 135
Darmkolik 232
Darm-Kur 24
Darmmittel 144
Darmparasiten 120, 215
Darmpilze 54
Darmprobleme 119
Darmregulator 169
Darmsanierung 58, 60, 122, 218
Darmschleimhautentzündung 89, 236
Darmträgheit 144
Darmverschluss 232
Dawos-Punkte 176
Depressionen 185
Dermatitis 73, 144
Dermatomykosen 228
Desinfektion 21, 22, 55, 114, 128, 159, 164, 228
Diabetes 93, 119
Diarrhö 219
Diät 169, 219
Dickdarm 15, 17
Digitalis 107
Dimethylsulfon 162
Diskopathie 53
Distel 71, 167
Distorsion 246
Doping 66, 79, 93
Doppel-Ypsilon 181
Drüsen 78, 139, 144, 145
Drüsenentzündungen 142
Drüsenschwellungen 141, 144
Duftmedizin 21
Dulcamara 210
Dünndarm 15
Dünndarmentzündung 89
Durchblutung 59, 80, 91, 93, 97, 135, 139, 152, 153, 154, 162, 168, 185
Durchblutungsstörungen 50, 88, 185
Durchfall 19, 21, 35, 42, 58, 63, 78, 83, 84, 92, 107, 111, 119, 129, 135, 139, 144, 147, 149, 169, 219
Dyspepsie 144

E
Echinacea 107, 108, 114, 208, 209, 211
Edelsteine 95
Edelsteinmassagen 96
Edelsteinwasser 96
Edeltanne 119
Effektive Mikroorganismen 44, 205, 212, 216, 218, 220, 222, 228, 230, 233, 234, 236, 240, 242, 247
Egel 209, 214, 220, 222, 227, 232, 235, 238, 244, 247
Eibisch 71, 211
Eichenrinde 67, 119, 209, 211
Eichhase 93
Eierstöcke 242
Einreibung 38, 80, 143
Einzeller 216
Eisenkraut 211
Eisenmangel 89
Eitergeschwür 206
Eiterungen 63, 77, 82, 97, 116, 128, 141, 142, 144, 206
Eiweißaufbau 139
Eiweißharnen 145
Eiweißstoffwechsels 139, 234
Ektoparasiten 46, 241
Ekzeme 21, 25, 41, 46, 53, 62, 63, 73, 75, 88, 135, 141, 144, 159, 164, 167, 168, 182, 220
Elektrosmog 181
Eleutherococcus senticocus 230
Ellenbogendysplasie 153
EM 44, 45, 46, 47, 78
Embryonalgewebe 118
Emesis 223
EM-Keramik 44
Empyem 222
Endometritis 225
Endoparasiten 205, 215
Energetisieren 174
Energiefluss 15
Energiekanäle 187
Energien 182, 187
Engystol 107
Enteritis 236
Entgiftung 32, 33, 50, 58, 60, 61, 77, 85, 88, 89, 91, 92, 98, 97, 116, 119, 129, 140, 147, 152, 154, 162
Entkräftung 77
entkrampfend 134, 147
entschlackend 41, 60, 120, 138, 140, 185
entspannend 96, 120, 147
Entstör-Symbole 181
Entwurmung 204, 216, 217
Entzündungen 21, 23, 25, 32, 42, 50, 53, 54, 58, 59, 65, 74, 75, 76, 77, 78, 79, 82, 83, 88, 89, 91, 92, 97, 110, 114, 116, 119, 120, 125, 135, 139, 142, 144, 148, 152, 154, 157, 158, 167, 168, 182, 206, 221
entzündungshemmend 34, 80, 84, 85, 98, 107, 120, 134, 147, 159, 160, 165, 167, 185, 222
Epidemik 147
Epilepsie 17, 18
Epistaxis 237
Equilibrium-Flaschen 173, 174
Erbrechen 223
Erdnussöl 167
Erfrierungen 73, 107
Ergänzungsfuttermittel 163
Erkältungen 65, 81, 83, 110, 114, 119, 125, 135, 168, 223
Erkältungsneigung 116
Erkältungspflanze 83
Erkrankung, chronische 18, 19, 33, 94, 140
Erle 122
Erlösungsblüte 35
Erschöpfung 18, 19, 92, 112, 122, 140
Erste Hilfe 25, 76, 125, 128, 186, 204
Erste-Hilfe-Kräuter 65, 75
Erstmilch 130
Erstreaktion 100
erwärmend 15, 154, 206,
Erythrozyten 234
Esche 119, 210
Eskalationsblüte 35
Esparsette 217
Esskastanie 119
Eukalyptus 79, 112
Eupatorium perfoliatum 107
Euphorbium 107
Euphrasia 73, 109
Euphrasia-Urtinktur 109
Euterentzündung 53
Euterverletzungen 159

F
Farben 184, 185, 186, 188, 219
Farblampe 185
Farbtherapie 186
Faserrisse 246
Fastentag 219
Federn 61, 85, 141, 144, 205
Federprobleme 115, 144
Fehlgeburt 225
Feigenbaum 119, 122
Fell 85, 114, 115, 141, 216
Fell, fettig 114
Fellpflege 47, 143
Fellwechsel 36, 55, 122, 167, 204, 221
Fenchel 86, 112, 159
Ferrum phosphoricum 107, 108, 139
Fettleber 93
Fibrosarkom 93
Ficus carica 119
Fieber 18, 19, 97, 107, 113, 114, 119, 134, 139, 140, 144, 159, 208, 224
Fiebermittel 144, 147, 159, 185
Fisteln 110
Flachspflanze 171
Flechten 144
Fliegen 23
Flöhe 23, 114, 117, 241
Flohsamen 169, 170, 209, 212, 217, 233, 248
Flüssigkeitshaushalt 141, 185
Formicicum acidum 210
Fragaria vesca 84
Fraktur 231
Fraxinus excelsior 119
Fremdkörper 106, 116
Frequenz 184
Fruchtbarkeit 35, 119
Fruchtbarkeitsstörungen 185
Fruchthaarpulver 216
Frühgeburt 66
Frühjahrskur 76, 118
Funktionsmittel 142
Furunkel 53, 63, 135, 142, 144, 206
Futter 46, 89, 116, 223
Futter-Ergänzung 46, 47, 62, 90
Futtermittelunverträglichkeit 223

G
Galbanum 208
Galle 15, 83, 119, 147
Gallenkolik 232
Gallensteine 145
Ganoderma lucidum 92
Gänseblümchen 76, 86, 209, 211
Gastritis 74, 84, 236
Gebärmutter 119, 242
Gebärmutterblutungen 93
Gebärmutterentzündung 225
Gebärmuttervereiterung 225
Geburt 17, 36, 75, 176, 185, 225
Geburtshilfe 24, 33, 36, 37
Gedankenblüte 36
Gefäße 85, 119
Gefäßkrämpfe 50
Gefäßmittel 144
Gehirnerkrankung 223
Gehirnerschütterung 18, 107, 226
Gehirnleistung 165
Gehirnmittel 145
Gehörgang 97
Gelassenheit 35
Gelb 185, 187
Gelbsucht 145
Geldrollenbildung 41
Gelenkabnutzung 227
Gelenke 22, 25, 53, 61, 76, 88, 97, 120, 135, 154, 155
Gelenkentzündung 41, 53, 159, 167, 227
Gelenkerkrankungen 50, 58, 63, 78, 79, 92, 119, 131, 139, 155, 159, 209, 227
Gelenkflüssigkeit 163
Gelenkkapsel 209
Gelenkknorpeln 209
Gelenkschmerzen 75, 114, 157, 158
Gelenkschwellungen 93, 160
Gelenksdysplasie 53
Gelsemium 107, 108
Gemmotherapie 65, 118
Gentian 209
geopathogene Zonen 181
Gesäuge 243
Geschlechtsorgane 18, 93, 97
Geschwülste 74, 93, 139, 147
Geschwüre 75, 82, 147, 162, 168, 206
Geschwürmittel 144
Gewebeelastizität 139
Gewebeneubildung 168
Geweberegenerierung 162
Gewebeschwellungen 145
Gewebeverhärtungen 139
Gewichtsreduktion 153
Gicht 63, 73, 76, 81, 84, 144
Giftstoffe 89
Ginkgo 210
Ginseng 91, 112
Giradien 216
Glechoma hederacea 76
Gleichgewichtsstörungen 97, 186
Globuli 70, 104
Glucosamin 163
Glycyrrhiza glabra 84
Gold 186, 209
Goldrute 86, 209
Gorse 209
Granulation 134
Granulationsgewebe 78, 222
Grapefruitkern-Extrakt 54, 56, 208, 210, 212, 213, 215, 216, 218, 220, 222, 224, 226, 228, 230, 234, 236, 239, 240, 242, 244, 246
Grapefruit-Therapie 55
Grifola frondosa 93
Grimmdarm 232
Grippe 85
Grün 185, 187
Grünlippmuscheln 163, 164
Gundelrebe 76
Gundermann 76
Gunpowder 107
Güsse 151, 152, 154
Gute-Luft-Spray 24

H
Haaraufnahme 247
Haarausfall 110, 114

Haare 46, 98, 115, 141, 144, 164, 168, 205, 206
Haarlinge 241
Haarmittel 144
Haarpflege 114
Haarwechsel 78
Hagebutte 67, 167, 209
Halfter 184
Hals 145
Halsband 184
Halschakra 187
Halsentzündungen 18, 154, 157, 159
Hals-Wickel 154
Halswirbelsäule 78
Haltungsveränderung 194
Hamamelis 107, 108, 109, 114, 208
Hämatom 53, 107, 213, 246
Hämoglobin 234
Handauflegen 175, 176
Handystrahlung 181
Hanföl 167
Harnblase 15, 19, 212
Harndrang 145
Harngrieß 212
Harnproduktion 134
Harnstein 212
Harnwege 76, 81, 88
Harnwegserkrankungen 18, 77, 119
Harpagophytum 79, 210
Haselnuss 67, 119, 121
Haut 73, 76, 85, 88, 109, 114, 116, 120, 135, 141, 144, 165
Hautabschürfungen 97
Hautentzündung 41, 59, 75, 166
Hauterkrankungen 17, 33, 41, 63, 73, 81, 131, 140, 155, 162, 167, 220
Hautgeschwüre 25
Hautmittel 144
Hautpflege 165, 167
Hautpilze 41, 54, 135, 228
Hautprobleme 58, 75, 92, 97, 98, 110, 114, 125, 128, 149, 167, 192
Hautriss 107, 220
Hautschnitt 107
Haut, trocken 24
Hautverdickung 220
Headshaking 84
Heckenrose 119, 122
Hedera helix 210
Heidelbeere 119
Heilenergie 180
Heilerde 57, 59, 62, 205, 208, 209, 211, 212, 213, 214, 216, 218, 220, 222, 226, 228, 230, 233, 234, 236, 240, 242, 244, 246, 247
Heilerdewasser 59
Heilerdewickel 155, 225
Heilfrequenzen 179
Heilkräuter 65, 205, 208, 209, 211, 212, 213, 214, 216, 218, 220, 222, 225, 226, 228, 230, 232, 234, 237, 238, 240, 242, 244, 246, 247, 248
Heilmoor 88, 208, 209, 212, 213, 214, 217, 218, 220, 222, 227, 228, 230, 232, 235, 237, 242, 244, 246, 247
Heilpilze 208, 209, 211, 212, 213, 215, 218, 221, 222, 224, 226, 228, 230, 233, 235, 237, 238, 240, 242, 243, 244, 246, 247
Heilsteine 208, 209, 211, 213, 214, 215, 217, 218, 221, 222, 224, 226, 228, 230, 232, 235, 237, 238, 240, 242, 243, 244, 246, 247, 248
Heiserkeit 145, 223
Heiße Sieben 141
Hekla lava 210
Heliotrop 97
Hepar sulfuris 107, 108
Hepatik 147
Hepatitis 234
Herbstgrasmilben 241
Hericium erinaceus 92
Herz 14, 18, 22, 84, 85, 88, 92, 93, 97, 98, 140, 145, 147, 148, 185, 205, 228
Herzanfall 185
Herzbeschwerden 16, 144, 165, 192
Herzbeutel 15
Herzchakra 187
Herzgespann 86
Herzinsuffiziens 228
Herz-Kreislauf-Erkrankungen 50
Herz-Kreislaufsystem 124, 153
Herzmittel 86, 107, 144
Herzneurose 144
Heublumen 72
Heuschnupfen 74
Himbeere 119, 211
Hirtentäschel-Tinktur 238
Hirudo medicinalis 49
Hirudo officinalis 49
Hirudopunktur 53
Histamin 91, 92
Hitzschlag 107, 229
Hochpotenzen 101, 104
Hoffnungsblüte 33
Hohlorgane 15
Holunder 83, 122
Holz, versteinert 209
Homöopathie 99, 101, 102, 208, 209, 211, 212, 213, 214, 217, 218, 221, 222, 224, 226, 228, 230, 232, 234, 236, 238, 241, 242, 244, 246, 247, 248
Honeysuckle 209
Honig 110, 111, 112, 208, 215, 220, 221, 222, 224, 230, 236, 243, 246
hormonelle Störungen 144, 242
Hormonsystem 75, 119, 165
Hornbeam 209
Hornqualität 98
Hot spot 53
Hufe 61, 115, 116, 144
Hufgeschwüre 88
Huflederhaut 78, 81
Hufrehe 53, 78, 81
Hufrolle 78
Hufrollenentzündung 53, 78
Hufrollennekrose 78
Hüftdysplasie 17, 153
Hüfte 17
Huminsäuren 89
Husten 19, 42, 76, 82, 84, 93, 110, 112, 144, 145, 158, 159, 182, 223
hustenlösend 81
Hustenmittel 75, 144
Hydrolate 113, 208, 210, 211, 212, 213, 218, 221, 222, 224, 226, 228, 230, 234, 236, 238, 240, 243, 244, 246, 247, 248
Hydropathie 151
Hydrotherapie 151, 154, 156
Hyperacidität 144
Hypericum perforatum 80, 107, 108, 109
Hyperplasie 225
Hyperthyreose 205
Hypophyse 185

I
Identitätsblüte 33
Igelstachelbart 92
Immortelle 208
immunmodulatorisch 134
Immunsystem 22, 33, 34, 42, 46, 50, 54, 60, 65, 83, 88, 91, 92, 93, 97, 98, 107, 114, 119, 128, 130, 131, 138, 139, 142, 147, 162, 165, 166, 167, 182, 185, 218, 223, 229
Impfung 140, 218
Impotenz 145
Indigo 185, 187
Infekte 34, 83, 108, 185, 223
Infektionen 32, 54, 60, 82, 92, 93, 110, 114, 125, 128, 140, 141, 144, 148, 168
Infektionen, eitrige 81
Infektprophylaxe 35, 122
Influenzavirus 80
Informationsträger 150, 153
Infusionen 229
Ingwer 77, 82, 86, 209, 211
Ingwerwasser 65
Inhalationen 114, 151, 160
Innenparasiten 117, 124, 125, 215, 217
Insektenabwehr 125
Insektenstich 18, 28, 46, 59, 73, 75, 76, 81, 82, 98, 114, 159, 167, 182, 230
Intuition 189
Ionenaufnahme 60, 61
Ipecacuanha 107, 108
Ischialgie 53
Ischias 81
Ischiasschmerzen 158

J
Jerusalem-Kreuz 182
Johannisbeere 120
Johanniskraut 80, 86, 209
Johanniskrautöl 158, 168
Juckflechte 220
Juckreiz 25, 46, 53, 54, 85, 110, 114, 135, 165, 166
Judasohr 93
Juglans regia 120
Jungtiere 32, 35, 37, 111, 132, 145, 219
Jungtiermittel 36, 119, 139
Juniperus communis 120

K
Kaiser Natron 40
Kalium carbonicum 107
Kalium chloratum 139
Kalium phosphoricum 140
Kalium sulfuricum 140
Kallusbildung 144
Kältereiz 152
Kaltwasseranwendung 59, 154
Kamala 216
Kamille 86, 159, 209
Kamillenwickel 157
Kapuzinerkresse 80, 81, 211
Karbunkel 144, 206
Kartoffelwickel 157, 210, 240
Kastanie 121
Katarrhe 141, 144
Katzen 22, 25
Katzenkralle 230
Kehlkopfentzündung 19
Kiefer 18, 142, 205
Kieferentzündung 81
Kieselerde 115, 117
Kieselgur 115, 116, 208, 210, 217, 218, 221, 227, 228, 231, 232, 237, 242, 244, 246, 247
Kinesiologie 189
Klapperschwamm 93
Klauen 115, 141, 144
Klauenrehe 53
Klauenwachstum 116
Klette 209
Knochen 22, 61, 74, 97, 98, 119, 139, 144, 209
Knochenbildung 116
Knochenbruch 144, 231
Knochenerkrankungen 97, 168
Knochenstoffwechsel 93, 119
Knorpel 131, 162, 163
Knospenmittel 118, 119, 121, 122, 208, 210, 211, 212, 213, 217, 221, 222, 224, 226, 228, 230, 232, 234, 236, 238, 240, 243, 244, 246, 247, 248
Kohlauflage 159, 214, 222
Kohlenhydratverwertung 139
Kohlwickel 210
Kokos 124, 125, 126, 209, 212, 213, 214, 217, 218, 221, 222, 224, 227, 228, 231, 236, 241, 242, 244, 246, 247, 248
Kokzidien 216
Kolibakterien 54
Kolik 17, 35, 42, 97, 140, 155, 169, 232
Kollaps 18, 35, 108, 233
kolloidales Silberwasser 209, 212, 213, 215, 217, 218, 221, 222, 224, 226, 228, 230, 236, 240, 242, 244, 246
Kolostrum 130, 131, 132, 210, 211, 212, 213, 215, 218, 221, 222, 224, 226, 228, 230, 236, 240, 242, 244, 246
Koma 18
Kombimittel 144
Kommunikationsblüte 36
Komplett-Tinktur 76
Kompressen 72, 75, 113, 114, 143, 151, 155, 158, 209, 210
Königskerze 211
Konjunktivitis 210
Konservierungsmittel 134
Konstitutionsmittel 102, 105, 145
Kontaktallergen 134
Konzentrationsstörung 33
Konzeptionsgefäß 15
Kopf 17
Kopfdampf 160
Kopfschlagen 84
Kopfverletzungen 17
Körbler Zeichen 180
Körperpendel 190
Kortison 91, 92, 120
Kotwasser 78
Kräftigungsmittel 139, 144
Krallen 144
Krampfadern 144
Krampfanfall 18
Krämpfe 17, 18, 35, 97, 140, 144, 147, 157, 167
Krampfkolik 233
krampflösend 98, 119, 144
Kräuteressenzen 173
Kräuteröl 72
Krebserkrankungen 82, 83, 92, 93, 98, 131, 205
Kreislauf 22, 81, 85, 88, 92, 97, 98, 119, 147, 228
Kreislaufkollaps 232, 233
Kreuz 181
Kreuzbandriss 153
Kreuzbandverletzung 53
Kreuzverschlag 42, 53
Kristalle 95
Kristallenergie 173
Kronenchakra 187

Krusten 24, 220
kühlend 159
Kümmel 86, 159
Kürbiskerne 167, 217
Kurkuma 86

L
Labkraut 209
Lachesis compositum 107, 108
Lachesis logoplex 107
Lackporling 92
Lahmheit 19, 140, 193
Lähmungen 17, 108, 140, 153, 185
Laminitis 78, 81
Lapacho 237, 242
Lapislazuli 98, 207, 211, 231, 246
Larch 209
Laryngitis 19
Lasurit 98
Laurinsäure 124
Laurocerasus 107
Läuse 241
Lavendel 86, 112, 114, 125, 159, 208
Lebenselixier 147
Leber 14, 83, 86, 89, 92, 93, 98, 119, 120, 135, 140, 141, 142, 145, 147, 185, 205, 218
Leberentzündung 234
Lebererkrankungen 17, 84, 93, 145, 185, 234, 240
Lebermittel 81, 86, 108, 141, 145
Lebermoos 228
Leberstau 50
Leckekzem 53
Ledum 108, 109
Leinöl 167
Leinsamen 157, 167, 170, 171, 209, 212, 217, 221, 233, 248
Leinsamenkataplasma 157, 210, 240
Leishmanien 216
Leistungsbereitschaft 93
Leistungsschwäche 42
Leistungssport 34
Leittier 36
Lendenwirbelsäule 17
Lenkergefäß 15, 16
Lentinula edodes 92
Lernblüte 32
Leukozyten 50
Lichtblüte 34
Linde 120, 121, 211
Lippenödem 18
Löwenzahn 81, 86, 209
Luftwege 81, 145
Lumbago 18, 53
Lunge 14, 93, 119, 140, 145, 185, 186
Lungenerkrankungen 19, 139
Lungenwürmer 116, 217
Luvos 58
Lycopodium 107, 108
Lymphangitis 235
lymphatische Stauung 53
Lymphgefäßentzündung 235
Lymphknotenentzündung 235
Lymphmittel 145
Lymphödem 50, 235
Lymphstau 50, 93
Lymphsystem 50, 59, 93, 98, 108, 116, 119, 120, 147, 185, 222
Lymphytik 147
Lyprinol 163

M
Madenwürmer 217
Mädesüß 114, 209, 210
Magen 15, 18, 41, 54, 83, 85, 92, 110, 114, 119, 125, 140, 147, 158, 159, 185
Magen-Darm-Beschwerden 19, 41, 42, 58, 61, 63, 73
Magen-Darm-Mittel 108
Magengeschwür 84, 89
Magenkatarrh 139
Magenprobleme 58, 83, 86, 135, 144
Magensäure 41, 144
Magenschleimhaut 89
Magenschleimhautentzündung 141, 223, 236
Magenta 186
Magnesium carbonicum 107
Magnesium phosphoricum 140
Maitake 93, 209
Malve 71, 211
Mammutbaum 119
Mandelöl 71, 167
Mandelpilz 92
Mangelerscheinungen 89
Manuka 111, 112, 125
Mariendistel 86
Masaru Emoto 180
Massage 96
Massageöl 26, 80, 167
Mastdarmerschlaffung 144
Mastdarmkatarrh 145
Mauke 42, 53, 164
Maul 17, 54, 75, 82, 83
Maul- und Rachenbereich 54
Mauser 56, 122, 164, 221
Medihoney 110
Meerrettich 78, 80, 81, 82, 211
Meisterpunkt 18
Melancholie 34
Melanome 78
Melisse 86, 114, 159
Mercurius solubilis 107, 108
Meridiane 14, 15
Methylsulfonylmethan 162
Mikroorganismen 44, 45
Milben 117, 164, 205, 240, 241
Milchbildung 74
Milchsäurebakterien 44
Millefolium 107
Milz 14, 18, 92, 120, 185
Minderdurchblutung 233
Mineralien 57
Mineralisierung 61, 63, 145
Mineralsalze 137
Mineralstoffgehalt 42
Mineralstoffmangel 42
Mineralstoffverlust 111
Mineralstoffwechsel 116
Misshandlung 34, 36
Mistel 210
Mittelohr 97
Mittelohrentzündung 240
Moore 88
Moortrinkkuren 89
Moro'sche Karottensuppe 219
MSM 162, 209, 210, 211, 212, 213, 217, 219, 221, 222, 224, 226, 230, 232, 235, 236, 240, 242, 244, 246
Mundschleimhaut 73
Muskelaufbau 93
Muskelerkrankungen 145
Muskelkrämpfe 167, 185
Muskelmittel 145
Muskeln 22, 76, 78, 88, 96, 98, 131, 139, 154
Muskelrheumatismus 144
Muskelschmerzen 158, 168
Muskelschwäche 140
Muskelschwund 145
Muskeltest 189, 190
Muskeltraining 153
Muskelverspannungen 157, 185
Mutterschutzverhalten 32, 33
Mykotherapie 90
Myogelose 53
Myoglobinurie 42
Myopathie 53
Myristica sebifera 107
Myrte 114

N
Nabelchakra 187
Nachbehandlung 128
Nachgeburt 17
Nachtkerze 166
Nachzucht 194
Nägel 115
Nährstoffaufnahme 42
Nahrungsergänzung 62, 89
Narben 24, 25, 98, 125, 135, 142, 167, 180, 181, 182
Narbenbehandlung 24, 36, 222
Narbenbildung 53
Narbengewebe 110
Narbenschmerzen 74
Nase 145, 154
Nasenausfluss 243
Nasenbluten 18, 237
Nasennebenhöhlen 83
Nasennebenhöhlen-entzündungen 80
Nasentropfen 143
Natrium chloratum 141
Natriumhydrogencarbonat 40
Natrium phosphoricum 141
Natrium sulfuricum 141
Nebenhöhlen 154
Nebenhöhlenentzündung 182
Nebennieren 119
Nebennierenrinden-sekretion 120
Nekrosen 110
Nematoden 216
Neoplasien 235
Nephritis 239
Nephropathie 239
Nerven 25, 58, 80, 97, 119, 139, 140, 145, 155, 165, 185
Nervenentzündung 53
Nervenerkrankungen 92
Nervensalz 140
Nervenschmerzen 81, 83, 238
Nervenschwäche 144
Nervensystem 53, 78, 91, 116, 120
Nervenverletzungen 92
Nervosität 21, 33, 83, 185
Neue Homöopathie 180
Neugeborene, Atemnot 18
Neuralgien 158, 238
Neurasthenie 145
Nieren 15, 18, 76, 93, 98, 119, 120, 140, 141, 147, 185, 205
Nierenentzündung 142, 145, 239
Nierenerkrankung 84, 89, 145, 167, 218, 223, 239
Nierengrieß 144, 145
Nierenkolik 232, 233
Nierenmittel 86, 108, 145
Nierensteine 141, 239
Nosoden 102
Notfall 16, 229
Notfallapotheke 107, 149, 209, 222, 226, 230, 234, 241
Notfallpunkt 16, 18, 19
Notfalltropfen 32, 37
Nux vomica 108

O
Oak 209
Obsidian 97
Obstipation 247
Ödeme 18, 53, 93, 108, 114, 134, 141, 145, 147
Ohnmacht 18, 233
Ohrekzem 53
Ohren 23, 98, 135, 145
Ohrenentzündung 18, 24, 240
Ohrenschmerzen 75
Ohrentropfen 143
Ohrmilben 241
Ohr-Reinigung 23
Okoubaka 107, 108
Olea europaea 119
Olivenbaum 119, 209
Olivenöl 71, 167
Ölkompresse 158, 214
Onyx 98
Operationen 35, 37, 53, 80, 110, 148, 153, 206
Ophtalmik 147
Opium 107
Orange 185, 187
Oregano 22, 86
Organe 88
Osteoarthritis 162
Osteoporose 144
Otitis media 240

P
Packung 59, 65, 154, 160, 165, 184, 209, 210, 211, 213, 214, 221, 222, 224, 227, 229, 231, 232, 235, 236, 239, 240, 243, 245, 246
Panik 18, 35
Pankreas 14
Pappel 79
Parasiten 21, 32, 33, 54, 97, 115, 116, 120, 124, 125, 128, 134, 164, 235, 241
Patellaluxation 53
Pendel 189
Petersilie 67, 86
Pfefferminze 86
Pflanzenöl 165, 209, 228, 230, 232, 235, 236, 239, 240, 242, 244, 246, 248
Pflaster 135
Pflegemittel 126
Pflegesalben 114
Pfotenwickel 155
Phlegmone 81, 154, 222
Phosphor 107, 108, 109
Phosphorus 210
pH-Wert 42, 43
Pilze 25, 54, 90, 93, 110, 127, 134, 165
Pilzerkrankungen 90, 93, 97, 120
Pilzpulver 90
Pilztöter 85
Pink 186
Plantago major 75
Podophyllum 107, 108
Podotrochlose 78
Polyarthritis 160
Polypathik 147
Polyporus umbellatus 93
Pomander 173, 174
Poyporus 209
Preiselbeere 119, 210
Prellungen 59, 76, 113, 152, 159
Prießnitz-Wickel 154
Pro-Hufe-Öl 24
Pro-Milch-Öl 24
Propolis 107, 112, 133, 134, 135, 136, 158, 209, 210, 211, 212, 213, 214, 217, 218, 221, 222, 224, 226, 228, 230, 240, 242, 244, 246, 247, 248

Prostata 76
Pseudogravidität 242
Psorinum 107
Pulmonik 147
Puls 107
Pulsatilla 109
Purpur 185
Pyometra 225
Pyrogenium 107, 108

Q

Qi 14
Quarkwickel 159, 210, 214, 225
Quecke 237
Quercus robur 119
Quetschungen 59, 74, 108, 139, 155, 159, 167
Quintessenzen 173

R

Rachenraum 75, 83, 145
Radikalenfänger 58
Rangordnungsschwierigkeiten 38
Raspe 42, 53
Raubmilben 241
Räudemilben 241
Raupenpilz 93
Reanlin 147
Reflexzonen 38
Regenerationsblüte 35
Regulation des Flüssigkeitshaushalts 141
Regurgitation 223
Reinigung 21, 22, 23, 47, 109, 128, 165, 185
Reinigungsblüte 33
Reiseübelkeit 35, 223
Reishi 92, 209
Reizbarkeit 145
Reizdarm 58
Reizmagen 58
Reiztherapie 151
Rekonvaleszenz 18, 92, 140
Resignation 36
Retterspitz 160, 210, 214, 243
Rheum 108
Rheuma 18, 53, 59, 63, 73, 76, 81, 144, 145, 167, 168
Rhinitis 148, 243
Rhodolia rosea 91
Rhodolia sulaceae 230
Rhodonit 98
Rhus toxicodendron 108, 109, 210
Ribes nigrum 120
Riesenmammutbaum 210
Ringelblume 80, 82, 86, 158
Ringelwürmer 49
Rippenfellentzündung 140
Risswunden 82
Rohglobuli 70
Rosa 186
Rosa canina 119
Rose 114, 122, 208
Rosenquarz 97
Rosenwurz 91, 230
Rosinen 225
Rosmarin 86, 119
Rosmarinus officinalis 119
Rot 185, 187
Rotlicht-Lampe 184
Rotöl 80, 158, 168
Rötung 206, 220
Rubus idaeus 119
Rundwürmer 216
Ruta 108, 109, 210
Ruta-Salbe 109
Rute 189

S

Sakralchakra 187
Salbei 83
Salbenkompresse 158
Salicylsäure 79
Salmonellen 54
Salvia officinalis 83
Sambucus nigra 83
Sämereien 172
Sanddorn 210
Sanjeevinis 179, 180
Satteldecke 184
Sauerkrautsaft 246
Saugwürmer 216
Säure-Basen-Haushalt 91, 138, 141
Säurebildner 42
Saurepuffer 40
Schachtelhalm 86
Schädel-Hirn-Trauma 226
Schafgarbe 83, 86
Schale 78
Scheinträchtigkeit 35, 242
Scheitelchakra 187
Schicksalsblüte 36
Schilddrüse 98, 205
Schimmelkrebs 78
Schlacken 50
Schlaf 82, 120, 185
Schlafbeere 230
Schlafstörungen 145, 185
Schlag 226
Schlaganfall 223
Schleim 77, 114, 139
Schleimbeutelentzündung 63
Schleimhaut 61, 85, 116, 119, 120, 141, 144
Schleimhauterkrankungen 74, 93, 120, 140, 145
Schleimhautmittel 40, 61, 142, 145
schleimlösend 80, 159, 168
Schleimstoffe 171
schleimverflüssigend 84
Schlittenfahren 208, 216
Schmerzen 17, 18, 19, 21, 22, 50, 60, 76, 77, 78, 88, 97, 108, 114, 119, 134, 139, 140, 154, 155, 167, 185, 209
schmerzlindernd 96, 98, 157, 159, 162, 165, 185
Schmerzpunkt 17
Schmetterlingstramete 93
Schneeball 120
Schnupfen 18, 77, 83, 93, 142, 145, 148, 182, 223, 243
Schock 18, 35, 97, 98, 107, 108, 176, 186
Schockpunkt 18
Schopftintling 93
Schorf 144
Schreckhaftigkeit 32
Schröpfen 50
Schuppen 24, 41, 46, 54, 110, 114, 140, 167, 220
Schuppenflechte 73
Schüssler-Salbe 143
Schüssler-Salze 129, 137, 138, 142, 209, 210, 211, 212, 213, 214, 215, 217, 218, 221, 222, 224, 226, 228, 230, 232, 234, 236, 238, 240, 244, 246, 248
Schwäche 18
Schwarze Johannisbeere 120, 210
Schwarzkümmel 165, 166, 248
Schwedenkräuter 86, 209
Schwefel 162, 168
Schwefelblüte 164, 242
Schwellungen 17, 59, 79, 89, 114, 142, 206, 220
Schwermetallbelastung 85
Schwindel 18
Schwingung 181
Schwingungsmedizin 173
Secale 107
Seelentröster 39
Sehnen 78, 155
Sehnenentzündungen 244
Sehnenprobleme 89
Sehnenriss 244
Sehnenscheidenentzündung 63, 244
Sehnenscheidengallen 244
Sehnenverletzungen 109
sekretlösend 165
Selbstakzeptanz 35
Selbstbewusstsein 35, 38
Selbstvertrauen 33, 98
Selbstvertrauensblüte 34
Sellerie 86
Sequoiadendron giganteum 119
Sesamöl 71
Sexualchakra 187
Shiitake 92, 209
Silberlinde 120
Silberwasser 127, 128, 129
Silicea 107, 108, 109, 116, 141, 210
Silicea terra 115
Sinnesempfindung 184
Sinus-Zeichen 181
Sirup 75
Smaragd 98
Sol 108
Solarplexuschakra 187
Solidago 108
Solunate 147, 210
Sommerekzem 32, 42
Sonnenblumen 71, 168, 221
Sonnenbrand 73, 75, 109, 114, 167
Sonnenhut 114, 209, 211
Sonnenstich 35, 223, 229
Spagyrik 146, 149, 209, 210, 211, 212, 213, 214, 217, 219, 221, 222, 224, 226, 228, 230, 233, 235, 236, 238, 240, 244, 246, 248
Spannkraftblüte 34
spannungslösend 157
Spat 78
Speichermedium 180
Speisenatron 40
Speisesoda 40
Spitzwegerich 75, 79, 86
Spondylose 17, 53, 153
Sporttiere 34, 36
Sprunggelenk 78
Spulwürmer 217
Spurenelemente 57
Stallwechsel 194
Staphisagria 107, 108, 109
Stärkungsmittel 92, 144
Stauungen 50
Stechfliegen 165
Sterbeprozess 36, 37, 176
Stichwunden 80, 108
Stieleiche 119
Stirnchakra 187
Stoffwechsel 40, 65, 76, 78, 79, 91, 93, 97, 119, 122, 124, 134, 139, 141, 162, 167, 169
stoffwechselanregend 80, 119, 120
Stoffwechselgifte 59
Stoffwechselprobleme 19, 32, 53, 58, 77, 81, 92, 141, 147, 164, 220
Stomachik 147
Strahlfäule 89
Strahlungen 181
Stress 14, 21, 58, 91, 98, 114, 120, 193, 219, 223
Striche 182
Strongyliden 217
Strophantus 107
Stuhlträgheit 144
Sturz 226
Styptik 147
Sulfur 107, 108, 109, 208, 221, 224, 243
Süßholz 79, 84, 86
Symbole 179, 182
Symphytum officinale 74, 108, 109, 210
Synkope 233
Systemische Tieraufstellungen 192

T

Taigawurzel 230
Talgdrüsen 206
Tapen 184
Tapferkeitsblüte 34
Tarantula logoplex 107
Taraxum officinale 81, 108
Tausendgüldenkraut 86
TCM 14, 19, 93
Teebaum 22, 114, 126, 208
Teilnahmslosigkeit 36
Tendinitis 53
Tendopathien 244
Tendovaginitis 53
Tensor 189
Teufelskralle 79, 209
Therapiepferde 34
Therapieverfahren 189
Thrombosen 50, 93
Thymian 22, 79, 159
Thymusdrüse 134
Tiefpotenzen 101, 103
Tieraufstellungen 192
Tiergruppe 193
Tier-Kommunikation 173
Tigerauge 209
Tilia tomentosa 120
Tinktur 65. 68, 69, 70, 72, 77, 85, 135
Tiroler Steinöl 168
Tod 176
Tonerden 61
Tormentill 86
Trächtigkeit 97, 145
Trächtigkeitsmittel 145
Tragant 230
Trauer 25, 98, 140, 185
Trauma 34, 122
Traumeel 109
Trematoden 216
Trichomonaden 216
Trinkwasser 98, 151, 182
Tritt 226
Trockenheit 167
Tropaeolum majus 80
Trostblüte 35
Tuberculinum 107
Tumore 92, 221
Türkis 185
Turnierpferde 38, 79
Tympanie 19

U

Übelkeit 18
Überanstrengung 35, 139
Überbeine 74
Überempfindlichkeit 46
Übersäuerung 40, 41, 42, 89
Ulme 121
Umckaloabo 107, 230
Umschlag 38, 59, 61, 114, 222

Umstallen 21, 35
Unfall 18, 35, 176, 226
Ungeziefer-Spray 23, 241
Unruhe 107, 114, 159, 193
Unsicherheit 186
Unterschenkelgeschwür 144
Unterwassermassage 153
Urinverhaltung 145
Urogenitalsystem 147
Urtica urens 75, 108
Urtinktur 70, 82, 103

V

Vaccinium myrtillus 119
Vaccinium vitis-idaea 119
Venenerkrankungen 50, 53
Veratrum 107, 108
Verbrennungen 25, 59, 108, 109, 110, 131, 135, 140, 158, 165, 168, 245
Verdauung 21, 23, 28, 42, 65, 78, 81, 89, 93, 111, 134, 167
verdauungsanregend 63, 83
Verdauungsprobleme 18, 42, 46, 74, 76, 81, 82, 83, 149, 162, 185
Verdauungstrakt 84, 119, 205
Verdickungen 79
Verdrehung 246
Vergangenheitsblüte 34
Vergiftung 33, 37, 108, 223
Verhaltensauffälligkeiten 21, 122, 197
Verhärtungen 139, 142
Verhornung 220
verjüngend 120
Verletzung am Auge 109
Verletzung der Gelenke und Knochen 109
Verletzung der Muskeln 109
Verletzung der Nerven 109
Verletzungen 18, 21, 23, 32, 46, 49, 61, 63, 75, 76, 80, 88, 97, 98, 108, 109, 110, 113, 114, 128, 158, 160, 165, 167, 168, 206
Verletzungs-Kräuter 86
Verrenkungen 74
Verspannungen 72, 88, 185
Verstärkungszeichen 181
Verstauchungen 76, 114, 155, 167, 246
Verstopfung 35, 76, 83, 93, 144, 169, 185, 233, 247
Verwurmung 78
Viburnum lantana 120
Vincetoxicum 107
Violett 185, 187
Viren 25, 54, 77, 85, 91, 93, 107, 110, 127, 134, 221
Virusinfektionen 97, 223
Vitalfunktionen 200
Vitis vinifera 120
Vogelmilben 241
Vomitus 223
Vulkanminerale 60, 61

W

Wacholder 120, 209, 210
Wachstumsunterstützung 139
Walderdbeeren 84, 209
Waldkiefer 210
Walnuss 120, 122
Warme Auflagen 59
Warme Wickel 154
Warzen 25, 167
Waschungen 77, 114, 143
Wasser 141, 150, 153, 180, 182, 219
Wasseradern 181
Wasserbehälter 184
Wasserdost 230
Wassereinlagerung 93
Wassergymnastik 153
Wassersuchtmittel 145
Wassertherapie 151, 152, 154, 156, 210, 214, 221, 222, 227, 228, 230, 236, 238, 242, 245, 246
Wegerich 71
Wehen 66, 79, 109, 141
Weide 79, 209
Weihrauch 79, 209
Weinrebe 120, 210
Weiß 186
Weißdorn 84, 86, 112, 122
Weißtanne 119
Weizenkeimöl 168
Wermut 86
Wickel 59, 65, 72, 77, 151, 154, 156, 157, 158, 160, 165, 184, 209, 210, 211, 213, 214, 221, 222, 224, 227, 229, 231, 232, 235, 236, 239, 240, 243, 245, 246
Wiederbelebung 18
Wild Ros 209
Winterkirsche 91
Wirbelsäule 17
Wirkstoffgehalt 101
Withania somnifera 230
Wolle 141
Wundabdeckung 125
Wundauflage 76
Wundbehandlung 82, 166
Wunde 110, 128
Wunden 73, 75, 77, 82, 98, 128, 135, 141, 159, 182
Wunden nach chirurgischem Eingriff 109
Wundheilsalbe 24
Wundheilung 25, 33, 47, 53, 59, 74, 93, 114, 134, 162
Wundheilungsmilieu 110
Wundheilungsstörungen 135
Wundsekrete 58
Wurmbefall 124
Wurmbekämpfung 116
Würmer 54
Würmern 205
Wurmkräuter 78
Wurmkur 116, 218
Wurmkuren 124
Wurzelchakra 187

Y

Yang-Organe 15
ycopodium 107
Yin-Organe 14
Ypsilon 181

Z

Zahnbehandlungen 80
Zahnbereich 82
Zähne 145, 205
Zahnen 97
Zahnerkrankungen 139
Zahnfäule 144
Zahnfleischentzündung 81
Zahnmittel 145
Zahnprobleme 82
Zahnschmelz 139
Zahnschmerzen 17, 75
Zahnwechsel 36
Zaubernuss 114
Zecken 97, 165, 241, 248
Zeckenbiss 53
Zeckenschutz 125
Zehengelenke 78
Zeichen 179, 182
Zeitblüte 34
Zellaufbau 61
Zellstoffwechsel 140
Zeolith 60, 61
Zerrungen 159, 160, 246
Zerstörungstrieb 36
Zervikal-Syndrom 78
Zestoden 216
Ziegenkolostrum 131
Zincum 108
Zingiber officinale 77
Zinnkrautwickel 240
Zistrose 85, 230
Zitronenhalswickel 157
Zitrus 22
Zitzenentzündungen 159
Zuckerstoffwechsel 234
Zugsalbe 168
Zurückhaltung 36
zusammenziehend 134
Zwergfadenwurm 217
Zwischenmittel 102

weiteres Bildmaterial: © Fotolia: photografiero (S.136), Ruckszio (S.75 links), DoraZett (S.3, Cover - 2.v.u.rechts), Tarabalu (S.92), tiagozr (S.118), jd-photodesign (S.145), sommai (S.77 oben), kostrez (S.74 unten), Robert Mertl (S.73 unten), M. Schuppich (S.83 rechts oben, S.81 links), Andreas P (S.3, Cover - 1.v.u.rechts), ClaraNila (S.39), Pixelmixel (S.82), ChrWeiss (S.84 links), rbkelle (S.94), pisotckii (S.83 unten), CharMoment (S.73 oben), Martina (S.93), Vaidas Bucys (S.3, Cover - 2.v.u. mittig), strannik_fox (S.81 rechts), Anna81 (S.112), Sarit Richerson (S.80 rechts), PhotoSG (S. 63 oben, S.126), steinerpicture (S.114), ExQuisine (S.91), blueringmedia (S.17), topvectors (S.4,6,66,69–72). logaryphmic (S.5, 36, 147), cat_arch_angel (S.26), maginando (S.185,186,188), sunnychica (S.182)